校企合作双元开发新形态立体化教材
高等职业教育通识课程高素质技能型人才培养活页式教材

信息技术与人工智能（活页式）

第2版

主　编　许爱军　孟思明
副主编　易　丹　江跃龙

西南交通大学出版社
·成　都·

图书在版编目（CIP）数据

信息技术与人工智能 ：活页式 / 许爱军，孟思明主编. -- 2版. -- 成都 ：西南交通大学出版社，2024. 8.（2025. 2 重印）（校企合作双元开发新形态立体化教材）（高等职业教育通识课程高素质技能型人才培养活页式教材）.

ISBN 978-7-5643-9963-4

Ⅰ. TP3；TP18

中国国家版本馆 CIP 数据核字第 2024YY9434 号

校企合作双元开发新形态立体化教材
高等职业教育通识课程高素质技能型人才培养活页式教材

Xinxi Jishu yu Rengong Zhineng（Huoye Shi）（Di-er Ban）

信息技术与人工智能（活页式）（第 2 版）

主编 许爱军 孟思明

策划编辑 罗在伟 梁志敏 王 旻
责任编辑 罗在伟
封面设计 何东琳设计工作室

出版发行 西南交通大学出版社
（四川省成都市金牛区二环路北一段 111 号
西南交通大学创新大厦 21 楼）
邮政编码 610031
发行部电话 028-87600564 028-87600533
网址 http://www.xnjdcbs.com
印刷 四川玖艺呈现印刷有限公司

成品尺寸 185 mm × 260 mm
印张 19.5
字数 439 千
版次 2021 年 9 月第 1 版
2024 年 8 月第 2 版
印次 2025 年 2 月第 6 次
定价 56.00 元
书号 ISBN 978-7-5643-9963-4

“信息技术与人工智能”在线课程

教学课件

第二版前言

PREFACE

党的二十大报告指出，建设现代化产业体系，坚持把发展经济的着力点放在实体经济上，推进新型工业化，加快建设制造强国、质量强国、航天强国、交通强国、网络强国、数字中国。坚持面向世界科技前沿、面向经济主战场、面向国家重大需求、面向人民生命健康，加快实现高水平科技自立自强。以国家战略需求为导向，集聚力量进行原创性引领性科技攻关，坚决打赢关键核心技术攻坚战。加快实施一批具有战略性全局性前瞻性的国家重大科技项目，增强自主创新能力。加强基础研究，突出原创，鼓励自由探索。

以人工智能等为典型代表的新一代信息技术，已成为推动经济发展质量变革、效率变革、动力变革的重要驱动力，是建设创新型国家、制造强国、网络强国、数字中国、智慧社会的重要支撑，提升国民信息素养，提升个体在信息社会中的适应力与创造力，对全面建成社会主义现代化国家具有重要意义。“信息技术与人工智能”以培养学生数字素养为主线，对接教育部《高等职业教育专科信息技术课程标准（2021 年版）》，落实立德树人任务，培养学生信息素养、计算思维和人工智能思维。

本书共两大部分九个模块。第一部分为信息技术及其应用，注重学生通用能力的培养，内容包括信息技术基础、文档处理、电子表格、演示文稿等四个模块；第二部分为人工智能及其应用，注重学生专项能力的培养，内容包括人工智能基础、计算机视觉、自然语言处理入门、大语言模型应用、人工智能综合实战等五个模块。

本书在第一版的基础上做了适当的修订和内容更新，对第一部分信息技术及其应用部分内容进行修订优化，对第二部分人工智能及其应用的内容进行重新构建。第二版的特点如下：

1. 构建新形态一体化协同教学模式

依托广东省铁道通信与信息化技术专业教学资源库、精品在线课程“信息技术与人工智能基础”和商汤人工智能实训平台，构建“立体教材+多媒体平台”的新形态一体化协同教学模式。配套开发有微课视频、动画、试题库、虚拟仿真等数字化教学资源，实现了知识点全覆盖并发布在超星学银在线平台（http://www.xueyinonline.com/），满足网络学习和线上线下混合式教学的需要。

2. 按照“模块-任务”理实一体的架构编写

本书“模块–任务”理实一体的架构编写，将课程分成九个模块，每个模块呈现若干个典型工作任务，每个任务设有任务目标、任务描述、知识准备、任务实施、实践探索、任务小结等。本书以“必需、够用、实用”为编写原则，及时吸收新技术、新工艺、新规范，以典型工作任务为载体组织教学单元，突出理论与实践相统一，强调实践性。

3. 引入商汤人工智能实训平台实施场景化教学

引入商汤人工智能实训平台，学生通过积木编程实战演练，运用丰富的图片、动画、视频、虚拟仿真资源，以“可听、可视、可练”的学习形式，体验人工智能真实项目效果实现的过程，让人工智能理论学习枯燥、学生兴趣不高、实训教学难以实施等问题迎刃而解。

本书由广州铁路职业技术学院、深圳市商汤科技有限公司、广州万维视景科技有限公司、广州欧创智能科技有限公司等院校和企业通过校企合作双元协同编写。编写成员既有信息技术与人工智能领域的专家、教科研人员，又有一线教师、行业企业技术人员和能工巧匠。广州铁路职业技术学院许爱军教授和孟思明教授担任主编，广州铁路职业技术学院易丹和江跃龙担任副主编，广州铁路职业技术学院的谢娟、陈伟迅、刘红梅、徐振华、曹伶丽和深圳市商汤科技有限公司余侠芸、广州欧创智能科技有限公司郑和柳、广州万维视景科技有限公司李伟昌等人员参编。其中，广州铁路职业技术学院许爱军教授负责本书整体策划以及编写本书模块一、模块二、模块三；广州铁路职业技术学院孟思明教授负责编写本书模块五、模块六、模块七；易丹、谢娟参与模块一、模块二、模块三和模块四的资料搜集及部分内容编写；江跃龙、陈伟迅、刘红梅参与模块五、模块六、模块七、模块八、模块九的资料搜集及部分内容编写。广州万维视景科技有限公司李伟昌、广州欧创智能科技有限公司郑和柳对本书人工智能及其应用部分的整体结构、教学内容提供了许多建设性建议，并参与模块八和模块九有关前沿技术内容的编写；本书人工智能实训平台和部分数字化教学资源由深圳市商汤科技有限公司提供，余侠芸参与模块九综合实战案例编写，并提供平台技术指导，在此表示衷心感谢。

编写团队在本书编写过程中，参考了部分国内外相关资料，借鉴吸收了人工智能中一些新颖的观点，在此对相关作者表示诚挚谢意。

鉴于编者水平有限，书中疏漏和不妥之处在所难免，敬请同行和读者批评指正。

编　者

2024 年 3 月

第一版前言

PREFACE

以人工智能等为典型代表的新一代信息技术，已成为推动经济发展质量变革、效率变革、动力变革的重要驱动力，是建设创新型国家、制造强国、网络强国、数字中国、智慧社会的重要支撑。提升国民信息素养，提升个体在信息社会中的适应力与创造力，对全面建成社会主义现代化国家具有重要意义。

为满足国家信息化发展战略对创新型人才培养的新要求，本书遵循信息素养形成规律，围绕信息技术通用能力和人工智能专项能力培养，探索理实一体化教学，使读者既了解现代社会信息技术的发展现状与趋势，掌握常用的信息技术工具软件，又全面了解人工智能的新发展及其对传统行业（尤其是轨道交通行业）的强大赋能与增值作用，旨在提升读者应用信息技术解决问题的综合能力，提高实训环节中独立思考和主动探究问题的能力，为其职业生涯可持续发展奠定基础。

本书共两大部分：第一部分为信息技术通用能力培养，包括信息技术基础、文档处理、电子表格、演示文稿 4 个模块；第二部分为人工智能专项能力培养，包括人工智能基础、计算机视觉、自然语言处理入门、智能模型应用、智能小车控制、自动驾驶入门、轨道交通综合实战 7 个模块。

为便于及时更新教学内容、实施分工协作的模块化教学，本书按照新形态活页式教材理念编写，并建成开设了“信息技术与人工智能”在线课程，可扫描下方二维码参加课程在线学习。为便于读者反复观看和学习课程内容，本书提供了教学操作视频，读者可自行扫描书中对应的二维码。同时，本书配套的教学课件也可通过扫描二维码下载。

本书由广州铁路职业技术学院马仁听、许爱军、孟思明担任主编，江跃龙、易丹、徐振华、谢娟、曹伶丽担任副主编，李小明、刘薇、王倩、伍洪俊、钟少波和商汤科技相关人员参编。本书可作为中等、高等职业院校信息技术公共基础课程的教材和教学参考书。

本书在编写过程中，参考了国内外同类教材和相关资料，在此向相关作者表示深深的谢意。同时，对为本书付出辛勤劳动的编辑同志表示衷心的感谢。由于时间仓促、编者水平有限，书中内容难免存在不足之处，诚挚地希望广大读者在学习使用过程中批评指正。

编　者

2021 年 9 月

目　录

CONTENTS

第一部分　信息技术及其应用

第二部分 人工智能及其应用

第一部分　信息技术及其应用

学习导航：

模块一：信息技术基础

模块二：文档处理

模块三：电子表格

模块四：演示文稿

本部分内容注重学生通用能力的培养。

模块一
信息技术基础

思维导图

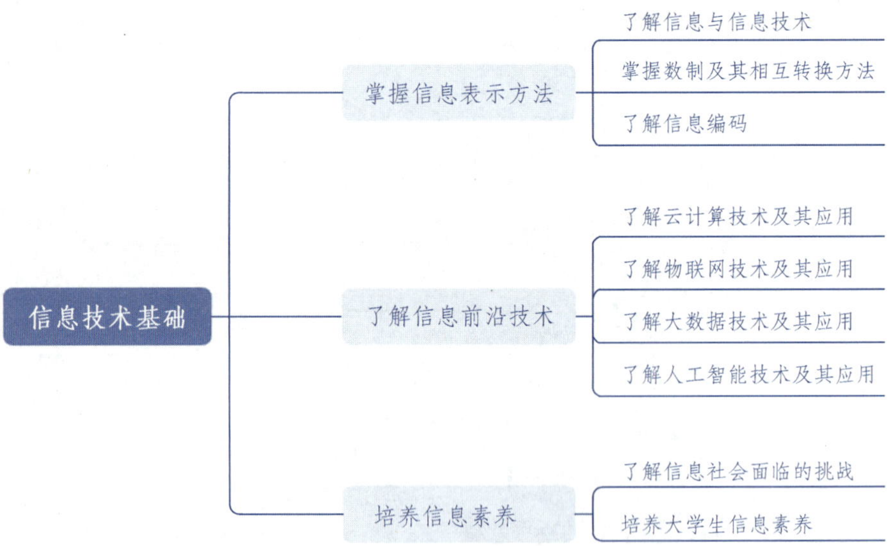

学习收获

在本模块中，您将学会：

- 了解信息与信息技术的概念；
- 掌握数制和数制转换的方法；
- 了解信息的编码方式；
- 了解云计算的概念及其技术分类；
- 了解物联网的概念及其相关技术；
- 了解大数据的概念及其应用；
- 了解信息社会面临的挑战；
- 了解大学生应具备的信息素养。

任务一 掌握信息表示方法

任务目标

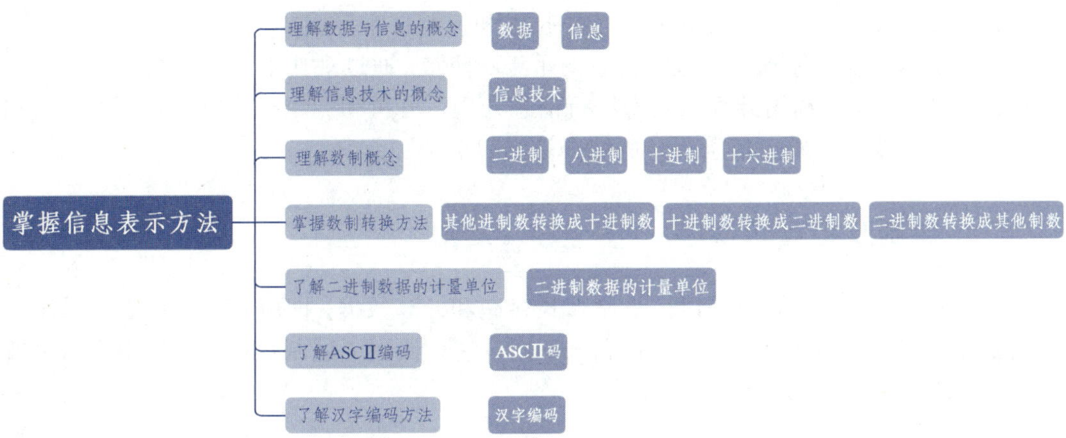

任务描述

小易是一名大一新生，虽然他就读的是轨道交通类专业，但对信息技术非常感兴趣，并计划加入学校的人工智能协会。在加入协会前，他希望了解信息技术的相关知识，为协会招新的笔试和面试做好准备。

小易从学长阿明那里了解到，招新面试不会涉及人工智能的知识，主要考核信息技术的基础知识，例如信息技术的概念、数值转换的方法、信息编码等。要掌握这些内容，除了了解相关概念外，还要多加练习。

知识准备

一、信息与信息技术

1. 数据与信息

日常生活中的“0、1、2、……”“天晴、下雨、多云”“广州铁路职业技术学院、报到率（90%）、就业率（99.2%）、专业对口率（78%）”等都是数据。这些数据经过加工后成为信息，能否反映我们对客观世界的感知。上述所列的数据形成“今日天气情况”“高职院校就业率排名”，让我们对客观世界的天气、学校、就业率等形成清晰的认识，获得其相关信息，并总结出一些经验知识。

信息是人们对事物的存在方式、运动状态和相互联系的综合描述，是自然界、人类社会和人类思维活动中普遍存在的一切物质和事物的属性，其内容通过各种载体（如符号、文字、声音、图像等）来表现和传播。

2. 信息技术

信息技术（Information Technology，IT）是用于管理和处理信息所采用的各种技术的总称，由计算机技术、通信技术、传感技术和控制技术等组成。

信息技术是借助传感技术进行信息的采集、存储，通过现代电子通信技术完成信息加密、传输、解密，利用计算机技术进行信息处理、分析和调用，使用控制技术完成相关产品制造、技术开发、信息服务的综合性学科。

二、数制及相互转换

冯·诺依曼结构计算机是以二进制形式存储和计算数据，即所有的数据必须采用二进制 0 和 1 表示。也就是说，计算机和人不同，它只认识二进制数据。二进制表示更适用电路实现，运算简单可靠。

1. 数　制

数制是用一组固定的数字和一套统一的规则来表示数的方法。

目前，我们最常采用的有十进制、二进制、八进制和十六进制。为什么不使用三进制、五进制或其他进制呢？原因是人类从计数开始，习惯使用十进制；计算机只认识二进制，它使用 0 和 1 来表示信息；但二进制书写冗长、易错、难记，二进制转换成八进制或者十六进制非常简单方便，所以用八进制和十六进制来作为二进制的缩写。使用其他进制，在实际生产生活中，应用很少，也不方便。

常见的计数制见表 1-1-1。

表 1-1-1　常见的计数制

计数制	二进制	八进制	十进制	十六进制
进位规则	逢 2 进 1	逢 8 进 1	逢 10 进 1	逢 16 进 1
数码	0，1	0，1，2，3，4，5，6，7	0，1，2，3，4，5，6，7，8，9	0，1，…9，A，…，F
基数	$r=2$	$r=8$	$r=10$	$r=16$
位权	2^i	8^i	10^i	16^i
进制表示字母	B	O 或 Q	D	H

（1）十进制

数码：0，1，2，3，4，5，6，7，8，9；

基数：$r=10$；

位权：10^i（$i=\cdots$，2，1，0，－1，－2…）；

进位规则：逢 10 进 1；

进制表示字母：D。

例如：$31628.68D=3\times10^4+1\times10^3+6\times10^2+2\times10^1+8\times10^0+6\times10^{-1}+8\times10^{-2}$。

注意：十进制整数位权的 i 从 0 开始（个位数是 0，十位数是 1），小数部分从－1 开始，后面的二进制、十进制和十六进制同样处理。

（2）二进制

数码：0，1；

基数：$r=2$；

位权：2^i（$i=\cdots$，2，1，0，－1，－2…）；

进位规则：逢 2 进 1；

进制表示字母：B。

例如：$1010.01B=1\times2^3+0\times2^2+1\times2^1+0\times2^0+0\times2^{-1}+1\times2^{-2}$。

（3）八进制

数码：0，1，2，3，4，5，6，7；

基数：$r=8$；

位权：8^i（$i=\cdots$，2，1，0，－1，－2…）；

进位规则：逢 8 进 1；

进制表示字母：O 或 Q。

例如：$271.38Q=2\times8^2+7\times8^1+1\times8^0+3\times8^{-1}+8\times8^{-2}$。

（4）十六进制

数码：0，1，2，3，4，5，6，7，8，9、A、B、C、D、E、F；

基数：$r=16$；

位权：16^i（$i=\cdots$，2，1，0，－1，－2…）；

进位规则：逢 16 进 1；

进制表示字母：H。

例如：$2BE.F8H=2\times16^2+B\times16^1+E\times16^0+F\times16^{-1}+8\times16^{-2}$。

2. 数制转换

数制转换主要分以下 4 种情况：

（1）二进制、八进制、十六进制数转换为十进制数；

（2）十进制数转换为二进制、八进制、十六进制数；

（3）二进制数和八进制数转换；

（4）二进制数和十六进制数转换。

数制转换具体方法我们将在任务实施部分讲解。

三、信息编码

信息编码是指将现实生活中的各种数据信息（如数字、文本、音乐、图像、语音和视频等）经过数字化处理，将其转换成有规律的二进制形式表示的代码，从而使其能够被计算机等电子设备所识别，并能够进一步进行加工、存储、传输。

1. 二进制数据的计量单位

在计算机中，所有的数据在存储和运算时都要使用二进制数表示（因为计算机用高电平和低电平分别表示 1 和 0）。位是计算机度量数据的最小单位，在数字电路和计算机技术中都是采用二进制表示数据的，即 0 和 1。一个二进制 0 或 1 称作 1 位，记作 bit（简写为 b），位是计算机中最小的数据单位。

字节是信息组织和存储的基本单位，也是计算机体系结构的基本单位。8 个连续的位（bit）组成 1 个字节，记作 Byte（简写为 B）。

为了衡量存储器的大小，统一以字节为单位。在日常生活中，常见的有千字节（KB）、兆字节（MB）、吉字节（GB）、太字节（TB）、拍字节（PB）和艾字节（EB）等存储单位，它们的换算关系为：

1 KB = 1 024 B　　　　1 MB = 1 024 KB

1 GB = 1 024 MB　　　　1 TB = 1 024 GB

1 PB = 1 024 TB　　　　1 EB = 1 024 PB

2. ASCII 码

像 a、b、c、d 这样的 52 个字母（包括大写）以及 0、1 等数字，还有一些常用的符号（例如*、#、@等），在计算机中如何用二进制数来表示存储呢？所以，美国的标准化组织出台了 ASCII 编码，统一规定了上述常用符号用哪些二进制数来表示。

ASCII（American Standard Code for Information Interchange，美国信息交换标准代码）是由美国国家标准学会（American National Standard Institute，ANSI）制定的，是一种标准的单字节字符编码方案，主要用于显示现代英语和其他西欧语言。

ASCII 码使用 7 位二进制数组合来表示 $2^7 = 128$ 种可能的字符，包括所有的大写和小写字母，数字 0 到 9、标点符号，以及在美式英语中使用的特殊控制字符，如表 1-1-2 所示。

表 1-1-2　ASCII 码对照表

二进制	十进制	十六进制	符号	解释	二进制	十进制	十六进制	符号	二进制	十进制	十六进制	符号	二进制	十进制	十六进制	符号
0000 0000	0	0	NUL	空字符	0010 0000	32	20		0100 0000	64	40	@	0110 0000	96	60	`
0000 0001	1	1	SOH	标题开始	0010 0001	33	21	!	0100 0001	65	41	A	0110 0001	97	61	a
0000 0010	2	2	STX	正文开始	0010 0010	34	22	"	0100 0010	66	42	B	0110 0010	98	62	b
0000 0011	3	3	ETX	正文结束	0010 0011	35	23	#	0100 0011	67	43	C	0110 0011	99	63	c
0000 0100	4	4	EOT	传输结束	0010 0100	36	24	$	0100 0100	68	44	D	0110 0100	100	64	d
0000 0101	5	5	ENQ	询问	0010 0101	37	25	%	0100 0101	69	45	E	0110 0101	101	65	e
0000 0110	6	6	ACK	收到通知	0010 0110	38	26	&	0100 0110	70	46	F	0110 0110	102	66	f
0000 0111	7	7	BEL	铃	0010 0111	39	27	'	0100 0111	71	47	G	0110 0111	103	67	g
0000 1000	8	8	BS	退格	0010 1000	40	28	(	0100 1000	72	48	H	0110 1000	104	68	h
0000 1001	9	9	HT	水平制表符	0010 1001	41	29	)	0100 1001	73	49	I	0110 1001	105	69	i
0000 1010	10	0A	LF	换行键	0010 1010	42	2A	*	0100 1010	74	4A	J	0110 1010	106	6A	g
0000 1011	11	0B	VT	垂直制表符	0010 1011	43	2B	+	0100 1011	75	4B	K	0110 1011	107	6B	k
0000 1100	12	0C	FF	换页键	0010 1100	44	2C	,	0100 1100	76	4C	L	0110 1100	108	6C	l
0000 1101	13	0D	CR	回车键	0010 1101	45	2D	-	0100 1101	77	4D	M	0110 1101	109	6D	m
0000 1110	14	0E	SO	移出	0010 1110	46	2E	.	0100 1110	78	4E	N	0110 1110	110	6E	n
0000 1111	15	0F	SI	移入	0010 1111	47	2F	/	0100 1111	79	4F	O	0110 1111	111	6F	o
0001 0000	16	10	DLE	数据链路转义	0011 0000	48	30	0	0101 0000	80	50	P	0111 0000	112	70	p
0001 0001	17	11	DC1	设备控制1	0011 0001	49	31	1	0101 0001	81	51	Q	0111 0001	113	71	q
0001 0010	18	12	DC2	设备控制2	0011 0010	50	32	2	0101 0010	82	52	R	0111 0010	114	72	r
0001 0011	19	13	DC3	设备控制3	0011 0011	51	33	3	0101 0011	83	53	S	0111 0011	115	73	s
0001 0100	20	14	DC4	设备控制4	0011 0100	52	34	4	0101 0100	84	54	T	0111 0100	116	74	t
0001 0101	21	15	NAK	拒绝接收	0011 0101	53	35	5	0101 0101	85	55	U	0111 0101	117	75	u
0001 0110	22	16	SYN	同步空闲	0011 0110	54	36	6	0101 0110	86	56	V	0111 0110	118	76	v
0001 0111	23	17	ETB	传输块结束	0011 0111	55	37	7	0101 0111	87	57	W	0111 0111	119	77	w
0001 1000	24	18	CAN	取消	0011 1000	56	38	8	0101 1000	88	58	X	0111 1000	120	78	x
0001 1001	25	19	EM	介质中断	0011 1001	57	39	9	0101 1001	89	59	Y	0111 1001	121	79	y
0001 1010	26	1A	SUB	替换	0011 1010	58	3A	:	0101 1010	90	5A	Z	0111 1010	122	7A	z
0001 1011	27	1B	ESC	换码符	0011 1011	59	3B	;	0101 1011	91	5B	[	0111 1011	123	7B	{
0001 1100	28	1C	FS	文件分隔符	0011 1100	60	3C	<	0101 1100	92	5C	\	0111 1100	124	7C	|
0001 1101	29	1D	GS	组分隔符	0011 1101	61	3D	=	0101 1101	93	5D	]	0111 1101	125	7D	}
0001 1110	30	1E	RS	记录分隔符	0011 1110	62	3E	>	0101 1110	94	5E	^	0111 1110	126	7E	~
0001 1111	31	1F	US	单元分隔符	0011 1111	63	3F	?	0101 1111	95	5F	_				
0111 1111	127	7F	DEL	删除												

上述表中，每一个字符对应 7 位二进制编码（实际用 8 位表示，即 1 个字节），如：大写字母 A 是 01000001。

3. 汉字编码

ASCII 码对英文字母、数字和标点符号进行了编码，而没有涉及中文汉字。汉字编码相对困难，因为汉字数量庞大、字形复杂、存在大量一音多字和一字多音的现象。要实现汉字的输入、存储和屏幕显示，必须经过汉字输入码、汉字交换码、汉字机内码、汉字地址码和汉字字型码的一系列编码转换。这里不再详细介绍，同学们可以查阅相关资料学习。

任务实施

根据前面所学知识，我们重点完成数制转换和信息编码的 4 个子任务。

子任务 1

1. 任务描述

（1）将二进制数 1010.01B 转换成十进制数。

（2）将八进制数 271.3Q 转换成十进制数。

（3）将十六进制数 2BE.F8H 转换成十进制数。

微课：二进制、八进制、十六进制数转换十进制数

2. 任务分析

任务类型：二进制、八进制、十六进制数转换为十进制数。

实施方法：按位权展开，然后各项相加，就得到相应的十进制数。

3. 任务实施

（1）二进制每一位的位权是 2^i，其中 i 是位置（$i=\cdots$，2，1，0，−1，−2…），所以展开后相加如下：

$1010.01B=1\times2^3+0\times2^2+1\times2^1+0\times2^0+0\times2^{-1}+1\times2^{-2}=10.25D$

（2）八进制每一位的位权是 8^i，其中 i 是位置（$i=\cdots$，2，1，0，−1，−2…），所以展开后相加如下：

$271.3Q=2\times8^2+7\times8^1+1\times8^0+3\times8^{-1}=185.375D$

（3）十六进制每一位的位权是 16^i，其中 i 是位置（$i=\cdots$，2，1，0，−1，−2…），所以展开后相加如下：

$2BE.F8H=2\times16^2+11\times16^1+14\times16^0+15\times16^{-1}+8\times16^{-2}=702.96875D$

注意：十六进制 A、B、C、D、E、F 对应十进制 10、11、12、13、14、15。

子任务 2

1. 任务描述

（1）将十进制数 29.6875D 转换成二进制数。

（2）将十进制数 105D 转换为八进制数。

（3）将十进制数 105D 转换为十六进制数。

微课：十进制数转换为二进制、八进制、十六进制数

2. 任务分析

任务类型：十进制数转换为二进制、八进制、十六进制。

实施方法：

（1）把整数部分和小数部分分开转换。

（2）整数部分转换方法：从右向左连续除基数取余直到商为 0。

（3）小数部分转换方法：从左向右连续乘基数取整直到小数为 0。

（4）合并结果（如果既有整数又有小数）。

3. 任务实施

（1）将十进制数 29.6875D 转换成二进制数。

① 十进制数 29.6875 既有整数部分又有小数部分，可以分成整数 29 和小数 0.6875 转换。

② 将十进制整数 29 转换成二进制数，从右向左连续除 2 取余直到商为 0，过程如下：

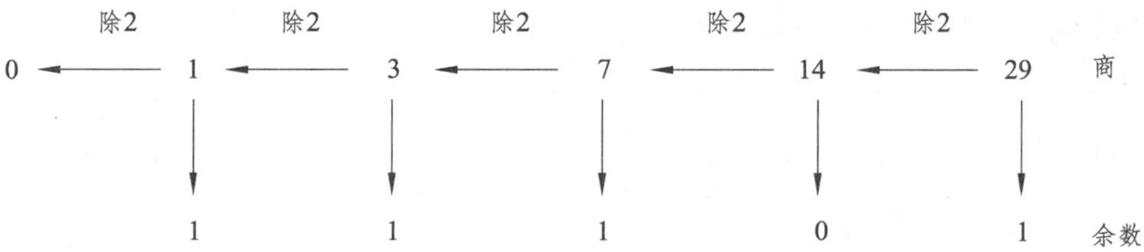

结果：29D = 11101B。

③ 将十进制小数 0.6875 转换成二进制数，从左向右连续乘 2 取整直到小数为 0，过程如下：

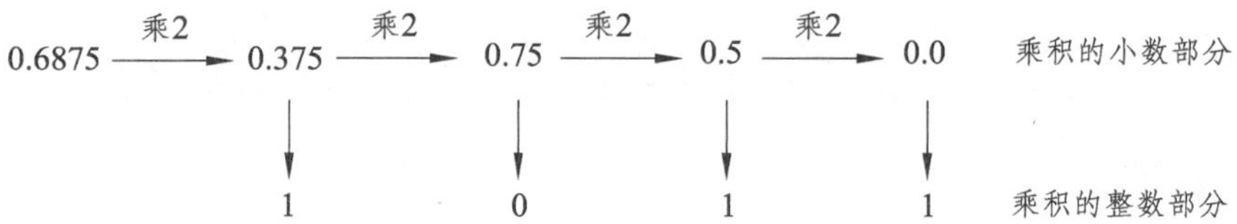

结果：0.6875D = 0.1011B。

④ 将结果合并。

结果：29.6875D = 11101.1011B。

注意：一般情况下，十进制小数部分的转换，很多情况下最后不一定能够出现乘积的小数为 0 的情况，比如：

将十进制小数 0.68D 转换成二进制，转换如下：

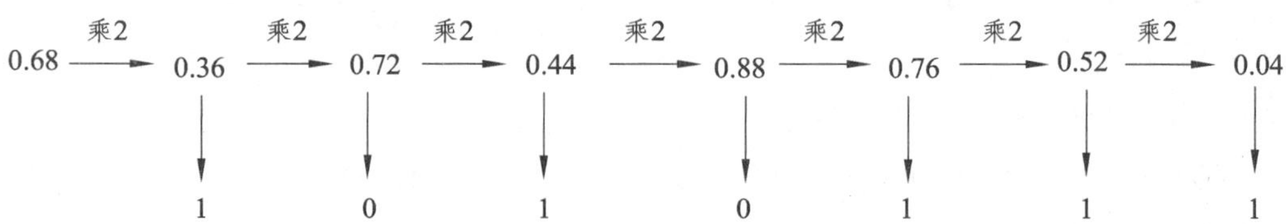

这时会发现，最后的乘积永远无法得到 0。在这种情况下，可以到合适的时候停止计算，比如这道题出现 0.04 的时候，后面很多位取整将会是 0，所以到此为止即可。

结果：0.68D≈0.1010111B。

（2）将十进制数 105D 转换为八进制数。

从右向左连续除 8 取余直到商为 0，过程如下：

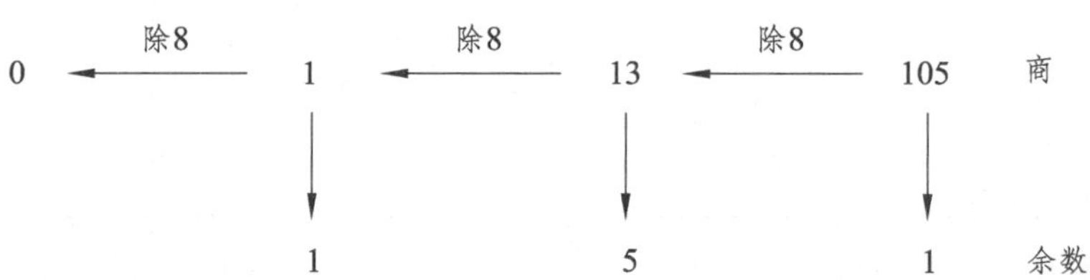

结果：105D = 151Q。

（3）将十进制数 105D 转换为十六进制数。

从右向左连续除 16 取余直到商为 0，过程如下：

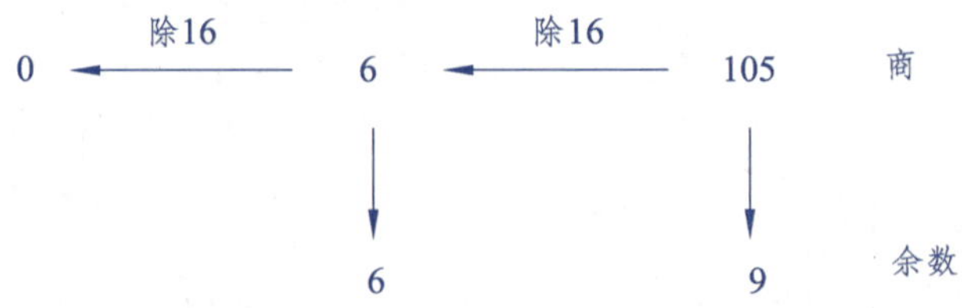

结果：105D = 69H。

子任务 3

1. 任务描述

（1）将二进制数 11010011011.1001B 转换成八进制数和十六进制数。

（2）将八进制数 572.36Q 转换成二进制数。

（3）将十六进制数 3F8.B6H 转换成二进制数。

微课：二进制数与八进制数、十六进制数的相互转换

2. 任务分析

任务类型：二进制数和八进制数转换、二进制数和十六进制数转换。

实施方法：

（1）二进制数和八进制数转换。

因为 $8 = 2^3$，可以采用 3 位二进制位数对应 1 位八进制位数，具体的对应关系如表 1-1-3 所示。

表 1-1-3　二进制和八进制转换关系表

二进制数	八进制数	二进制数	八进制数
000	0	100	4
001	1	101	5
010	2	110	6
011	3	111	7

二进制数转为八进制数时，以小数点为中心，向两侧每 3 位二进制数转换为八进制数，不够 3 位可以补 0。

反过来，八进制数转二进制数，每位八进制数转换为 3 位二进制数。

（2）二进制数和十六进制数转换。

因为 $16 = 2^4$，可以采用 4 位二进制位数对应 1 位十六进制位数，具体的对应关系如表 1-1-4 所示。

表 1-1-4　二进制和十六进制转换关系表

二进制数	十六进制数	二进制数	十六进制数
0000	0	1000	8
0001	1	1001	9
0010	2	1010	A
0011	3	1011	B
0100	4	1100	C
0101	5	1101	D
0110	6	1110	E
0111	7	1111	F

二进制数转为十六进制数时，以小数点为中心，向两侧每 4 位二进制数转换为十六进制数，不够 4 位可以补 0。

反过来，十六进制数转二进制数，每位十六进制数转换为 4 位二进制数。

3. 任务实施

（1）将二进制数 11010011011.1001B 转换成八进制数和十六进制数。

将二进制数 11010011011.1001B 转换成八进制数，分步如下：

① 二进制数 11010011011.1001B，以小数点为中心，向两侧每 3 位 1 组，转换为八进制数，不够 3 位可以补 0。

② 将 11010011011.1001B 划分如下，每组 3 位二进制数用 1 位八进制代替：

011　010　011　011 . 100　100B

3　2　3　3 .　4　4

③ 得出结果：11010011011.1001B = 3233.44Q。

将二进制数 11010011011.1001B 转换成十六进制数，分步如下：

① 二进制数 11010011011.1001B，以小数点为中心，向两侧每 4 位 1 组，转换为十六进制数，不够 4 位可以补 0。

② 将 11010011011.1001B 划分如下，每组 4 位二进制数用 1 位十六进制代替：

0110　1001　1011 . 1001B

　6　　9　　B .　　9

③ 得出结果：11010011011.1001B = 69B.9H。

（2）将八进制数 572.36Q 转换成二进制数。

每位八进制数转换为 3 位二进制数如下：

将 572.36Q = 101　111　010 . 011　110B，

所以 572.36Q = 101111010 . 01111B。

（3）将十六进制数 3F8.B6H 转换成二进制数。

每位十六进制数转换为 4 位二进制数如下：

将 3F8.B6H　= 0011　1111　1000 . 1011　0110B，

所以 3F8.B6H　= 1111111000.1011011B。

子任务 4

1. 任务描述

已知三个字符为：a、X 和 5，按它们的 ASCII 码值升序排序。

2. 任务分析

任务类型：ASCII 编码

3. 任务实施

（1）分析标准 ASCII 编码表中，数字、小写英文字母和大写英文字母的前后次序是：数字<大写英文字母<小写英文字母。

（2）以数字 0、大写字母 A、小写字母 a 为例，它们的 ASCII 编码（十进制编码）分别是 0（48）、A（65）、a（97）。

（3）可以发现规律：

小写字母比它的大写字母要大 32，如字母 a（97）比字母 A（65）的 ASCII 码要大 32。

（4）根据以上分析得出 ASCII 码值升序排序结果：5 < X < a。

实践探索

小易参加协会招新，抽到如下笔试题，请大家一起测试，试着做一下吧？

（1）将十进制数 105.8125D 转换为二进制数。

（2）将八进制数 520.1314Q 和十六进制数 6FA.2H 转换成二进制数。

任务小结

通过本任务，小易同学了解了信息和信息技术的概念，了解了计算机数制中的十进制、二进制、八进制和十六进制，并学习了如何进行进制之间的转换；学习了计算机信息的存储最小单位“位”（bit）和基本存储单位“字节”（byte）的概念，了解了 ASCII 编码方案和汉字编码方案。

实战练习

1. 人们日常生活中多用十进制计数，而现代计算机中采用二进制数字系统，是因为（　　）。

A. 只有 0 和 1 两个数字符号，容易书写

B. 代码表示简短、易读

C. 物理上容易表示和实现，运算规则简单，可节省设备且便于设计

D. 容易阅读，不易出错

2. 计算机常用的存储单位中，1TB 等于（　　）。

A. 1 000 GB　　B. 1 024 GB

C. 32 GB　　D. 64 GB

3. 在计算机中，一个字节由（　　）位二进制位组成。

A. 2　　B. 4

C. 8　　D. 16

4. 在表示存储器的容量时，kB 的准确含义是（　　）。

A. 1 024 字节　　B. 1 000 字节

C. 1 024 位　　D. 1 000 位

5. 下列数中最小的数是（　　）。

A. 111100 B　　B. 75 D

C. 75 Q　　D. 3EH

6. 将十进制 430 转换成十六进制数为（　　）。

A. 13A　　B. 1AE

C. 12C　　D. 213

7. 以下不同数制转换中，等式能成立的为（　　）。

A. 100111010 1B = 472 1Q　　B. 10D = 1011B

C. 241D = 1100001B　　D. 13AH = 314D

8. 十进制数 241 转换成八位二进制数是（　　）。

A. 11110001　　B. 10111111

C. 11111001　　D. 10110001

9. 基本 ASCII 码可以表示（　　）种字符。

A. 127　　B. 255

C. 128　　D. 256

10. 按对应的 ASCII 码比较，正确的说法是（　　）。

A. a 比 b 大　　B. a 比 A 大

C. 9 比 D 大　　D. 空格比 1 大

学习成果自查表

要点		掌握程度		
		未掌握	基本掌握	熟练掌握
信息与信息技术	数据与信息的概念			
	信息技术的概念			
数制与相互转换	数制概念			
	二进制、八进制、十六进制数转换为十进制数			
	十进制数转换为二进制			
	二进制数和八进制数转换			
	二进制数和十六进制数转换			
信息编码	二进制数据的计量单位			
	ASCII 码			

任务二 了解信息前沿技术

任务目标

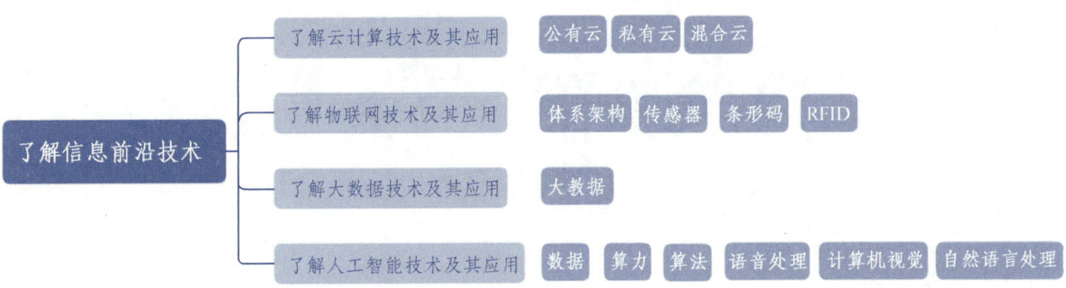

任务描述

小江是人工智能协会的会长，也是信息工程学院人工智能专业的学生。新一届人工智能协会招纳了几十名新生会员。小江作为会长，需要为新生会员开展一次信息技术前沿领域的专题汇报。小江希望通过这次汇报，让新生会员们能够对前沿领域的新技术有个基本的了解，能够判别出生活场景中应用的新技术。

知识准备

微课：云物大智

一、云计算技术及其应用

1. 云计算概述

“云”实质上就是一个网络，云计算就是一种提供资源的网络，使用者可以随时获取“云”上的资源，按需求量使用。从广义上说，云计算是与信息技术、软件、互联网相关的一种服务，这种计算资源共享池称作“云”，云计算把许多计算资源集合起来，通过软件实现自动化管理，只需要很少的人参与，就能让资源被快速提供与分享，如图 1-2-1 所示。也可以把计算比作一种商品，可以在互联网上流通，就像水、电、燃气一样，可以方便地取用，且价格经济实惠。

图 1-2-1　云

2. 云计算的特点

（1）规模超级化

云计算的硬件平台就是通过分布式系统集成技术，将成千上万台服务器组成一个超级计算机。谷歌、亚马逊、百度、阿里巴巴等大型 IT 公司的云计算规模非常大。云计算中心能通过整合和管理这些数目庞大的计算机集群来赋予用户前所未有的计算和存储能力。

（2）硬件虚拟化

使用虚拟机技术将云计算资源切分，再通过虚拟管理和调度算法将网络资源、计算资源、数据资源和存储资源等面向用户使用，让使用者感觉就像在自己的计算机上操作一样，大大降低了维护成本，有效地提高硬件资源的利用率。

（3）服务量贩化

用户只需要到云服务提供商那里，根据自己的需求选择合适的服务器硬件配置，省去了购买、安装、维护、升级等步骤，极大地降低了硬件成本地投入，取而代之的是根据选择产品的性能和规模以及使用时间，量贩式缴纳相应的资费就可以了。

（4）数据安全化

云计算最典型的特点就是分布式、网络化结构，所有的数据操作，无论是存储、运算、处理都在云服务端完成。因此解决了数据的安全问题。

3. 云的类别

（1）公有云

公有云是一种云服务商搭建并面向用户提供服务的云计算类别，是目前主流的云服务形式。如：阿里云、百度云、腾讯云等。特点是规模庞大、价格低廉、扩展灵活、应用广泛。

（2）私有云

出于安全性考虑，很多企业很难大规模采用公有云技术。私有云是建设在企业防火墙内的一种面向内部员工的云服务。特点是不对公众开放，云计算服务运行在企业内部的数据中心，内部管理，安全性高。

（3）混合云

混合云将公有云和私有云结合使用的云计算形式。一方面可以将关键数据部署到私有云提高安全性，另一方面可将非关键数据部署到公有云降低成本。如：12306的余票查询，通过与阿里云合作在“混合云”上部署一套余额查询系统，把高频次、高消耗、低转化的余票查询环节放到公有云端，将下单、支付这种“小而轻”的核心业务留在12306的私有云，保证春运高峰购票也不出现网站卡顿。

二、物联网技术及其应用

1. 物联网概述

物联网英文名称是“Internet of Things”，缩写是“IOT”，如图1-2-2所示。

目前比较公认的物联网定义是：通过射频识别装置、红外感应器、全球定位系统、激光扫描器等信息传感设备，按约定的协议，把任何物品与互联网连接起来，进行信息交换和通信，以实现智能化识别、定位、跟踪、监控和管理的一种网络。物联网的核心和基础仍然是互联网。

图1-2-2 物联网

2. 物联网特征

（1）全面感知

物联网是由具有全面感知能力的物品和人所组成的，为了使物品具有感知能力，需要在物品上安装不同类型的识别装置，例如：智能卡、电子标签（Tag）、条形码与二维码等，或者通过传感器、红外感应器等感知其物理属性和个性化特征。利用这些装置或设备，可随时随地获取物品信息，实现全面感知。

（2）可靠传递

物联网通过各种无线技术和互联网的结合，对接收到的感知信息准确无误进行交换和通信。在这一过程中，通常需要用到现有的运行网络，包括无线和有线网络。

（3）智能处理

利用大数据、云计算、模糊识别等各种人工智能技术，对随时接受到的任何人、任何地点、任何物品的海量数据和信息进行分析和智能处理，实现智能化的决策和控制。

3. 物联网体系架构

根据物联网的上述三个特征，物联网可从网络架构上分为感知层、网络层和应用层三个主要层次，如图 1-2-3 所示。

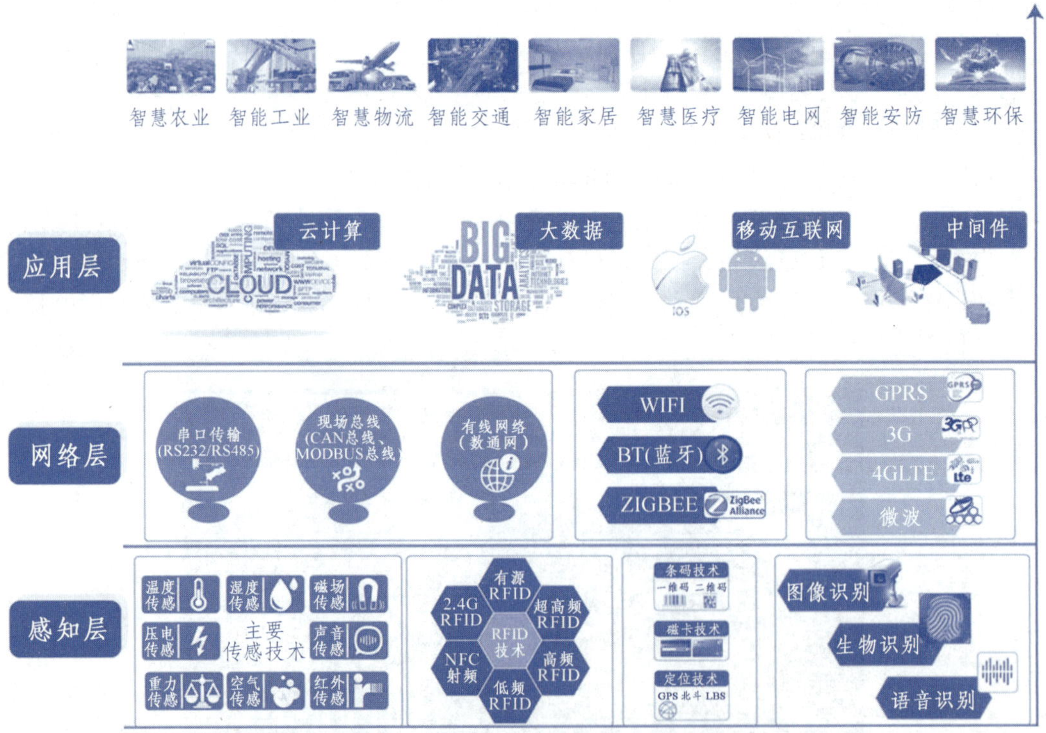

图 1-2-3　物联网的三层体系架构

（1）感知层（类似皮肤、五官）

感知层是物联网的底层，是实现物联网全面感知的核心能力，主要解决生物世界和物理世界的数据获取和连接问题。

物联网上由大量的多种类型传感器，不同类别的传感器所捕获的信息内容和信息格式不同。传感器的作用如同人的五官，可以识别和获取各类事物的数据信息。通过这些传感设备，能让任何没有生命的物体都拟人化，让物体也可以有“感受和知觉”，从而实现对物体的智能化控制。

（2）网络层（类似神经中枢和大脑）

网络层是物联网的神经系统，负责将感知层获取的信息进行处理和传输。

（3）应用层（社会分工）

应用层把感知和传输来的信息进行分析，做出正确的控制和决策，解决信息处理和人机交互问题。

4. 物联网的关键技术

（1）传感器技术

如图 1-2-4 所示，传感器是一种检测装置，能感受到被测量的信息，物联网通过传感器去感知周边物体和物理环境，从而为物联网应用层的数据分析提供依据。

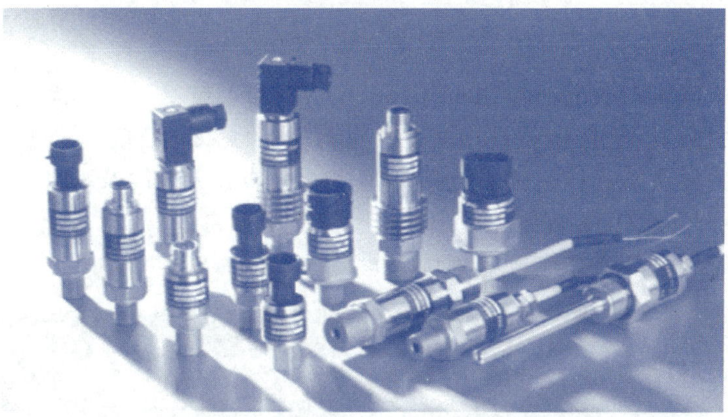

图 1-2-4 传感器

（2）条形码技术

如图 1-2-5 所示，条形码（又称作：一维条形码）技术是集条码理论、光电技术、计算机技术、通信技术、条码印刷技术于一体的一种自动识别技术。一维条形码可以标出物品的生产国、制造厂家、商品名称、生产日期、类别等信息，因而在商品流通、图书管理、邮政管理、银行系统等相关领域得到广泛的应用。

图 1-2-5 一维条形码

在水平和垂直方向的二维空间存储信息的条码，称作二维条形码（简称：二维码）。随着技术发展，需要用条码在有限的几何空间内表示更多的信息，以满足千变万化的信息表示的需要。二维条形码比一维条形码存储更多信息。

图 1-2-6　二维条形码

（3）RFID 技术

射频识别（Radio Frequency Identification，RFID）技术，又称无线射频识别技术。RFID 技术利用感应、无线电波或微波能量进行非接触双向通信，以达到识别及数据交换的目的，其关键设备和核心技术包括标签、读写器、天线以及 RFID 中间件四部分。如图 1-2-7 所示，RFID 技术目前广泛应用于公交刷卡系统、ETC 不停车收费系统、图书馆、门禁系统、食品安全溯源等领域。

（a）公交刷卡系统　　（b）ETC 不停车收费系统

图 1-2-7

（4）无线传感器网络

无线传感器网络（Wireless Sensor Networks，WSN）是一种分布式传感网络，它的末梢是可以感知和检查外部世界的传感器。WSN 中的传感器通过无线方式通信，因此网络设置灵活，设备位置可以随时更改，还可以跟互联网进行有线或无线方式的连接。通过无线通信方式形成的一个多跳自组织网络。

三、大数据技术及其应用

1. 大数据概述

大数据（Big Data）用来描述和定义信息爆炸时代产生的海量数据，并命名与之相关的技术发展与创新，云计算技术的应用给大数据的发展提供更多的实现方式和平台。

最早提出“大数据”时代已经到来的机构是全球知名咨询公司麦肯锡。麦肯锡在研究报告中指出，数据已经渗透到每一个行业和业务职能领域，逐渐成为重要的生产因素，而人们对于海量数据的运用将预示着新一波生产率增长和消费者盈余浪潮的到来。

2. 大数据特征

大数据是指需要新处理模式才能具有更强的决策力、洞察发现力和流程优化能力的海量、高增长率和多样化的信息资产。

大数据区别于传统数据的四大特征，可总结为 4 个“V”。

（1）具有海量的数据规模（Volume）

数量巨大是大数据最显著的特征。一个 8MB 的摄像头一小时能产生 3.6GB 数据，一个安装有几十万个交通和安防摄像头的城市，每月产生的数据量将达到几十 PB。百度公司每天大约要处理 60 亿次搜索请求，数据量能达到几十 PB。

目前，网络数据的数据量仍在以前所未有的速度持续增长，安防监控、电子商务、医疗卫生、地理信息、影视娱乐、科学研究等行业，每天都在产生大量的数据。

（2）多样的数据类型（Variety）

大数据的数据来源广泛、类型多样、结构各异是大数据的重要特点。大数据的数据类型包括传统的结构化数据和用常规软件无法进行深入分析处理的非结构化数据。

（3）快速的数据流转（Velocity）

搜索引擎、电子商务等公司都要求实时的处理数以万计的海量数据，而且数据量增长迅速，传统的离线加批处理的方式已经不能满足要求，这对数据的处理也提出了更高的要求。

（4）较低的价值密度（Value）

数据的价值不可估量，但由于传统思维和技术的限制，大数据从总体上看具有较低的价值密度。挖掘大数据的价值类似沙里淘金，从海量数据中挖掘稀有但珍贵的信息。

3. 大数据的分类

大数据的数据来源主要有以下几类：

（1）传统企业数据

传统企业数据包括客户关系管理系统的消费者数据，传统的企业资源计划数据，库存数据以及账目数据等。

（2）机器和传感器数据

机器和传感器数据包括呼叫记录（Call Detail Records）、智能仪表、工业设备传感器、设备日志（Digital Exhaust）、交易数据等。

（3）社交数据

社交数据包括用户行为记录，反馈数据等。如腾讯、淘宝、支付宝、Twitter 和 Facebook 这样的社交媒体平台就要处理大量的社交数据。

四、人工智能技术及其应用

2016 年 3 月，发生了一件震惊围棋界的大事，韩国围棋九段棋手李世石与 Google 人工智能程序 AlphaGo 之间的“人机对弈”。经过了五局的大战，最终人类以总比分 1：4 负于 AlphaGo，如图 1-2-8 所示。

图 1-2-8　人机对弈

1. 人工智能概述

人工智能（Artificial Intelligence，AI）是计算机科学的一个分支，它企图了解智能的实质，并生产出一种新的能以人类智能相似的方式做出反应的智能机器。

通俗一点解释如下：

（1）人工智能是一种高级的计算机程序；

（2）人工智能有明确的目标；

（3）人工智能可以“看到”或者“听到”环境的变化，可以感受到环境的变化；

（4）它会根据不同的环境做出不同的反应，从而实现既定的目标。

2. 人工智能三要素

（1）数据——人工智能的“粮食”

实现人工智能的首要因素是数据，数据是一切智慧物体的学习资源，比作人工智能“粮食”。AI 学习知识大部分基本都是依赖于数据的质量，如果“粮食”出现了质量安全问题，那么最终将会导致人工智能“生病”。

（2）算力——人工智能的“身体”

算力在一定程度上体现了人工智能的速度和效率，比作人工智能的“身体”。一般来说算力越大，则实现更高级人工智能的可能性也更大。算力是依附于设备的，所以一般谈论算力，都是在说具体的设备，比如 CPU、GPU、DPU、TPU、NPU、BPU 等，都属于算力设备，只是它们各自的能力不同而已。

（3）算法——人工智能的“大脑”

算法是人工智能程序与非人工智能程序的核心区别，就算有了数据、有了算力，也只能算是一个看起来比较高大上的资源库而已，算法就是对资源有效利用的思想和灵魂，比作人工智能的“大脑”。主流的算法主要分为传统的机器学习算法和神经网络算法。

3. 人工智能应用场景

（1）语音处理

语音处理主要是自动且准确地转录人类的语音，包括：前端处理、语音识别、语义识别和对话管理、语音合成等。

应用场景包括：医疗听写、语音书写、电脑系统声控、电话客服等。但真正做到像正常人类一样，与他人流畅沟通，自由交流，还需假以时日。

（2）计算机视觉

计算机视觉指计算机从图像中识别出物体、场景和活动的能力，包含图像处理、识别检测、分析理解等技术。

应用场景包括：在医疗领域，以计算机视觉为基础的医疗成像分析被用来提高疾病的预测、诊断和治疗；在安防及监控领域，计算机视觉被用来辨认嫌疑人；在购物方面，消费者现在可以用智能手机拍摄下产品以获得更多信息。未来计算机视觉有望进入自主理解、分析决策的高级阶段，真正赋予机器“看”的能力。

（3）自然语言处理

自然语言处理的几个核心环节：知识的获取与表达、自然语言理解、自然语言生成等，也相应出现了知识图谱、对话管理、机器翻译等研究方向。

应用场景包括：搜索引擎、对话机器人、机器翻译、考试机器人、办公智能秘书。

任务实施

根据前面所学知识，完成如下两个子任务。

子任务 1 选一个云计算、物联网、大数据、人工智能的具体应用来为同学们做介绍，并结合使用技术讲解。

1. 云计算应用案例

云计算在高校教学中的应用越来越多。教育云包括了教育信息化所必须的一切硬件计算资源，这些资源经虚拟化之后，向教育机构、教育从业人员和学员提供一个良好的平台，该平台的作用就是为教育领域提供云服务。

例如，慕课就是教育云的一种应用。慕课（MOOC），指的是大规模开放的在线课程。现阶段高职院校慕课的三大优秀平台如：学银在线、智慧职教、中国大学 MOOC 等平台，为高校教师和学生提供了大量的线上学习资源。

2. 物联网应用案例

如图 1-2-9 所示，物联网智慧农业已经开始普及，尤其是以 Zigbee 无线技术为主的物联网系统，使得精准农业的技术体系广泛应用于生产实践成为可能。通过采用先进的温室大棚种植技术，可在阳光不足时，通过物联网产品自动补充人造光线，促进植物光合作用；在湿度不够时，通过物联网产品自动为农作物补充水分；可以创造一个恒温的空间，让农作物一年四季不停地生长。

总之，通过物联网智慧农业系统可以按照农作物生长需求适时地调控阳光、空气、雨露等。

物联网智慧农业系统包括：

（1）温湿度自动控制；

（2）土壤温湿度自动控制；

（3）光照强度自动控制；

（4）二氧化碳浓度自动控制；

（5）智慧化灌溉系统；

（6）数据无线传输系统。

通过通信网关、无线传感网、温度湿度传感器、光照传感器、二氧化碳传感器，节省大量的人力物力，通过物联网自动控制插座开关，实现自动化灌溉、温度控制、补充阳光等。物联网智慧农业整体如图 1-2-9 所示。

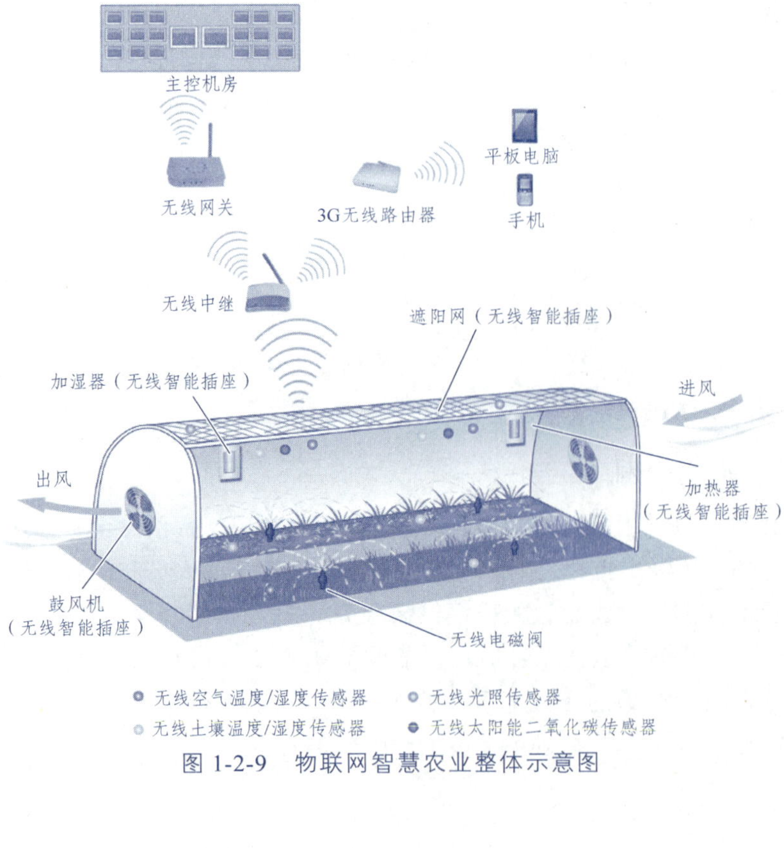

图 1-2-9　物联网智慧农业整体示意图

3. 大数据应用案例

今日头条作为近年来受大众欢迎的移动互联网产品之一，大胆地利用大数据技术颠覆传统的内容传播形式，通过数据分析、数据挖掘、信息检索、个性推荐算法、人工智能等技术手段，实现最精准的内容推荐。

算数中心是今日头条的数据部门，其数据全部由个性化推荐所积累。而今日头条是一款基于机器学习的个性化推荐引擎，其基本逻辑主要有两条：

（1）用户使用 APP 越多时，发生的动作类型就越多，通过这些动作收集而来的数据能够完整地描述用户并画像，今日头条就能“认识”每一个人。然后再以同样的方法“认识”每篇文章、每个关键词，通过算法进行匹配和推送。

（2）即便用户对推荐引擎来说是陌生的，但总会有相同特征的用户，比如使用苹果手机的男性、三十到四十岁年龄之间等人群画像是系统经了解并计算过的。它可以据此对类似人群进行解读，把用户最可能感兴趣的信息进行推送。

在整个推荐过程中，受众也会对文章进行反馈。头条的媒体实验室对后台数据进行提取和分析，来促进创作。

4. 人工智能应用案例

从 2015 年开始，全国多个城市都在加速推进平安城市的建设，积极部署公共安全保障体系，希望实现对城市主要道路和重点区域的全覆盖。面对海量的公共视频，安全依赖公安民警通过观看视频找出重要片段的方式显然已经不可行了。于是，基于人工智能的视频分析技术被普遍采用，如图 1-2-10 所示。新的智能视频分析技术可以帮助民警做很多事情，有效提高民警工作效率。

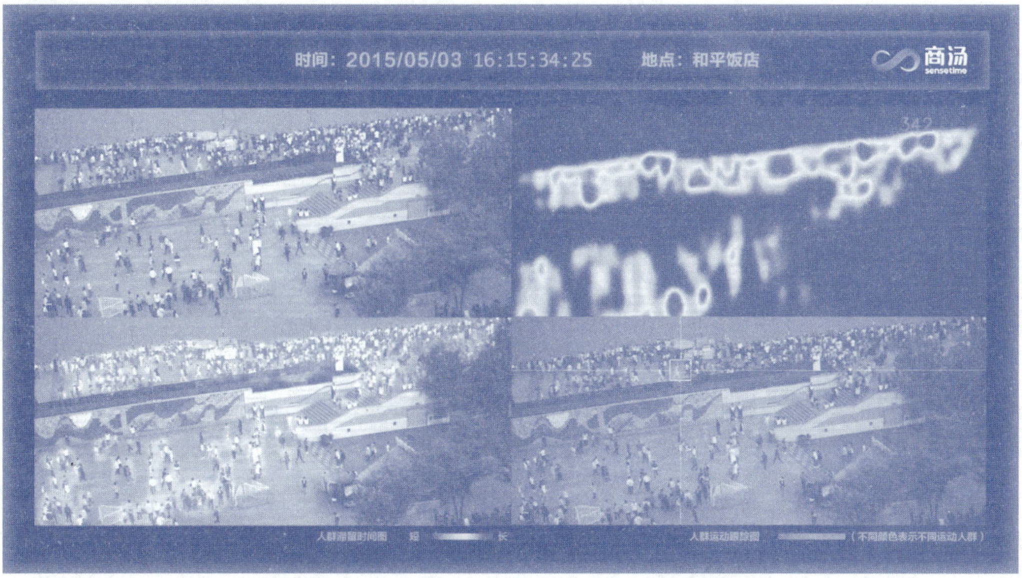

图 1-2-10　基于人工智能的视频分析

实时从视频中检测出行人和车辆；自动找到视频中异常的行为（比如，醉酒的行人或者逆行的车辆）并及时发出带有具体地点方位信息的警报；自动判断人群的密度和人流的方向，提前发现过密人群带来的潜在危险，帮助工作人员引导和管理人流；这些技术能把城市管理者从繁重的工作中解放出来，更高效地为市民大众服务。

子任务 2　在实际工作生活中，“云”“物”“大”“智”是什么关系。

云物大智的关系介绍，如果拿人体系统来比喻的话：

物联网相当于人体的五官和神经网络，通过传感器等，接触真实的物理世界，获取海量数据；

云计算相当于人类的心脏，具有较强的计算能力，为海量数据提供强大的承载能力；

大数据相当于人体的流动的血液，对海量数据进行挖掘和分析，实现数据到信息的转换；

人工智能相当于人体的大脑，对数据进行学习，对信息进行理解，最终实现数据到知识和智能的转换。

云物大智的关系如图 1-2-11 所示。

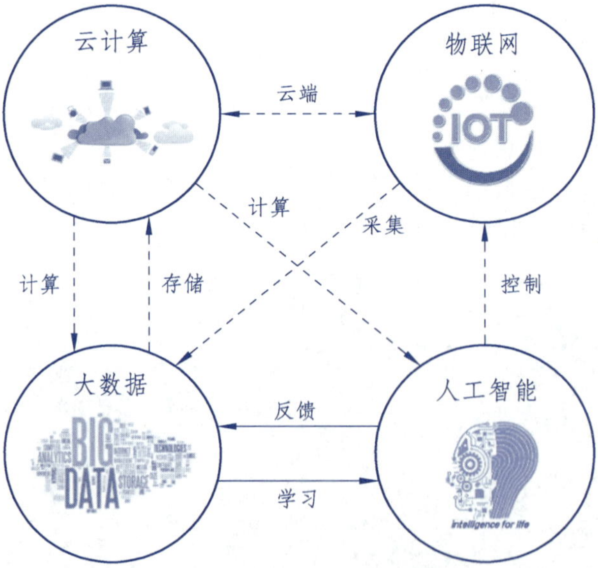

图 1-2-11　云物大智的关系

实践探索

小江的讲座在人工智能协会的新生同学里获得很好的反响，同学们对于信息前沿技术很感兴趣。小江给同学们提供了三道思考题：

（1）搜索相关资料，研究汽车无人驾驶使用了哪些前沿信息技术？

（2）举例说明我们身边有哪些智慧交通案例？

（3）从人工智能程序 AlphaGo 击败韩国围棋九段棋手李世石的案例，请同学们思考："人工智能会超过人类智能吗？"（提示：应用思政课学习到的辩证法和认识论方法去理解和分析问题。）

任务小结

通过本任务，同学们了解了当今社会的一些信息前沿技术，包括云计算、物联网、大数据、人工智能等概念特征及其应用，并学习和了解了这些前沿技术的一些真实场景和案例。

实战练习

1. 物联网的英文全称是（　　）。

A. Network Everything　　B. Internet of Things

C. Internet of Everything　　D. Network of Things

2. 人工智能 AI 是（　　）的英文缩写。

A. Automatic Intelligence　　B. Artificial Intelligence

C. Automatic Information　　D. Artificial Information

3. 物联网体系架构是由（　　）构成的。

A. 感知层、网络层、服务层　　B. 物理层、网络层、应用层

C. 感知层、网络层、应用层　　D. 感知层、表示层、应用层

4. 物联网的核心和基础仍然是（　　）。

A. RFID　　B. 计算机技术

C. 人工智能　　D. 互联网

5. 从研究现状上看，下面不属于云计算特点的有（　　）。

A. 超大规模　　B. 虚拟化

C. 私有化　　D. 高可靠性

6. 下列关于大数据特点的说法中，错误的是（　　）。

A. 数据规模大　　B. 数据类型多样

C. 数据处理速度快　　D. 数据价值密度高

7. 智能健康手环的应用开发，体现了（　　）的数据采集技术的应用。

A. 统计报表　　B. 网络爬虫

C. API 接口　　D. 传感器

8. 人工智能三要素不包括（　　）。

A. 算力　　B. 算法

C. 数据　　D. 分析能力

学习成果自查表

<table>
<tr><th colspan="2" rowspan="2">要点</th><th colspan="3">掌握程度</th></tr>
<tr><th>未掌握</th><th>基本掌握</th><th>熟练掌握</th></tr>
<tr><td rowspan="3">云计算技术及其应用</td><td>云计算的概念</td><td></td><td></td><td></td></tr>
<tr><td>云计算的特点</td><td></td><td></td><td></td></tr>
<tr><td>云计算的类别</td><td></td><td></td><td></td></tr>
<tr><td rowspan="4">物联网技术及其应用</td><td>物联网的概念</td><td></td><td></td><td></td></tr>
<tr><td>物联网的特征</td><td></td><td></td><td></td></tr>
<tr><td>物联网的体系架构</td><td></td><td></td><td></td></tr>
<tr><td>物联网的关键技术</td><td></td><td></td><td></td></tr>
<tr><td rowspan="3">大数据技术及其应用</td><td>大数据的概念</td><td></td><td></td><td></td></tr>
<tr><td>大数据的特征</td><td></td><td></td><td></td></tr>
<tr><td>大数据的分类</td><td></td><td></td><td></td></tr>
<tr><td rowspan="3">人工智能技术及其应用</td><td>人工智能的概念</td><td></td><td></td><td></td></tr>
<tr><td>人工智能的三要素</td><td></td><td></td><td></td></tr>
<tr><td>人工智能的应用场景</td><td></td><td></td><td></td></tr>
</table>

任务三　信息素养培养

任务目标

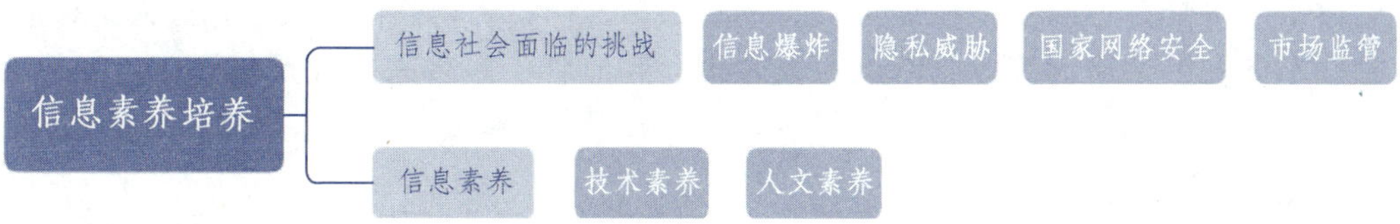

任务描述

小钟是信息工程学院一名大三的学生，品学兼优，在学校的教育技术中心勤工俭学，主要配合老师对校园网络的平台进行运维和资源管理，有着非常好的信息安全意识和信息素养。小钟受邀为人工智能协会的新生会员做一个主题为“守护青春 网络有您”的主题汇报，让新生会员们能够了解信息社会面临的挑战，并培养良好的信息素养。

知识准备

一、信息社会面临的挑战

互联网时代开启的信息文明提升了我们在物质世界中的行为能力，同时也创造了一个相对独立，远比物质世界复杂的虚拟世界。这个虚拟世界给人类提供了新机会和新可能，也同时提出了新课题。未来面临的主要挑战如下：

1. 信息爆炸

互联网使信息的采集、传播的速度和规模达到空前的水平，出现了信息泛滥、信息爆炸，表现在如下 5 个方面：新闻信息飞速增加、娱乐信息急剧攀升、广告信息铺天盖地、科技信息飞速递增、个人接收严重“超载”。

2. 个人隐私威胁

互联网时代，用户的隐私威胁日益严重。通过大数据分析，原本孤立的数据之间关联错综复杂，对这些关联进行研究，可以获取用户的行为轨迹、兴趣爱好、社会关系、买卖信息等，致使用户变成了没有隐私的透明人。个人的计算机系统、个人网站、电子邮箱等都可能遭受网络黑客的攻击。

3. 国家网络安全

互联网的互联互通，给我国经济发展提供强劲动力，给社会进步注入巨大活力。同时，网络攻击、网络诈骗、网络作品侵权时有发生，网上黄赌毒、暴力恐怖以及网络谣言等有害信息屡禁不止，严重危害国家安全、损害人民利益。

4. 市场监管面临巨大挑战

数字经济具有不同于以往经济形态的特点，云计算、物联网、大数据、人工智能等信息技术的发展，给传统监管制度、监管理念和监管手段带来极大挑战。

二、信息素养

1. 信息素养的概念

信息素养指能够体现人们在现今信息社会中的信息行为能力、创造能力和思维性能力。主要体现在：技术方面和人文方面。

（1）技术方面：反映的是人们利用信息的意识和能力，也就是对操控和运用计算机技术的素养。

（2）人文方面：反映的是人们面对信息的心理状态，也就是对信息、信息时代及教育信息化的认识程度和态度。

2. 大学生信息素养的培养方法

微课：大学生如何培养良好的信息素养

（1）加强信息素养相关课程的学习

信息素养是一项综合性教育。目前，高校基本上都开设了“计算机应用基础”“信息技术”通识课程和“文献检索”等选修课程。大学生需要掌握基本的信息技术理论知识，熟悉计算机常用办公软件的操作；通过学习文献检索课程，能够系统地学习到文献信息检索的基本原理，掌握各种数据库的检索方法，熟练使用各种检索工具。

（2）把信息素养的培养纳入专业课程学习之中

提高信息素养，需要把信息技术与专业学科结合，在常规的专业课程和教学中对信息意识进行培养，自觉养成获取和利用文献信息资源的习惯，掌握科学研究方法，提升专业论文写作水平。

（3）充分利用图书馆和信息化学习环境

大学生在图书馆不仅能够更直观地了解图书分类方法，还可以通过图书馆的数字化系统，学会运用计算机检索工具，提高计算机信息检索水平；要善于利用图文并茂、形式多样的信息化学习环境，增强对知识的理解程度，提高信息意识。

（4）注重网络道德与规范，提升人文素养

网络道德是正确处理、调节网络社会关系和秩序的行为准则。大学生需要提升个人素养，弘扬网络道德正能量，弘扬和践行社会主义核心价值观，做到不浏览不健康网站，不发布不传播带有反动色彩或迷信色彩的言论，严格遵守《中华人民共和国网络安全法》和《中国互联网管理条例》。

任务实施

小钟根据前面所学知识，结合自身在教育技术中心勤工俭学所积累的知识经验，结合信息检索工具，开始撰写一个主题为“守护青春 网络有您”的主题汇报材料。

汇报前，小钟先引入了三个案例，请在座同学们思考讨论。

一、案例引入

案例一：

信息工程学院的小曹同学无意中发现了一个交易平台，了解到数字虚拟货币比特币“挖矿”（通过大量计算机的运算，去获得各种数字加密虚拟货币的过程，俗称“挖矿”）可以营利，他的台式机正好配置了一块质量不错的显卡，于是便开启了“挖矿”之路。后来他联合其他同学一起，电脑多达七台。在宿舍里，电脑一天 24 小时不间断地工作。虽然难度高，但是所用的电力成本都由学校承担。每个月可以赚取 100 ~ 300 元。

请结合案例思考和回答：

（1）区块链和比特币是什么关系？

（2）您了解什么是“挖矿”吗？

（3）小曹同学的行为是否涉嫌违法？查找相关资料，了解国家对数字虚拟货币交易的相关政策及法律文件。

案例二：

某高校学生小薇接到一陌生电话，对方称其在网上购买的一件衣服甲醛超标，要赔付并取回，说如果小薇的芝麻信用超过 600 分，可得到双倍赔付。小薇信用分不足 600，按照对方提示，小薇通过贷款平台分别贷款 1300 元和 2500 元。对方表示，这些贷款由店铺来还，小薇只要将扣除双倍购衣款后的 3280 元交给客服就行了。但小薇汇款成功后，对方便联系不上了。

请结合案例思考和回答：

（1）您对网络诈骗的常见手段了解多少？

（2）大学生应该如何增强自我保护意识，防止网络欺诈？

案例三：

国内多所院校曾出现 ONION 勒索病毒攻击情况，大量计算机感染勒索病毒，磁盘文件被病毒加密为.onion 后缀，只有支付高额赎金才能解密恢复文件，对工作学习资料和个人数据造成严重损失。

请结合案例思考和回答：

（1）如何才能保护好您的计算机遭受病毒攻击？例举您的防范措施。

（2）万一您的计算机感染病毒导致系统出现故障问题，您会如何处理？

二、大学生应具备的信息素养

1. 加强信息安全意识

随着网络技术的发展，网络和电信欺诈事件不断发生，针对大学生的校园贷、网络购物刷单欺诈、网络钓鱼欺诈、网络赌博等乱象层出不穷，给缺乏判断力和社会经验的大学生带来严重的危害。

大学生应如何提高信息安全意识呢？可从以下几方面入手：

（1）多种渠道了解和学习网络诈骗的知识，如参加国家网络安全宣传周校园日活动、学校组织的信息安全知识讲座等等。做到对各种形式的欺诈手段和套路心中有数。

（2）不贪图小便宜，不相信陌生人的推荐，如：身边的“无抵押贷款”“扫二维码领取物品”等等。

（3）不随意泄露个人信息、账号和密码。比如：不用自己的真实信息在不明网站注册账号，不要随意打开不明链接，不用身份证后几位、手机号、生日等易获取、易猜测的数字作为密码。

（4）养成良好上网习惯。不明链接不要点击，不明文件不要下载，不明邮件不要打开。

2. 掌握信息安全技术

诸多高校开设有信息素养课程，同学们可以通过课堂学习和平时自主学习，掌握网络安全基础知识和一定的信息安全技术。同时还要注重数据安全防范，养成定期备份的习惯，并形成良好的上网习惯。

以高校出现 ONION 勒索病毒攻击为例，一般情况下，高校教育技术中心、图书管会提供应对病毒的技术方法，一般需做好如下防范措施：

（1）为计算机安装最新的安全补丁。

（2）建议停止使用 Windows XP、Windows 2003 等微软已不再提供安全更新的操作系统，升级安装 Windows 操作系统。

（3）启用并打开“Windows 防火墙”，进入“高级设置”，在入站规则里禁用“文件和打印机共享”等相关规则。

（4）尽快（今后定期）将自己电脑中的重要文件资料备份到移动硬盘/U 盘上。

通过加强信息知识的学习，我们可掌握一定的信息安全技术，绝大部分信息攻击都可以防范。

3. 遵守网络道德和网络法规

网络道德是用户对网络所持有的意识态度、行为规范、评价选择等价值体系，是正确处理、调节网络社会关系和秩序的行为准则。大学生应具备自律意识，遵守网络道德，弘扬网络道德正能量。目前较为凸显的不良网络道德表现包括：

（1）传播不良信息。如政治反动、封建迷信、低俗色情、凶杀恐怖等内容。

（2）施行网络暴力。在网络上对别人恶意中伤、造谣诽谤、肆意侮辱，给被害人带来巨大创伤。

（3）侵犯他人隐私。通过网络平台盗取用户隐私，侵害他人合法权益。

（4）网络成瘾。部分大学生沉迷虚拟世界、沉迷游戏、荒废学业的现象较为严竣。

（5）侵犯信息网络传播权。借助信息检索技术搜索信息资源，但不经许可随意转载引用，侵害他人信息网络传播权。

上述行为虽然是网络道德意识薄弱，行为自律意识差所致，但是如果把握不好，不良道德行为就会转变为违法行为。目前，我国针对信息安全的相关法律法规已有 50 余部，《中国互联网管理条例》《中华人民共和国数据安全法》等一系列法律法规相继出台，大学生应遵守信息安全法规，明辨是非，不可违法犯法。

国家发展改革委、中央宣传部、中央网信办等 11 部门联合印发的《关于整治虚拟货币“挖矿”活动的通知》，要求加强虚拟货币“挖矿”活动上下游全产业链监管，禁止国内加密数字货币交易。私自占用服务器、个人电脑、网络资源、电力资源进行“挖矿”活动获取虚拟货币属于违法行为。

实践探索

小孟同学最近上网下载软件，无意中发现电脑桌面出现很多无关的游戏 APP 图标，而且使用中总是出现一些奇怪的弹窗，不堪其扰。您会如何给小孟解决这种垃圾软件侵占电脑资源的问题呢？快给他一些建议吧。

任务小结

本次任务，我们了解了身处信息社会所面临的挑战，掌握了信息素养的概念，并了解了大学生信息素养的培养方法以及大学生应具备的信息素养。

学习成果自查表

要点		掌握程度		
		未掌握	基本掌握	熟练掌握
信息社会面临的挑战	信息爆炸			
	个人隐私威胁			
	国家网络安全			
	市场监管面临巨大挑战			
信息素养	信息素养的概念			
	大学生信息素养的培养方法			

学习总结

<table>
<tr><td>姓名</td><td></td><td>班级</td><td></td><td>学号</td><td></td></tr>
<tr><td colspan="2">模块名称</td><td colspan="4"></td></tr>
<tr><td colspan="2" rowspan="3">学习总结</td><td colspan="4">我学会了：（知识、技能成长）</td></tr>
<tr><td colspan="4">我收获了：（职业认识、协作能力、问题解决能力等发展）</td></tr>
<tr><td colspan="4">在本任务的学习中，我的不足有：（自我反思与评价）</td></tr>
</table>

模块二
文档处理

思维导图

- 文档处理
  - 制作培训通知
    - WPS文字界面认识
    - 使用模板
    - 设置文本格式
    - 设置段落格式
    - 插入表格并设置格式
    - 插入图片并设置格式
    - 文档分节
    - 文档输出与打印
  - 产品说明书排版
    - 页面设置
    - 制作文档封面
    - 样式创建与应用
    - 页眉页脚页码
    - 目录创建与更新
  - 制作合同
    - 使用模板
    - 输入项目信息
    - 修订文档
    - 保护文档
  - 制作邀请函
    - 使用模板
    - 输入会议信息
    - 邮件合并
    - 下载在线模板（可选）
    - 设计邀请函（可选）
  - 制作简历
    - 使用模板
    - 输入个人信息和求职信息
    - 下载在线模板（可选）
    - 在线生成简历（可选）

学习收获

在本模块中，您将学会：

- ➢ 利用模板制作培训通知；
- ➢ 处理长文档，能够对产品说明书进行排版；
- ➢ 修订与保护文档，能够制作合同；
- ➢ 利用 WPS 模板制作邀请函；
- ➢ 利用 WPS 模板制作简历；
- ➢ 保存、导出与打印文档。

任务一　制作培训通知

任务目标

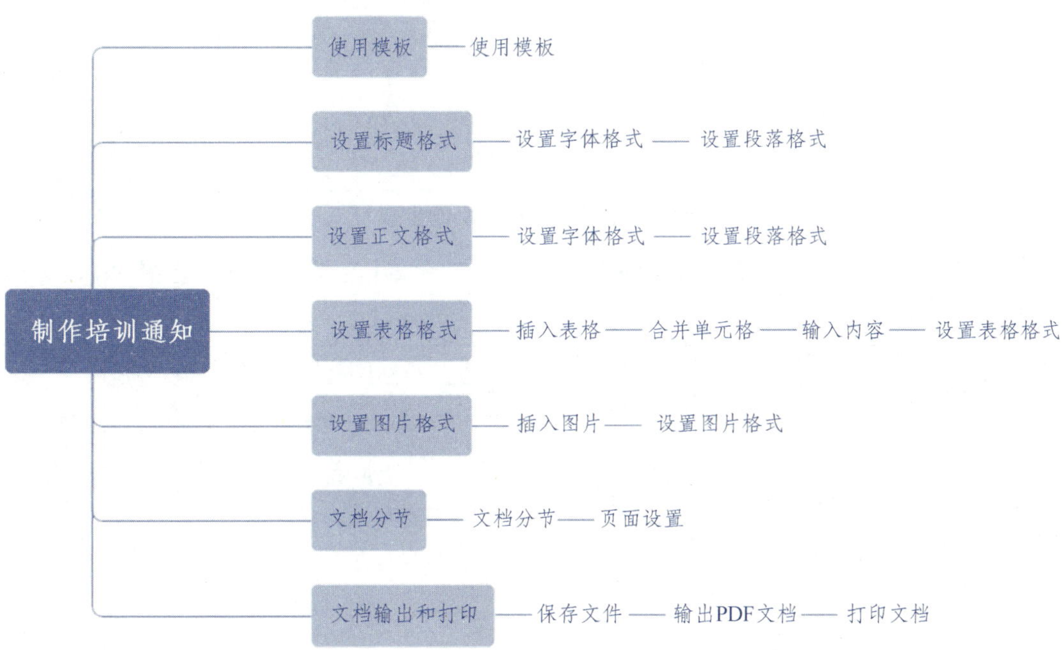

任务描述

辛哲大学毕业了，成为××地铁运营有限公司的员工，负责协助公司办公人员进行一些文档处理工作。XX 地铁运营有限公司拟为新入职的员工组织一次培训，部门经理让辛哲起草一份培训通知。

素材下载：红头文件模板

知识准备

一、WPS 文字界面认识

WPS 文字（Word）已经成为我们工作、学习和生活中必不可少的一款软件，其强大而简便的编辑与排版功能能够让我们非常方便地输出美观的文档。那么，如何快速掌握 WPS 文字，排版出美观的文档呢？

启动 WPS Office 软件，在打开的主界面中单击“新建”按钮，在弹出的界面上方选择“W 文字”选项，再选择“新建空白文字”，操作过程如图 2-1-1 所示。

图 2-1-1　新建文档操作步骤

在使用软件时，要先熟悉软件的操作界面。如图 2-1-2 所示，下面介绍 WPS 文档处理的操作界面。

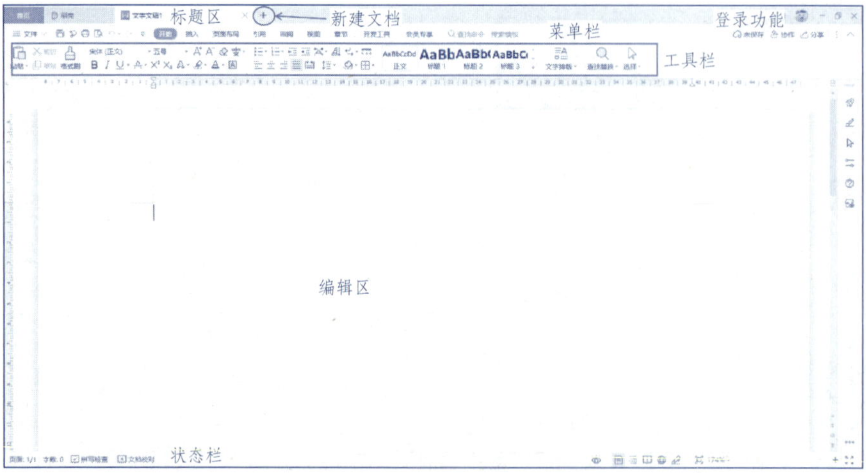

图 2-1-2　WPS 文档界面介绍

界面可以大致分为五个部分。第一行是“标题区”，它显示文档的标题，可以快速切换打开的文档。右侧的登录功能可以将文档保存到云端，支持多种登录方式。第二行是“菜单栏”，在菜单栏内点击不同的“选项卡”时，第三行的“工具栏”会显示不同的操作工具。在“编辑区”可以输入和编辑文字文稿的内容。在最下方的“状态栏”里可以看到字数和页数，点击字数可以查看详细的字数统计。

二、公文文书

公务文书是法定机关与组织在公务活动中，按照特定的体式、经过一定的处理程序形成和使用的书面材料，又称公务文件。无论从事专业工作，还是从事行政事务，都要学会通过公文来传达政令政策、处理公务，以保证协调各种关系，决定事务使工作正确地、高效地进行。

常用的公文种类有命令、决定、公告、通告、通知、通报、议案、报告、请示、批复、意见、函、纪要、决议、公报，如图 2-1-3 和图 2-1-4 所示。

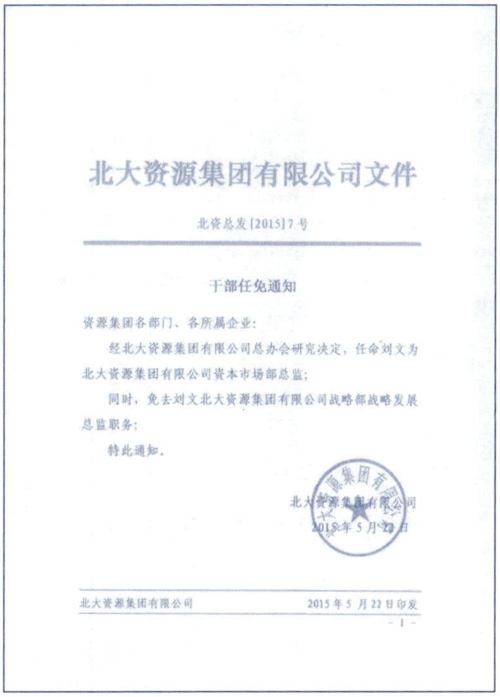

北大资源集团有限公司文件

北资总发〔2015〕7号

干部任免通知

资源集团各部门、各所属企业：

经北大资源集团有限公司总办会研究决定，任命刘文为北大资源集团有限公司资本市场部总监；

同时，免去刘文北大资源集团有限公司战略部战略发展总监职务；

特此通知。

北大资源集团有限公司

2015年5月22日

北大资源集团有限公司　2015年5月22日印发

- 1 -

图 2-1-3　公文-任免通知

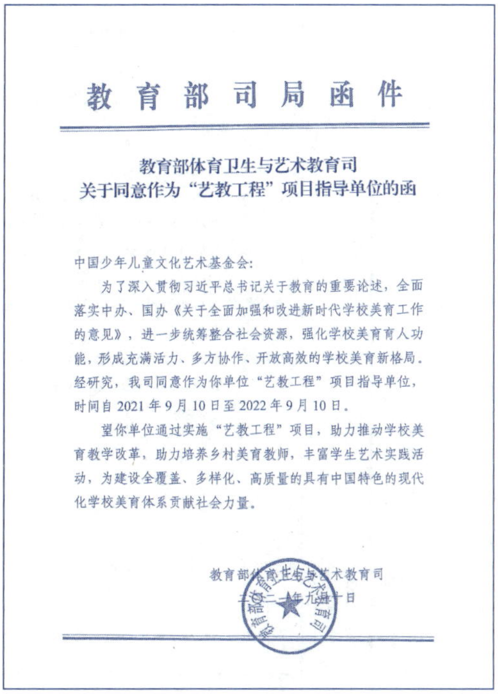

教育部司局函件

教育部体育卫生与艺术教育司
关于同意作为“艺教工程”项目指导单位的函

中国少年儿童文化艺术基金会：

为了深入贯彻习近平总书记关于教育的重要论述，全面落实中办、国办《关于全面加强和改进新时代学校美育工作的意见》，进一步统筹整合社会资源，强化学校美育育人功能，形成充满活力、多方协作、开放高效的学校美育新格局。经研究，我司同意作为你单位“艺教工程”项目指导单位，时间自 2021 年 9 月 10 日至 2022 年 9 月 10 日。

望你单位通过实施“艺教工程”项目，助力推动学校美育教学改革，助力培养乡村美育教师，丰富学生艺术实践活动，为建设全覆盖、多样化、高质量的具有中国特色的现代化学校美育体系贡献社会力量。

教育部体育卫生与艺术教育司

二〇二一年九月十日

图 2-1-4　公文-函件

公文一般由份号、密级和保密期限、紧急程度、发文机关标志、发文字号、签发人、标题、主送机关、正文、附件说明、发文机关署名、成文日期、印章、附注、附件、抄送机关、印发机关和印发日期、页码等组成，模板如图 2-1-5 所示。

三、通　知

通知，是运用广泛的知照性公文。用来发布法规、规章，转发上级机关、同级机关和不相隶属机关的公文，批转下级机关的公文，要求下级机关办理某项事务等。通知，一般由标题、主送单位（受文对象）、正文、落款四部分组成。

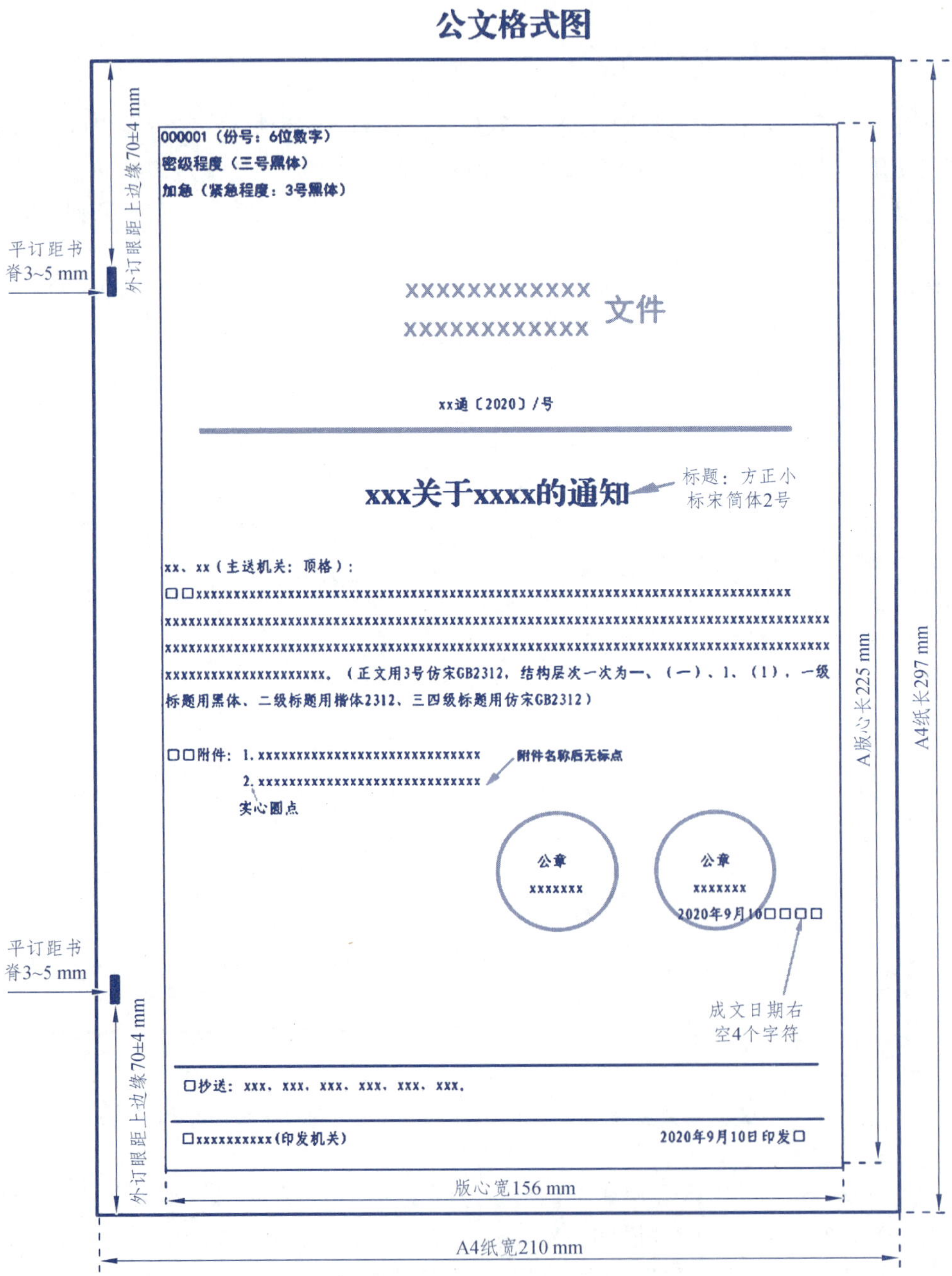

图 2-1-5　公文格式图

任务实施

微课：文档处理

Step01　使用模板创建通知文件

“红头文件”一般是指规范性文件，主要是指行政机关制定并公布，在一定范围、时间内对公民、法人和其他组织具有普遍约束力的文件。“红头文件”因套着象征权威的“红头”而得名。因某一单位的红头文件头部是一样的，所以我们先制作一个红头文件模板，在起草红头文件时套用这个模板即可。

××地铁运营有限公司的红头文件模板如图 2-1-6 所示。

图 2-1-6　××地铁运营有限公司红头文件模板

在 WPS 里打开“起点素材”文件夹中的“××地铁运营有限公司红头文件模板.dotx”文档，即可创建通知文件。

Step02　设置标题格式

输入标题“关于××地铁运营有限公司 2022 年新入职员工培训的通知”。

设置字体格式：字体“方正小标宋简体”（注：因此字体 WPS 需登录账号才可使用，所以访客状态可设置字体“宋体”），字型“加粗”、字号“二号”。

设置段落格式：对齐方式：“居中对齐”，行距“固定值 28 磅”。

Step03　设置正文格式

输入正文“公司各单位、部门：为了让新近的员工对公司的企业文化更加了解，熟悉公司的规章制度，增加他们的信心，尽快融入公司的氛围投入工作。为此，行政人事部定于 2022 年 7 月 4 日举办 2022 年新入职员工培训，具体安排如下：……”，具体文字见在起点素材中的“××地铁运营有限公司培训通知源文字.docx”文档。

设置字体格式：字体“仿宋 GB2312”、字号“三号”；一级标题“一、”字体“黑体”；二级标题“1.”字体“仿宋 2312”。

设置段落格式：对齐方式“两端对齐”，行距“固定值 28 磅”。除了“公司各单位、部门：”（为主送机关，需顶格）外其余正文段落格式为特殊格式“首行缩进 2 字符”。

Step04 插入表格并设置表格格式

在“三、培训内容及安排”后插入表格（7 行 5 列），合并单元格，输入相应文字。

设置表格格式：尺寸“指定宽度 100%”“居中对齐”，行高“指定高度最小值 0.88 厘米”。表格外边框 1.5 磅，内边框 0.75 磅。

表格内容字体格式：字体“宋体”，字号“小四”。第一行文字字型“加粗”。

表格中文字对齐方式：“水平居中”。

Step05 插入图片并设置图片格式

在“××地铁运营有限公司人事部”后插入图片“公章”。

设置图片格式：图片高度 3 厘米、宽度 3 厘米、环绕方式“浮于文字上方”、设置透明色。

Step06 文档分节和页面设置

点击菜单“插入”→“分页”→“下一页分节符”。点击菜单“页面布局”→“纸张方向”→“横向”，在新的空白页输入“附件：参加培训人员名单”和注意事项，设置正文格式。如图 2-1-7 所示，插入表格（21 行 9 列），输入相应文字。

附件 1：参加培训人员名单

注意：签到必须签名字，不准打勾，如迟到或缺席，考勤员标注“迟到”、“请假”、“旷课”等。

员工工号	姓名	性别	所属部门	岗位	签到（7 月 4 号上午）	签到（7 月 5 号下午）	签到（7 月 4 号上午）	签到（7 月 5 号下午）
00202001	黄家琦	女	站务	站务员				
00202002	黎衍锋	女	站务	站务员				
00202003	袁江衡	男	站务	站务员				
00202004	刘锦添	女	站务	售票员				
00202005	黄程	女	信号	检修工				
00202006	叶明深	男	信号	检修工				
00202007	梁舒泞	女	信号	检修工				
00202008	叶于琳	女	信号	检修工				
00202009	吴惠乐	女	信号	检修工				
00202010	莫华进	男	段务	调度员				
00202011	梁嘉阳	女	段务	调度员				
00202012	黄则淋	男	段务	调度员				
00202013	徐锡丰	女	段务	线控员				

图 2-1-7　参加培训人员名单表格

设置表格格式：尺寸“指定宽度 100%”“居中对齐”，行高“指定高度最小值 0.9 厘米”。表格边框为“全部，0.5 磅，黑色单实线”。

表格内容字体格式：字体“宋体”，字号“小四”。第一行文字字型“加粗”。

表格中文字对齐方式：“水平居中”。

Step07 输出文档和打印文档

制作好培训通知后，用户可以将培训通知输出为 PDF 格式并打印出来，具体操作方法如下：

1. 保存文件

点击菜单“文件”→“保存”。在对话框中选择文件类型“Microsoft Word 文件（*.docx）”，选择保存位置“Windows（D:）”，输入文件名“××地铁运营有限公司员工培训通知.docx”，点击“保存”按钮即可保存。

2. 输出 PDF 文档

点击菜单“文件”→“文件”→“输出为 PDF”。在对话框中选择要输出的文档“××地铁运营有限公司员工培训通知.docx”，设置保存位置“源文件夹”，点击“开始输出”按钮即可输出。

3. 打印文档

点击菜单“文件”→“文件”→“打印预览”，设置纸张类型、纸张方向、页边距等。点击菜单“文件”→“文件”→“打印”。在对话框中选择打印机，设置页码范围、份数、是否双面打印等，点击“确定”按钮即可打印。

实践探索

2021 年 7 月××职业技术学院组织广东省中职院校师资培训，项目负责人徐老师用 WPS 软件制作一份师资培训通知，效果如图 2-1-8 所示。同学们，用您学到的知识，来试试制作这个师资培训通知吧。

××地铁运营有限公司员工培训通知

XX 职业技术学院

关于举办 2021 年职业院校教师“云计算平台运维与开发职业技能提升(省培)”培训的通知

广东省各中职学校：

为贯彻落实《广东省“强师工程”实施方案》（粤教师〔2012〕10 号）精神，按照《教育部办公厅 财政部办公厅关于职业院校教师素质提高计划 2017 年项目组织实施工作的通知》（教师厅〔2017〕8 号）和《广东省教育厅关于做好 2021 年职业院校教师素质提高计划培训工作的通知》要求，XX 职业技术学院拟开展“云计算平台运维与开发职业技能提升”培训。现将有关事宜通知如下：

一、培训目标

1. 提升中职教师理实一体化教学能力、专业实践技能、信息技术应用能力等“双师”素质；

2. 掌握 1+X 云计算平台运维与开发职业技能等级证书的理论知识内容与具体实验内容，包括以下具体知识模块：云计算基础架构、Linux 系统与服务构建运维、云计算虚拟化技术和云安全技术、容器云技术与大数据、应用系统与集群构建设运维；

3. 掌握 1+X 云计算平台运维与开发在线实训平台的使用，包括如何使用配套实验资源、在线分配测验内容、查看学生学习情况等。

二、培训对象和人数

1. 培训对象：省内中等职业学校信息类或相近专业骨干教师、实习实训指导老师；

2. 培训人数：30 人。

三、培训时间和地点

1. 培训时间：2021 年 7 月 12 日 至 2021 年 7 月 16 日；

2. 培训地点：XX 市 XX 区 XX 街 XX 路 XX 号 XX 职业技术学院 3 号实训楼 3 楼。

四、培训方式

面授、实训等形式。

五、培训内容与安排

培训时间		课程内容	主讲人/授课专家	地点
7 月 12 日	9：00-9：30	开班仪式	***	录播室
	9：30-10：00	1+X 证书制度的意义与政策解读	**	
	10：00-11：30	云计算平台运维与开发职业技能需求与专业设计	***	
	2：30-5：00	云计算基础架构	***	云计算实训室
7 月 13 日	9：00-11：30	Linux 系统	**	
	2：30-5：00	服务构建运维	**	
7 月 14 日	9：00-11：30	云计算虚拟化技术	**	
	2：30-5：00	云安全技术	**	
7 月 15 日	9：00-11：30	容器云技术	***	
	2：30-5：00	大数据	***	
7 月 16 日	9：00-11：30	应用系统与集群构建设运维	***	
	2：30-5：00	1. 结业典礼 2. 座谈交流	**、***	

六、培训费用

该项目为教育部、广东省职业院校教师素质提高培训计划，培训费（含讲课费、资料费、课程费、食宿费）由财政资金全额补助。学员往返交通费由所在单位报销。

七、颁发证书及考核要求

培训考核以成果考核（培训日志、设计作品和培训总结）和出勤考核相结合方式进行，考核成绩合格者颁发《省级培训合格证书》。

八、报名程序

1. 报名网址：广东省教师继续教育管理系统（职业教育）http://zyjspx.gdedu.gov.cn/zyjspx/；

2. 报名步骤：账号登录（账号：身份证号，默认密码：身份证号后 6 位）→完善本人相关信息→选择项目报名→打印《学员推荐表》（一式一份）→送《学员推荐表》至本单位审核盖章→送《学员推荐表》至教育局审核盖章（省属学校可跳过此步）→基地系统审核。

九、报到时间及地点

1. 报到时间：2021 年 7 月 11 日 14:00-18:00；

2. 报到地点：XX 美景大酒店（如有变动另行通知）。

十、报到须知

报到时上交《学员推荐表》原件 1 份和大 1 寸证件照 1 张。

十一、疫情防控须知

报到前 14 天每日做好自我健康监测并记录。报到时需如实填写“学员健康承诺书”，配合体温测量，操作设备前后对手部进行消毒。

十二、联系方式：

项目负责人：徐老师，***********；

班主任：曹老师，***@****.edu.cn；

有意报名培训的中职教师 7 月 5 日前发送报名回执至曹老师邮箱。

班级 QQ 群：*******

附件：报名回执

XX 职业技术学院

2021 年 6 月 8 日

附件：

2021 年职业院校教师“云计算平台运维与开发职业技能提升(省培)”
报名回执

序号	姓名	性别	工作单位	身份证号	职称	专业	手机	邮箱

图 2-1-8 “师资培训通知”效果图

任务小结

在本次任务中，我们学会了使用模板、录入文档、设置文本格式、设置段落格式、制作表格和设置表格格式、插入图片和设置图片格式、插入分页和分节符、输出与打印等操作。

学习成果自查表

要点		掌握程度		
		未掌握	基本掌握	熟练掌握
使用模板	使用模板			
录入文档	输入文字			
文字排版操作	设置字体格式			
	设置段落格式			
表格操作	插入表格			
	设置表格格式			
图片操作	插入图片			
	设置图片格式			
分页和分节	插入分页符			
	插入分节符			
输出和打印	输出文档			
	打印文档			

任务二　产品说明书排版

任务目标

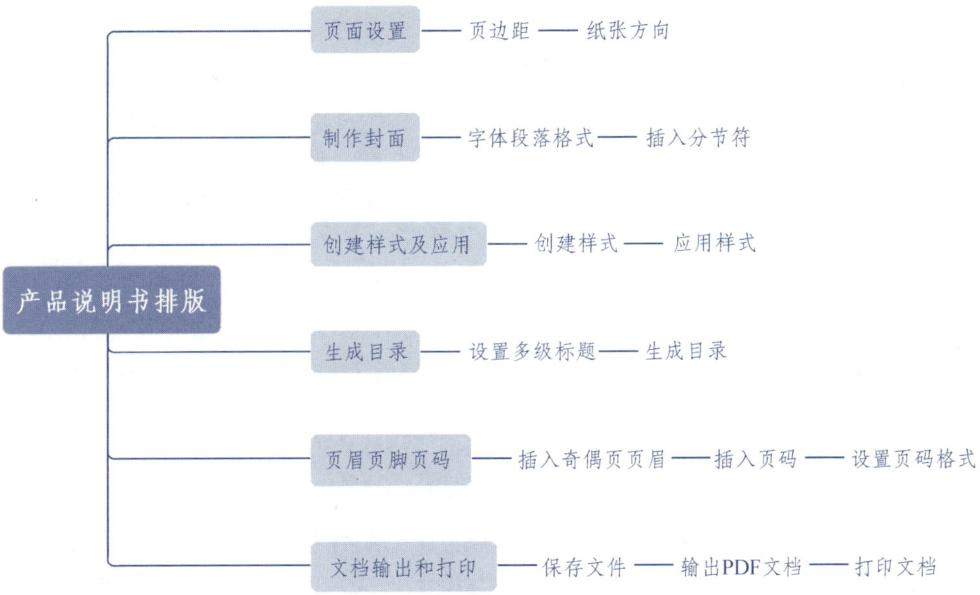

任务描述

辛哲是通信设备生产企业××科技有限公司的一名实习生，负责协助公司办公人员进行一些文档处理工作。部门经理让辛哲对公司产品的说明书“GSM-R 宽带光纤直放站近端机使用说明书”进行排版。

格式要求如下：

（1）页边距设置为“上：2.5 cm，下：2.5 cm，左：3 cm，右：3cm”，纸张方向为“纵向”，纸张大小为“A4”。

（2）封面正标题格式：黑体、Times New Roman、加粗、一号、字符间距加宽 0.04 厘米、居中对齐、行距 1.5 倍；副标题格式：宋体、加粗、二号、字符间距加宽 0.04 厘米、居中对齐、行距 1.5 倍；说明书标题格式：宋体、Times New Roman、加粗、四号、居中对齐、行距 3 倍。

（3）“1.”、“2.”……为一级标题，格式：宋体、Times New Roman、加粗、四

号、两端对齐、行距 2 倍。

（4）“1.1”“1.2”……为二级标题，格式：宋体、Times New Roman、加粗、小四、两端对齐、行距 1.5 倍。

（5）“1.1.1”“1.1.2”……为三级标题，格式：宋体、Times New Roman、加粗、五号、两端对齐、首行缩进 2 字符、行距 1.5 倍。

（6）“1.1.1.1”“1.1.1.2.”…… 为四级标题，格式：黑体、Times New Roman、五号、两端对齐、首行缩进 2 字符、行距 1.5 倍。

（7）正文格式：宋体、Times New Roman、五号、首行缩进 2 字符、行距 1.2 倍。

（8）表格标题格式：黑体、Times New Roman、五号、居中对齐、行距 1.2 倍；表格内容格式：宋体、Times New Roman、五号、居中对齐、行距 1.2 倍。

（9）图片标题格式：黑体、Times New Roman、加粗、五号、居中对齐、行距 1.2 倍；图片格式：居中对齐、段前段后 1 行。

（10）自动生成两级目录，目录格式：宋体、五号、两端对齐、行距单倍；

（11）正文插入页眉，奇数页为“GSM-R 宽带光纤直放站近端机”，偶数页为“使用说明书”，格式：宋体、加粗、五号、居中对齐。

（12）正文页的页脚加上页码“—1—、—2—、—3—……”，并设置位置为居中。

知识准备

一、长文档排版

在日常使用 WPS 办公的过程中，我们常常需要制作长文档，比如产品说明书、营销报告、毕业论文、宣传手册、活动计划等。由于长文档的纲目结构通常比较复杂，一般会有多级标题，内容也较多，篇幅从几十页到几百页、上千页。比如在撰写毕业论文时，会对文档的内容不断进行增加或修改，这就会导致文档各部分格式不统一，整个文档看起来较凌乱。在这种情况下，如果还用任务一中介绍的字体段落格式设置的方法排版，整个工作过程费时费力，效果还可能不尽如人意。

下面我们来学习如何省时省力地对长文档进行排版。长文档处理涉及很多操作，包括设置多级标题、创建与更新目录、设置页眉页脚页码、文档协作与批量处理、页面布局等。

长文档排版的要点有：

（1）页面设置；

（2）制作封面；

（3）样式创建与应用；

（4）页眉页脚页码设置；

（5）目录创建与更新。

二、产品说明书

产品说明书是一种常见的说明文，由生产者向消费者全面、明确地介绍产品名称、用途、性质、性能、原理、构造、规格、使用方法、保养维护、注意事项等内容，是一种准确、简明的文字材料，如图 2-2-1 所示。产品说明书能够使消费者能快速了解产品的基本特性和使用方法。

一份好的产品说明说应当具备真实性、科学性、条理性、通俗性和实用性。说明书的内容，除了文字，还会有大量的表格和图片。我们的排版工作是合理地组织各种元素，让说明书条理分明、通俗易懂。

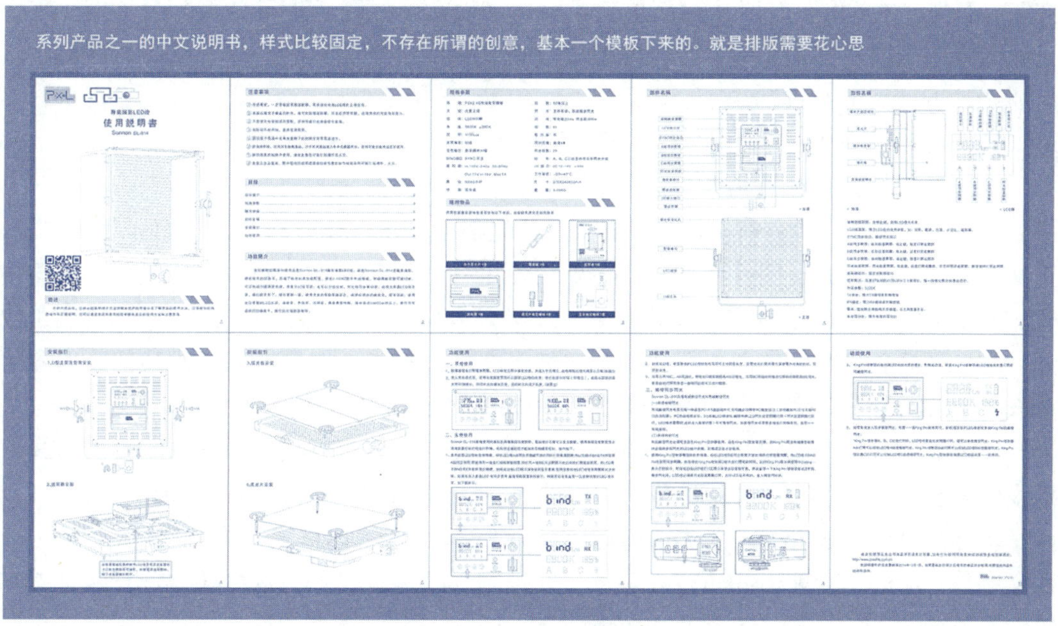

图 2-2-1　产品说明书

任务实施

素材下载：产品说明书源文字

微课：产品说明书排版

实施步骤如下：

Step 01　页面设置

文档编辑之前我们需要根据说明书的打印规格对页面布局进行设置，主要设置页边距和纸张方向，在前面任务描述里有格式要求。

在 WPS 里打开“起点素材”文件夹中的“产品说明书源文字.docx”文档。点击菜单“文件”→“文件”→“页面设置”，打开“页面设置对话框”，设置页边距为“上：2.5 厘米”“下：2.5 厘米”“左：3 厘米”“右：3 厘米”。纸张方向为“纵向”。

Step 02 制作封面

说明书封面一般有正标题、副标题、公司 Logo 或产品照片等，可根据任务要求对正标题和副标题进行格式设置。

设置标题“GSM-R 光纤直放站近端机使用说明书”的字体格式为：中文字体“黑体”，英文字体“Times New Roman”，字型“加粗”，字号“一号”，字符间距“加宽 0.04 厘米”。设置其段落格式为：对齐方式：“居中对齐”，行距“1.5 倍”。在标题上插入 8 个空行。

设置文字“× ×科技有限公司”的字体格式为：字体“宋体”，字型“加粗”，字号“二号”，字符间距“加宽 0.04 厘米”。设置其段落格式为：对齐方式：“居中对齐”，行距“1.5 倍”。要让封面单独成页，必须在副标题后进行分页。为了不让正文设置的页眉页脚在封面出现，所以不但要分页，还要分节。在文字“× ×科技有限公司”后插入“下一页分节符”。

目录也要单独成一节，在“目录”后插“下一页分节符”。

Step 03 样式创建与应用

使用“样式”可以实现文档自动排版。首先根据需求设定多种样式，如标题格样式，正文样式、表格样式、图片样式等等；然后设定样式的各种文本格式，如段落，字体格式、大小，行间距，首行缩进等等。无论文档有多长，应用了相应样式的所有内容（比如正文），都会按照设定的格式排版。在编辑文档过程中，如果需要修改某部分内容的格式（比如一级标题），只要修改样式里的格式即可。

样式在“开始”菜单里，先根据任务描述对正文、多级标题、表格、图片的格式要求设定好样式，然后应用到说明书中相应的内容，这样说明书就会根据设定的样式排版。

新建样式“正文格式”，样式基于“正文”，设置字体格式：中文字体“宋体”、西文字体“Times New Roman”、字号“五号”。段落格式：特殊格式“首行缩进 2 字符”，对齐方式：“两端对齐”，行距“1.2 倍”。应用样式“正文格式”于第三页起所有文字。

新建样式“标题格式”，样式基于“正文”，设置字体格式：中文字体“宋体”、西文字体“Times New Roman”、字型“加粗”、字号“四号”。段落格式：对齐方式：“居中对齐”，特殊格式“无”，行距“3 倍”。应用样式“说明书标题”于文字“GSM-R 宽带光纤直放站近端机使用说明书”。

新建样式“一级标题格式”，样式基于“标题 1”，设置字体格式：中文字体“宋体”、西文字体“Times New Roman”、字型“加粗”、字号“四号”。段落格式：对齐方式：“两端对齐”，特殊格式“无”，行距“2 倍”。应用样式“一级标题”于所有 1 级标题，例如“1.产品概述”等。

新建样式“二级标题格式”，样式基于“标题 2”，设置字体格式：中文字体“宋体”、西文字体“Times New Roman”、字型“加粗”、字号“小四”。段落格式：对齐方式："两端对齐"，特殊格式"无"，行距"1.5 倍"。应用样式"二级标题"于所有 2 级标题，例如"2.1 近端机基本原理"等。

新建样式"三级标题格式"，样式基于"标题 3"，设置字体格式：中文字体"宋体"、西文字体"Times New Roman"、字型"加粗"、字号"五号"。设置段落格式：对齐方式："两端对齐"，特殊格式"首行缩进 2 字符"，行距"1.5 倍"。应用样式"三级标题"于所有 3 级标题，例如"7.1.1 接地和直流电源接入"等。

新建样式"四级标题格式"，样式基于"标题 4"，设置字体格式：中文字体"黑体"、西文字体"Times New Roman"、字号"五号"。段落格式：对齐方式："两端对齐"，特殊格式"首行缩进 2 字符"，行距"1.5 倍"。应用样式"四级标题"于所有 4 级标题，例如"7.3.1.1 添加网元"等。

新建样式"表格标题格式"，样式基于"正文"，设置字体格式：中文字体"黑体"、西文字体"Times New Roman"、字号"五号"。段落格式：对齐方式："居中对齐"，特殊格式"无"，行距"1.2 倍"。应用样式"表格标题格式"于所有表格标题，例如"表 1 定时轮询报表项目"等。

新建样式"表格内容格式"，样式基于"正文"，设置字体格式：中文字体"宋体"、西文字体"Times New Roman"、字号"五号"。段落格式：对齐方式："居中对齐"，特殊格式"无"，行距"1.2 倍"。应用样式"表格内容格式"于所有表格内文字，例如"日测站点报表参数"等。

新建样式"图片标题格式"，样式基于"正文"，设置字体格式：中文字体"黑体"、西文字体"Times New Roman"、字型"加粗"、字号"五号"。段落格式：对齐方式："居中对齐"，特殊格式"无"，行距"1.2 倍"。应用样式"图片标题格式"于所有图片标题，例如"图 2-1 GSM-R 宽带光纤直放站近端机构成框图"等。

新建样式"图片格式"，样式基于"正文"，设置段落格式：对齐方式："居中对齐"，特殊格式"无"，段前段后"1 行"，应用样式"表格内容格式"于所有图片。

Step 04 自动生成目录并设置格式

说明书的目录很重要，消费者通过阅读目录可以从整体上了解说明书的结构，从而快速查找需要了解的内容。

手动输入目录费时费力，而且每对文档做修改（如标题文字或文档内容增删），都要在目录中进行相应修改。非常容易出错或遗漏。使用 WPS 的目录功能自动生成目录，省时省力，可以根据文档的内容实时更新。

在菜单"引用"→"目录"，插入目录有"一级""二级""三级""自定义"多种形式可供选择。根据任务描述里的格式要求，插入二级目录。在第二页"目录"后插入两级目录，并设置字体格式：字体"宋体"、字号"小四"，段落格式：行距"1.5 倍"。

对文字"目录"设置字体格式：字体"宋体"、字号"三号"，段落格式：对齐方式："居中对齐"。效果如图 2-2-2 所示。

使用说明书

目　录

图 2-2-2　目录效果图

Step 05　插入页眉和页脚

一般将文档中每个页面的顶部区域称为页眉。页眉主要用于显示文档的附加信息，可以插入时间、图形、公司徽标、页眉示意图、文档标题、文件名或作者姓名等。这些信息通常打印在文档中每页的顶部。

一般将文档中每个页面的底部区域称作页脚。页脚的主要作用也是用于显示文档的附加信息，可以在页脚中插入文本或图形，例如，页码、日期、公司徽标、文档标题、文件名或作者名等，这些信息通常打印在文档中每页的底部。

根据任务描述里的格式要求，我们给正文插入奇偶页不同的页眉，在“章节”选项卡里设置“奇偶页不同”，在第 3 页插入奇数页眉“GSM-R 宽带光纤直放站近端机”，加入“页眉横线”。设置字体格式：字体“宋体”、字型“加粗”、字号“五号”，段落格式：对齐方式：“居中对齐”。在第 4 页中插入偶数页眉“使用说明书”，字体和段落格式与奇数页眉相同。

在页脚中插入页码，设置样式“-1-”，位置“居中”，应用范围“本节”。

Step 06 输出文档和打印文档

制作好产品说明书后，我们将它输出为 PDF 格式并打印出来，方法和任务一的实验步骤 Step07 相同。

实践探索

素材下载：办公自动化教程与上机指导书

对“办公自动化教程与上机指导书.docx”文档进行排版，要求如下：

（1）页边距设置为“上 2.54 cm，下 2.54 cm，左 3.18 cm，右 3.18 cm”，纸张方向为“纵向”，纸张大小为“A4”；

（2）“1.1”“1.2”等标题字体采用宋体、小四、加粗，段落格式为一级标题、段前段后各 6 磅、行距单倍；

（3）“1.1.1”“1.1.2”等标题字体采用宋体、小四，段落格式为行距单倍；

（4）“1.”“2.”等标题字体采用宋体、五号，段落格式为行距单倍；

（5）正文字体采用宋体、五号，段落格式为行距单倍；

（6）目录自动生成，生成三级标题即可；

（7）目录内容格式：字体为宋体、五号，段落格式为两端对齐、首行无缩进、行距单倍；

（8）正文加入单数页眉“办公自动化教程与上机指导书”，偶数页眉“第一章 Windows XP 的基本操作”；

（9）目录页的页脚加上页码“Ⅰ、Ⅱ…”，正文页的页脚加上页码“1、2、3…”。

任务小结

在这个任务中，我们通过制作一份产品说明书，学会了使用页面设置、制作文档封面、创建并使用样式、生成目录、插入页眉和页脚和设置页码格式、插入分节符、输出并打印文档等操作。

学习成果自查表

要点		掌握程度		
		未掌握	基本掌握	熟练掌握
页面设置	页边距			
	纸张方向			
制作封面	字体段落格式			
	插入分节符			
创建并使用样式	创建样式			
	应用样式			
生成目录	设置多级标题			
	生成目录			
插入页眉页脚	插入奇偶页页眉			
	插入页脚			
插入页码	插入页码			
	设置页码格式			
输出和打印	输出文档			
	打印文档			

任务三 制作合同

任务目标

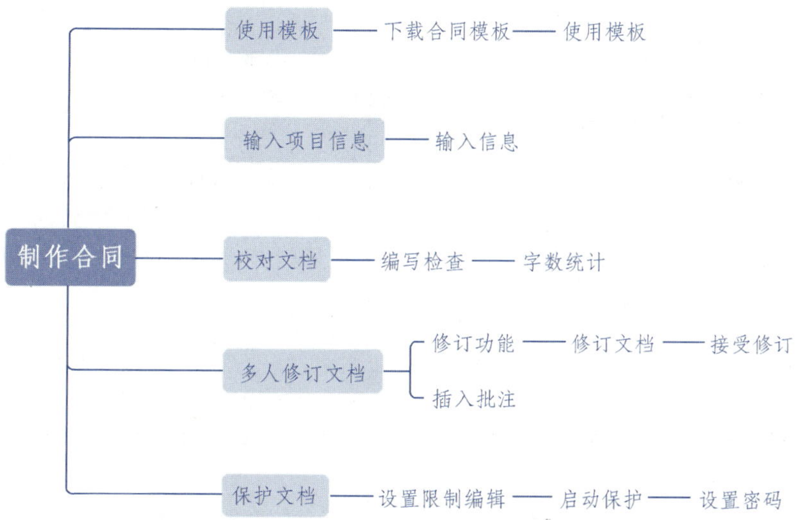

任务描述

辛哲顺利地完成了培训通知制作的任务，部门经理对他的工作很满意，给他布置了新的工作任务，要求辛哲起草一份与通信设备生产企业××科技有限公司的采购合同。

知识准备

一、合同的定义和分类

按照《中华人民共和国民法典合同编》的定义，合同是平等主体的自然人、法人、其他组织之间设立、变更、终止民事权利义务关系的协议。通俗地说，就是当事人就某项事项权利义务自愿达成的协议。图 2-3-1 所示是一份采购合同示例。

合同编号：HNYKZB201705314

指挥中心大厅大屏显示系统

合同书

合同甲方：三亚市天涯区教育科技局

合同乙方：海南易科信息技术有限公司

签约地点：三亚市

2017年6月

合同条款

甲　方：三亚市天涯区教育科技局

乙　方：海南易科信息技术有限公司

见证方：海南博岳招投标服务有限公司

依据《中华人民共和国政府采购法》和《中华人民共和国合同法》，经过双方友好协商，双方同意签订以下合同条款，以便双方共同遵守、履行合同。

一、合同内容

乙方自合同签订后 4 天内为甲方提供并且安装指挥中心大厅大屏显示系统相关联的设备提供检修保养更换服务，具体内容按照招标文件为准（详见合同附录）。

二、价格与支付

1、合同价格按此次中标价格执行，合同总金额为人民币1068000.00元，投标总价一次报定，包括完成该标的物的全部包括人工、机械、保险、运费、各种税费、劳保、安装、调试等费用。

2、付款方式与步骤：

本合同付款采用分期付款方式：待硬件设备到货验收后5个工作日内，乙方提供支付一期70%的项目款项，计￥747,600.00 元（大写：人民币柒拾肆万柒仟陆佰元整）发票，甲方根据财务流程报财政局支付给乙方；项目安装完成甲方验收投入使用后，乙方提供支付支付第

1

二期25%的项目款，计￥267,000.00元（大写：人民币贰拾陆万柒仟元整）发票，甲方报财政局支付给乙方；剩余 5% 款项作为该项目履约保证金，1年质保期满后甲方 5 个工作日内向乙方支付，即人民币伍万叁仟肆佰元整（￥53,400.00），在支付履约保证金之前，乙方必须提供等额发票给甲方。乙方根据提供材料和产品的质量必须符合国家标准，由质量检验合格证明和有中文标识的产品名称、规格、型号、生产厂名、厂址等，不得使用国家淘汰的材料和产品。

三、权利与义务。

（一）甲方的权利和义务

1、甲方必须为乙方工作的顺利开展提供工作上的便利，并指派专人负责。

2、甲方必须按本合同约定支付相应款项。

（二）乙方的权利和义务

1、乙方必须配备安装、调试工作所必须的交通工具，检测设备、仪器仪表，对系统所需的所有配件须常年备货。

2、乙方必须建立一支有相关知识组成的专业技术队伍，提供专业服务，并将相关人员的通讯方式告知甲方。

2

3、乙方应切实加强现场管理确保安全生产。

4、乙方不得对相关信息进行查询、下载挪作他用，不得泄露甲方工作秘密。

5、与电信、移动、联通公司等各部门工作上的协调原则上由乙方负责，在乙方无法协调时，甲方有协助协调的义务。

6、乙方必须根据相关标准、规范，在承诺期内完成系统安装、调试服务，保证系统设备质量符合国家及省市相关规定。

7、在保修期间若因质量问题造成产品损坏，乙方负责免费更换及免费上门维修服务，到场的时间在2小时内（从接听保障电话起计）。

8、如因乙方安装不善或不能提供合同规定的维护和保养服务而造成的一切损失或设备质量事故，由乙方承担责任。

（三）质保期

1、质保期为一年，自项目完工并通过验收合格之日起计算。

2、质保期内，属于保修范围、内容的项目，乙方应自接到保修通知起 24 小时内派人赶到现场进行保修施工。发生紧急抢修故障的，乙方在接到通知后，应在 12 小时内立即到达故障现场进行抢修。

3、乙方不在约定期限内派人保修的，甲方有权委托第三方进行修理，费用从乙方的质保金中扣除。保修费用由造成质量缺陷或质量责任方承担。

4、质保期满后，具备验收条件，乙方提出申请，由甲方组织验收后，进行结算。质保金在质保期满并完成结算后，乙方向甲方提供等额付款发票，甲方根据财务流程报财政局支付给乙方。

3

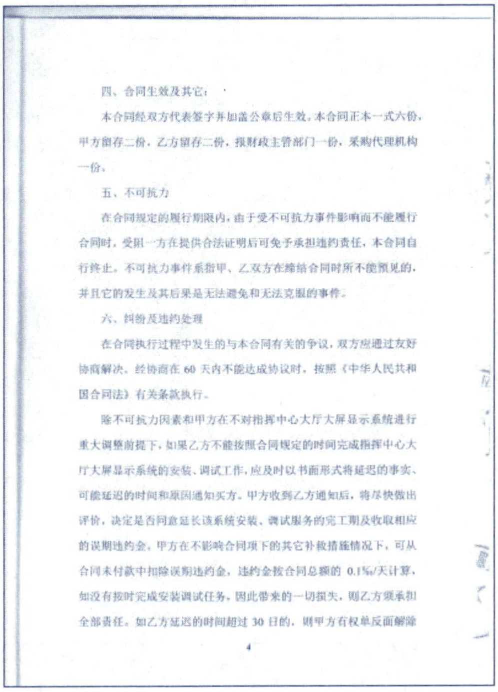

四、合同生效及其它：

本合同经双方代表签字并加盖公章后生效。本合同正本一式六份，甲方留存二份，乙方留存二份，报财政主管部门一份，采购代理机构一份。

五、不可抗力

在合同规定的履行期限内，由于受不可抗力事件影响而不能履行合同时，受阻一方在提供合法证明后可免予承担违约责任，本合同自行终止。不可抗力事件系指甲、乙双方在缔结合同时所不能预见的，并且它的发生及其后果是无法避免和无法克服的事件。

六、纠纷及违约处理

在合同执行过程中发生的与本合同有关的争议，双方应通过友好协商解决。经协商在 60 天内不能达成协议时，按照《中华人民共和国合同法》有关条款执行。

除不可抗力因素和甲方在不对指挥中心大厅大屏显示系统进行重大调整前提下，如果乙方不能按照合同规定的时间完成指挥中心大厅大屏显示系统的安装、调试工作，应及时以书面形式将延迟的事实、可能延迟的时间和原因通知买方。甲方收到乙方通知后，将尽快做出评价，决定是否同意延长该系统安装、调试服务的完工期及收取相应的误期违约金。甲方在不影响合同项下的其它补救措施情况下，可从合同未付款中扣除误期违约金，违约金按合同总额的 0.1‰/天计算，如没有按时完成安装调试任务，因此带来的一切损失，则乙方须承担全部责任。如乙方延迟的时间超过 30 日的，则甲方有权单反面解除

4

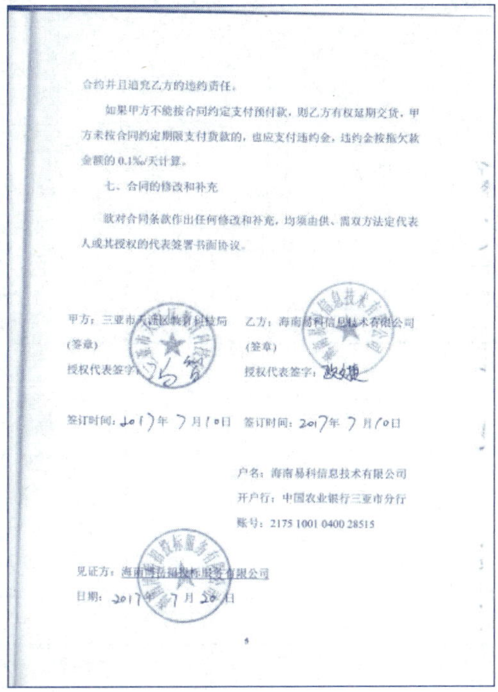

合约并且追究乙方的违约责任。

如果甲方不能按合同约定支付预付款，则乙方有权延期交货，甲方未按合同约定期限支付货款的，也应支付违约金，违约金按拖欠款金额的 0.1‰/天计算。

七、合同的修改和补充

就对合同条款作出任何修改和补充，均须由供、需双方法定代表人或其授权的代表签署书面协议。

甲方：三亚市[illegible]局　　乙方：海南[illegible]信息技术有限公司

（签章）　　（签章）

授权代表签字：[illegible]　　授权代表签字：[illegible]

签订时间：2017年7月10日　　签订时间：2017年7月10日

户名：海南易科信息技术有限公司

开户行：中国农业银行三亚市分行

账号：2175 1001 0400 28515

见证方：海南[illegible]有限公司

日期：2017年7月20日

5

图 2-3-1　采购合同示例

根据不同的分类标准，合同有不同的分类，如：

（1）以法律是否设有规范并赋予一个特定名称为标准，合同分为有名合同与无名合同；

（2）以给付义务是否由双方当事人互负为标准，合同分为双务合同与单务合同；

（3）以当事人取得权益是否须付相应代价为标准，合同分为有偿合同与无偿合同；

（4）以合同的成立是否须付标的物或完成其他给付为标准，合同分为诺成性合同与实践性合同；

（5）以法律对合同的形式是否有特定要求，可将合同分为要式合同与不要式合同；

（6）以合同相互间的主从关系，可以将合同分为主合同与从合同；

（7）其他分类。

通常合同可分为 15 类：买卖合同、供用电、水、气、热力合同、赠与合同、借款合同、租赁合同、融资租赁合同、承揽合同、建筑施工合同、运输合同、技术合同、保管合同、仓储合同、委托合同、行纪合同、居间合同。表 2-3-1 是一些常用的合同。

表 2-3-1　常用合同

合同种类	常用合同
买卖合同	店面转让合同； 工矿产品购销合同； 食品购销合同； 车辆买卖合同； 工矿产品购销合同； 设备买卖合同； 医疗器械采购合同； 质量保证协议/索赔协议； 价格协议； 销售合同
劳动合同	公司员工聘用合同； 劳动合同； 变更、终止、解除劳动合同通知书； 临时工合同； 劳动解约合同； 安全生产责任状； 劳动争议仲裁申请书； 劳务协议； 解除或终止劳动合同协议书
租赁合同	房屋租赁合同； 租车协议； 土地租赁合同； 店铺租赁合同； 厂房（仓库）租赁合同； 场地租赁合同； 商品房租赁合同； 汽车租赁合同
服务合同	家庭装修合同； 解除合同协议书； 咨询服务合同； 特许加盟合同； 委托设计合同； 物业服务合同； 家政合同； 汽车维修合同； 酒店宾馆预订合作协议书
保险合同	财产保险合同； 个人人身意外伤害保险合同； 货物运输保险单； 运输公司车辆保险合同； 机动车辆保险合同； 海洋运输货物保险合同

续表

合同种类	常用合同
技术合同	合作开发合同； 软件开发合同； 室内装饰设计合同； 技术开发（委托）合同； 水利工程建设监理合同； 技术保密管理规定； 技术咨询与服务合同； 建设工程技术咨询合同
产权合同	注册商标转让合同； 专利许可合同； 软件授权使用协议； 软件开发保密协议； 设计封面合同； 商标使用授权协议； 知识产权转让协议书； 个人软件外包合同； 房屋拆迁产权调换协议； 音乐作品版权登记认证协议
文化合同	实习协议书； 联合办学协议书； 演员演出合同； 实习合同； 自费出国留学中介服务合同； 建筑工程合同策划； 广告策划； 翻译合同； 网站建设合同

二、合同常规的格式要求

1. 页面格式与编码

（1）页面设置

页边距为上下 2.5 厘米、左右 3.17 厘米，标准字符间距，行间距为 1.25 倍。

（2）页码编辑

正文开始设置页码，页码起始数字格式为“-1-”，形式为普通阿拉伯数字，置于页面底端居中。

2. 字体与字号

（1）封面部分

封面一般需要包括合同编号、合同名称、合同签约双方及签约时间。

合同编号为黑体字、四号、文本左对齐。

空两行书写合同名称，黑体字，一号，居中。

空 7 ~ 8 行写余下内容，用三号宋体字，左对齐。

（2）主体部分

正文第一行书写合同名称，黑体字，二号，居中。

下书双方当事人基本信息，宋体加黑，四号，文体左对齐（住所地及法定代表人等信息不用加黑）。

合同正文文本为宋体字，四号，首行缩进 2 字符，行距为 1.25 倍。

（3）表格与说明

每张表格都应有标题，采用宋体，小四号，加粗，置于表格上方居中位置。

表格中文字为宋体五号。

同一表格应尽量放在一页。

（4）结尾与落款

合同正文结束后，空两行，书写（以下无正文）字样，小四号，首行缩进两字符。

依据合同具体情况书写合同签约双方当事人信息及落款时间，采用宋体，四号或小四号字，分别在页面两侧为双方当事人预留大致相等的签字（盖章）空间。

（5）附件、附录

合同结尾处需要加附件、附录的，五号字（附件或附录两个字加黑）。

附件、附录需编号，形式为附件/附录+阿拉伯数字，附件编号采用宋体，五号，文本左对齐。

3. 条款分层

第一层、第二层、第三层……：如：一、二、三或第一条、第二条、第三条。

第二层为：小写阿拉伯数字：如 1、2……。

第三层为：（1）（2）或 1.1、1.2……。

如合同条文层次较多，可再加一层“章”。

素材下载：采购合同模板

微课：制作合同

任务实施

本任务实施步骤如下：

Step01 下载合同模板

在 WPS 里打开“起点素材”文件夹中的“采购合同模板.docx”文档。

Step02 输入项目信息

在封面的合同名称前面加上采购项目名称“TGZ-RⅡ型 GSM-R 光纤直放站”，如图 2-3-1 所示。输入项目信息，如“甲方：××地铁运营有限公司”，“乙方：××科技有限公司”，“签订地点：××市××区”，“签订日期：2022 年 7 月 4 日”等。输入合同标的“产品名称、技术规格、数量、单价（含税）、总价（含税）、总计”等信息，如图 2-3-3 所示。

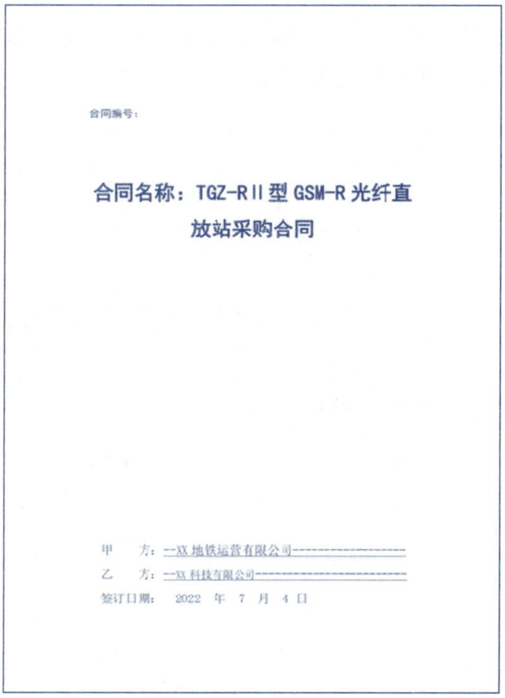

合同编号：

合同名称：TGZ-RⅡ型 GSM-R 光纤直放站采购合同

甲　方：XX 地铁运营有限公司

乙　方：XX 科技有限公司

签订日期：2022 年 7 月 4 日

图 2-3-2　合同封面

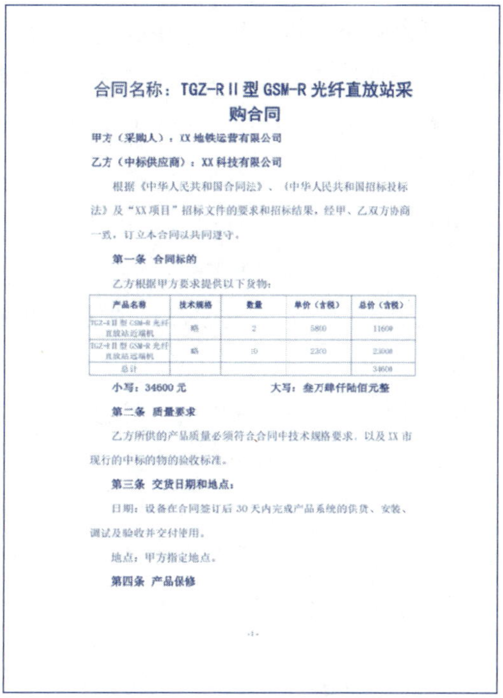

合同名称：TGZ-RⅡ型 GSM-R 光纤直放站采购合同

甲方（采购人）：XX 地铁运营有限公司

乙方（中标供应商）：XX 科技有限公司

根据《中华人民共和国合同法》、《中华人民共和国招标投标法》及“XX 项目”招标文件的要求和招标结果，经甲、乙双方协商一致，订立本合同以共同遵守。

第一条 合同标的

乙方根据甲方要求提供以下货物：

产品名称	技术规格	数量	单价（含税）	总价（含税）
TGZ-RⅡ型 GSM-R 光纤直放站近端机	略	2	5800	11600
TGZ-RⅡ型 GSM-R 光纤直放站远端机	略	10	2300	23000
总计				34600

小写：34600 元　　大写：叁万肆仟陆佰元整

第二条 质量要求

乙方所供的产品质量必须符合合同中技术规格要求，以及 XX 市现行的中标的物的验收标准。

第三条 交货日期和地点：

日期：设备在合同签订后 30 天内完成产品系统的供货、安装、调试及验收并交付使用。

地点：甲方指定地点。

第四条 产品保修

-1-

图 2-3-3　合同内容

Step03　校对合同文档

在合同起草完毕后对合同进行校对，确保每个条款及相关文字均准确无误，并且对合同某一条款中提及的其他条款进行核对。尽量确保合同中没有错别字且格式正确。点击菜单“审阅”，点击工具栏“拼写检查”下拉按钮，选择“拼写检查”选项，弹出一个对话框，提示已经完成了拼写检查。

小贴士：我们制作某些规定字数的文稿（如论文、申报材料等）时，需要统计字数可点击工具栏中的“字数统计”按钮，在“字数统计”对话框中查看页数、字数、字符数、段落数等信息。

Step04　多人修订文档

起草合同初稿后，要经过甲乙双方多次协商和修改。多人修订文档时，如果发现文档中有需要修改的地方，可以使用“修订”功能进行修改，这样可以明确文档哪些地方进行了改动。单击工具栏“修订”按钮，使其呈现选中状态，接着就可以修订文档中的内容了。修改过的内容会显示先删除后添加的格式标记。如果要更改修订标记的显示方式，单击“显示标记”下拉按钮，选择“使用批注框”。

若对方接受修改内容，可以单击“接受”按钮，根据需要从中选择合适的选项；若不接受某条修订，可以单击“拒绝”按钮，再从列表中进行选择。双方均确认合同内容不需要再修改时，单击“修订”按钮，使其取消选中状态即可。

在修订过程中，如果对合同内容的某部分有异议，可以撰写批注。选择文本，在“审阅”选项卡中单击“插入批注”按钮，所选文本的右侧会出现一个批注框，在文本框中输入相关内容，即可完成批注的添加。

Step05　保护合同文档

合同定稿后，为了避免合同被他人随意修改，我们需要对其进行保护，限制他人的编辑权限。

在“审阅”选项卡中单击“限制编辑”按钮，弹出“限制编辑”对话框，勾选“设置文档的保护方式”复选框，然后选中“批注”单选按钮，设置只允许在文档中插入批注。

在“限制编辑”窗格下方单击“启动保护”按钮，弹出“启动保护”对话框，将密码设置为“123”，然后单击“确定”按钮即可完成。此时，我们只能在文档中插入批注，而不能修改文本内容。

实践探索

素材下载：劳动合同模板

制作一份劳动合同，要求如下：

（1）使用“实践探索”中的“劳动合同模板.docx”，编辑“甲乙方”等信息制作劳动合同文档；

（2）使用“修订”功能对劳动合同进行修改，给文档的某处插入批注；

（3）使用“限制编辑”功能保护文档，设置保护密码。

任务小结

在这个任务中，我们通过制作合同文档，学会了使用合同模板、输入合同项目信息、修订文档、保护文档等操作。

学习成果自查表

<table>
<tr><th colspan="2" rowspan="2">要点</th><th colspan="3">掌握程度</th></tr>
<tr><th>未掌握</th><th>基本掌握</th><th>熟练掌握</th></tr>
<tr><td>使用合同模板</td><td>使用模板</td><td></td><td></td><td></td></tr>
<tr><td>输入合同项目信息</td><td>输入信息</td><td></td><td></td><td></td></tr>
<tr><td rowspan="2">修订文档</td><td>使用“修订”功能修改文档</td><td></td><td></td><td></td></tr>
<tr><td>插入批注</td><td></td><td></td><td></td></tr>
<tr><td rowspan="2">保护文档</td><td>设置限制编辑</td><td></td><td></td><td></td></tr>
<tr><td>启动保护、设置密码</td><td></td><td></td><td></td></tr>
</table>

任务四 制作邀请函

任务目标

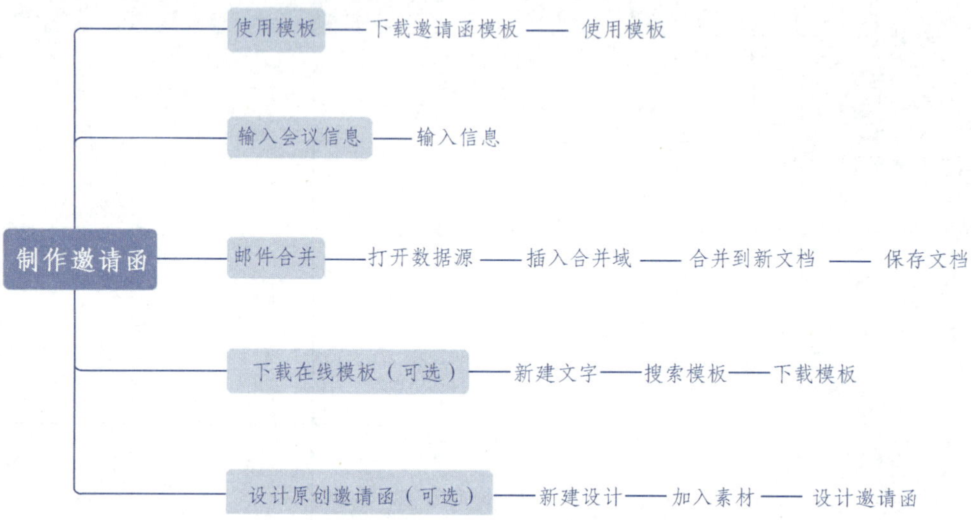

任务描述

××地铁运营有限公司于 2022 年 10 月 11 日在××酒店举办轨道交通企业运营管理交流会议，邀请全国各轨道交通企业管理人员、员工、业界专家等参会，对轨道交通运营中遇到的安全和效益等相关问题进行讨论和交流。部门经理邀请辛哲起草一份邀请函，邀请他们出席会议。

知识准备

一、商务邀请函

邀请函是邀请亲朋好友或知名人士、专家等参加某项活动时所发的请约性书信。而商务活动邀请函是邀请函的一个重要分支，是商务礼仪活动主办方为了郑重邀请其合作伙伴（投资人、材料供应方、营销渠道商、运输服务合作者、政府部门负责人、新闻媒体朋友等）参加其举行的礼仪活动而制发的书面函件，如图 2-4-1 所示。它的主体内容由标题、称谓、正文、落款组成。制作邀请函应注意简洁明了，信息准确、美观大方。

图 2-4-1 商务邀请函

二、商务邀请函的结构

商务邀请函一般包括标题、称谓、正文和落款几部分信息。

1. 标 题

由礼仪活动名称和文种名组成，还可包括个性化的活动主题标语。

2. 称 谓

邀请函的称谓使用“统称”，并在统称前加敬语，如“尊敬的×××先生/女士”。

3. 正 文

邀请函的正文是指商务礼仪活动主办方正式告知被邀请方举办礼仪活动的缘由、目的、事项及要求，写明礼仪活动的日程安排、时间、地点，并对被邀请方发出得体、诚挚的邀请。正文结尾一般要写常用的邀请惯用语，如“敬请光临”“欢迎光临”。

4. 落 款

落款要写明礼仪活动主办单位的全称和成文日期。

素材下载：邀请函模板

任务实施

任务实施步骤如下：

Step01 下载邀请函模板

在 WPS 里打开“起点素材”文件夹中的“邀请函模板. docx”文档。

Step02　输入会议信息

在邀请函模板中输入会议信息，如举办方“××地铁运营有限公司”，会议举办地点“××酒店”，举办时间“2022 年 10 月 11 日 18:30”，会议主题“轨道交通企业运营管理交流”等，如图 2-4-2 所示。

图 2-4-2　邀请函效果图

Step03　邮件合并

使用“邮件合并”功能，在邀请函中加入客户姓名。

点击菜单“引用”，点击工具栏“邮件”按钮，在“邮件合并”选择卡中点击“打开数据源”按钮，弹出一个“选取数据源”对话框，选取“起点素材”文件夹中的“客户名单.xls”文档。

点击“插入合并域”按钮，将称谓中“尊敬的×××先生/女生”中的插入合并域“联系人姓名”和“称谓”。点击“合并到新文档”按钮。将产生的文档保存，如图 2-4-3 所示。

图 2-4-3　邀请函最终效果图

Step04　下载在线模板（可选）

如果您是 WPS 的 VIP 会员，就可以使用 WPS 的在线模板，具体操作如下：

点击标题栏上的“+”号，打开“新建”窗口。选择左边的“新建文字”按钮，然后在上方搜索栏中输入“邀请函”，再点击“搜索”按钮，就可以看到很多邀请函模板。点击适用的模板，再点击“立即下载”，即可新建一个文档。

微课：制作邀请函

Step05　设计原创邀请函（可选）

如果您是 WPS 的 VIP 会员，还可以设计自己原创的邀请函，具体操作如下：

点击标题栏上的“+”号，打开“新建”窗口。选择左边的“新建设计”按钮，然后点击“新建空白设计”按钮，即可新建一个空白海报。加入图片、素材、文字等设计原创邀请函。

实践探索

制作 1 份生日会邀请函，要求如下：

（1）使用“实践探索”中的“生日会邀函模板.docx”，编辑生日信息制作邀请函文档；

（2）使用“邮件合并”功能加入小伙伴名单，数据源为“实践探索”中的“伙伴名单.docx”；

素材下载：生日会邀请函模板

（3）生成邀请函文档。

任务小结

在本任务中，我们通过制作邀请函，学会了使用邀请函模板、输入邀请函信息、邮件合并、下载在线模板、设计原创邀请函等操作。

学习成果自查表

<table>
<tr><th colspan="2" rowspan="2">要点</th><th colspan="3">掌握程度</th></tr>
<tr><th>未掌握</th><th>基本掌握</th><th>熟练掌握</th></tr>
<tr><td>使用邀请函模板</td><td>使用模板</td><td></td><td></td><td></td></tr>
<tr><td>输入邀请函信息</td><td>输入信息</td><td></td><td></td><td></td></tr>
<tr><td rowspan="3">邮件合并</td><td>选取数据源</td><td></td><td></td><td></td></tr>
<tr><td>插入合并域</td><td></td><td></td><td></td></tr>
<tr><td>合并文档</td><td></td><td></td><td></td></tr>
<tr><td rowspan="2">下载在线模板（可选）</td><td>搜索模板</td><td></td><td></td><td></td></tr>
<tr><td>下载模板</td><td></td><td></td><td></td></tr>
<tr><td rowspan="2">设计原创邀请函（可选）</td><td>新建空白设计</td><td></td><td></td><td></td></tr>
<tr><td>设计邀请函</td><td></td><td></td><td></td></tr>
</table>

任务五　制作简历

任务目标

- 制作简历
  - 使用模板 — 下载简历模板 — 使用模板
  - 输入信息 — 输入个人信息 — 输入求职信息
  - 下载在线模板（可选）— 新建文字 — 搜索模板 — 下载模板
  - 在线生成简历（可选）— 新建文字 — 简历编辑助手 — 在表单中输入信息 — 上传证件照 — 生成简历

任务描述

陈辰是一名大学四年级学生，即将毕业。为了找到一份合适的工作，他需要制作一份简历来用于求职。如何制作一份合格、有效、美观的简历呢？

知识准备

一、什么是个人简历

个人简历，顾名思义，就是对个人学历、经历、特长、爱好及其他有关情况所作的简明扼要的书面介绍。个人简历是有针对性地自我介绍的一种规范化、逻辑化的书面表达。对应聘者来说，个人简历是求职的“敲门砖”，如图 2-5-1 所示。

图 2-5-1　个人简历

二、简历内容

一份简历，一般可以分为以下 4 个部分：

第 1 部分：个人基本情况，应列出自己的姓名、性别、年龄、籍贯、政治面貌、学校、系别及专业，婚姻状况、健康状况、身高、爱好与兴趣、个人住址、电话号码等。

第 2 部分：学历情况。应写明学校、专业，以及学习起止期间，并列出所学主要课程及学习成绩、在学校和班级所担任的职务、在校期间所获得的各种奖励和荣誉等。

第 3 部分：工作资历情况。若有工作经验，最好详细列明，首先列出最近的资料，后详述曾工作单位、日期、职位、工作性质。

第 4 部分：求职意向。即求职目标或个人期望的工作职位，表明您通过求职希望获得什么样的工种、职位，以及您的奋斗目标，这些可以和个人特长等合写在一起。

为体现不同简历的特点，上述 4 部分的排序及组合可根据实际情况作调整。

任务实施

Step01 下载简历模板

在 WPS 里打开“起点素材”文件夹中的“简历模板.docx”文档。

素材下载：简历模板

Step02 输入求职信息

在简历模板中输入个人信息、教育背景、工作经历、技能专长、自我评价等信息，如图 2-5-2 所示。

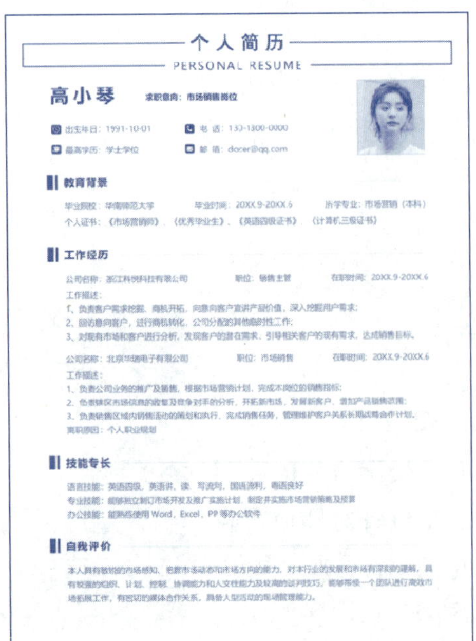

图 2-5-2　个人求职简历

Step03　下载在线模板（可选）

如果用户是 WPS 的 VIP 会员，即可使用 WPS 的在线模板功能，具体操作如下：

点击标题栏上的“+”号，打开“新建”窗口。选择左边的“新建文字”按钮，然后在上方搜索栏中输入“简历”，再点击“搜索”按钮，就可以看到很多简历模板。点击适用的模板，再点击“立即下载”，即可新建一个文档。

微课：制作简历

Step04　在线生成简历（可选）

如果用户是 WPS 的 VIP 会员，还可使用简历助手生成简历，具体操作如下：

点击标题栏上的“+”号，打开“新建”窗口。选择左边的“新建文字”按钮，然后在上方搜索栏中输入“简历”，再点击“搜索”按钮，选择“简历编辑助手”后面的某一个模板，如“淡蓝简约简历模板”，如图 2-5-3 所示。

图 2-5-3　使用“简历编辑助手”制作简历

在简历助手的引导下，依次在表单中输入姓名、个人信息、求职信息、教育经历、工作经历、项目经历、自我评价等。用手机在线制作或上传电子版证件照，进行排版美化后可生成在线简历。最后点击右上角的“生成简历”。

【知识拓展】

（1）WPS 文档输出为图片、图片转文字；

（2）WPS 的截图取字功能；

（3）WPS 的全文翻译功能；

（4）WPS 的论文助手；

（5）WPS 的智能改写功能。

如今 AI 应用在生活中太普遍了，甚至都能够帮助我们写文档，制作 PPT 等，下面向同学们介绍 WPS 智能写作——颠覆传统写作模式，开启 AI 智能写作时代。

WPS朝着越来越智能的方向发展，已改变传统的写作方式，可显著提升工作效率。WPS智能写作产品共分为：WPS智能写作、WPS智能PPT、WPS智能写诗、WPS智能改写四大类，如图2-5-4所示。

图2-5-4　WPS智能写作产品

WPS智能写作，顾名思义就是用户给出一些关键词，然后协助用户写出相关文档。在WPS智能写作下，用户只需要进行修改即可。不仅支持文本自动生成，还支持辅助成稿写作，支持句子智能补写以及支持文本智能校对，如图2-5-5所示。

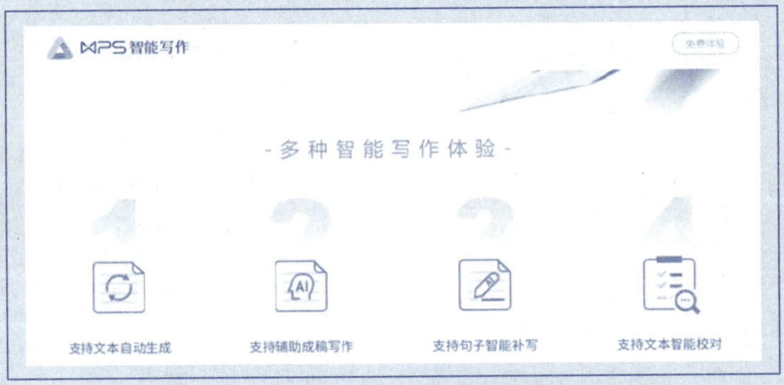

图2-5-5　WPS智能写作功能

除了智能写作之外，WPS还能进行智能改写，改写强度有保守和发散两种方式，如图2-5-6所示。

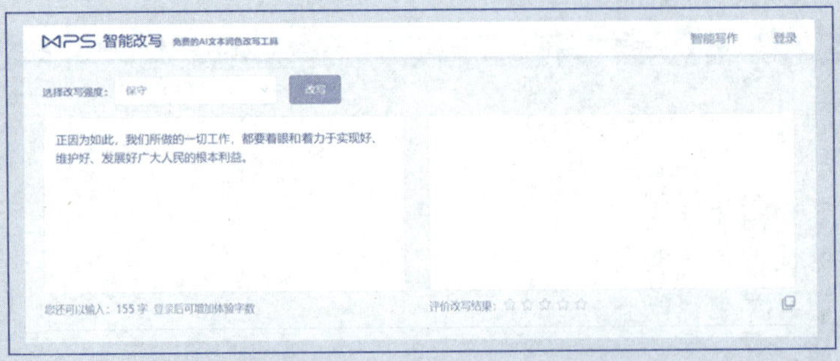

图2-5-6　WPS智能改写功能

同学们，来体验全新的写作乐趣吧！

实践探索

制作一份个人求职简历，要求如下：

（1）使用“实践探索”中的“个人求职简历模板.docx”，编辑个人信息和求职信息等；

（2）加入电子版证件照，完成个人求职简历制作。

素材下载：个人求职简历模板

任务小结

在本任务中，我们通过制作简历，学会了使用简历模板、输入求职信息、搜索下载简历模板、在线生成简历等操作。

学习成果自查表

要点		掌握程度		
		未掌握	基本掌握	熟练掌握
使用简历模板	使用模板			
输入求职信息	输入信息			
下载简历模板（可选）	搜索模板			
	下载模板			
在线生成简历（可选）	新建在线简历			
	使用表单输入简历中信息			
	上传证件照			
	排版美化			

学习总结

<table>
<tr><td>姓名</td><td></td><td>班级</td><td></td><td>学号</td><td></td></tr>
<tr><td colspan="2">模块名称</td><td colspan="4"></td></tr>
<tr><td colspan="2" rowspan="3">学习总结</td><td colspan="4">我学会了：（知识、技能成长）</td></tr>
<tr><td colspan="4">我收获了：（职业认识、协作能力、问题解决能力等发展）</td></tr>
<tr><td colspan="4">在本任务的学习中，我的不足有：（自我反思与评价）</td></tr>
</table>

模块三
电子表格

思维导图

- 电子表格
  - 员工信息表数据制作
    - WPS表格界面认识
    - 快速高效录入数据
    - 对单元格数据进行设置
    - 美化表格
    - 设置打印区域和打印选项
  - 客户回访信息表
    - 认识公式和函数的组成
    - 了解常用函数的功能
    - 学会使用常用函数
    - 理解单元格的三种引用
  - 产品销售情况统计
    - 熟练使用各类函数
    - 灵活运用单元格的三种引用
    - 运用数据条等显示关键数据
  - 产品销售情况分析
    - 对数据进行排序操作
    - 对数据进行筛选操作
    - 对数据进行分类汇总
    - 用数据透视表进行复杂的分类汇总
    - 对数据进行图表展示

学习收获

在本模块中，您将学会：

- 快速录入大量数据；
- 对单元格数据进行格式设置；
- 对表格进行美化和打印；
- 运用公式和函数对数据进行统计和分类；
- 运用排序、筛选、数据透视表对数据进行分析；
- 运用图表对数据统计结果进行直观展示。

任务一　员工信息表数据制作

任务目标

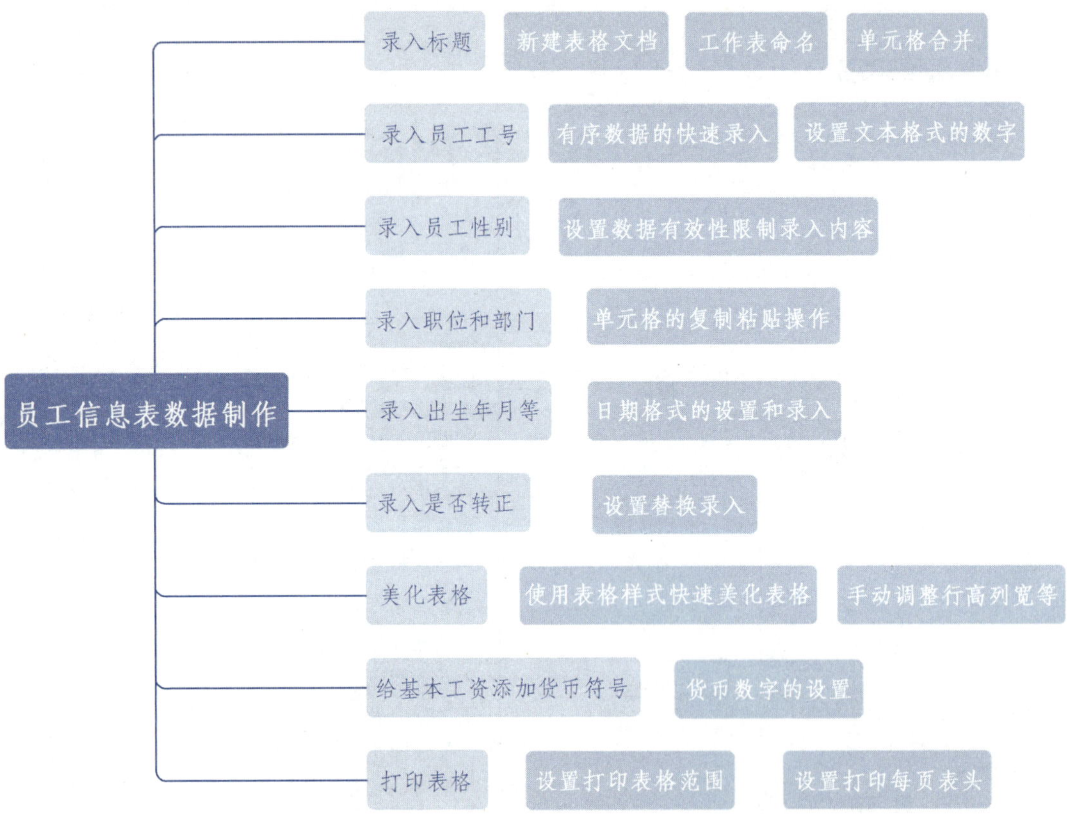

任务描述

辛哲在 ×× 地铁运营公司的人力资源部门上班，前段时间地铁开设了一条新线，部门领导交待他收集新线路的员工基本信息并打印出来。表格需要包括工号、姓名、性别、年龄、部门、职位、基本工资等信息。任务成果样例如图 3-1-1 所示。

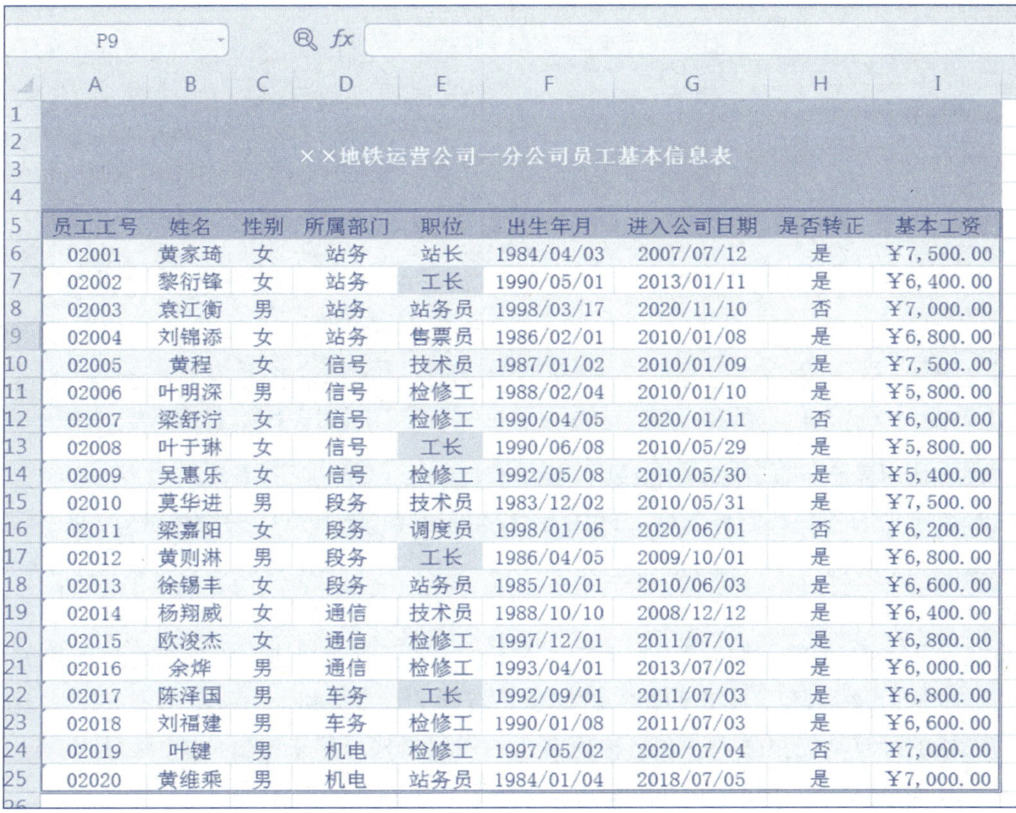

员工工号	姓名	性别	所属部门	职位	出生年月	进入公司日期	是否转正	基本工资
××地铁运营公司一分公司员工基本信息表								
02001	黄家琦	女	站务	站长	1984/04/03	2007/07/12	是	¥7,500.00
02002	黎衍锋	女	站务	工长	1990/05/01	2013/01/11	是	¥6,400.00
02003	袁江衡	男	站务	站务员	1998/03/17	2020/11/10	否	¥7,000.00
02004	刘锦添	女	站务	售票员	1986/02/01	2010/01/08	是	¥6,800.00
02005	黄程	女	信号	技术员	1987/01/02	2010/01/09	是	¥7,500.00
02006	叶明深	男	信号	检修工	1988/02/04	2010/01/10	是	¥5,800.00
02007	梁舒泞	女	信号	检修工	1990/04/05	2020/01/11	否	¥6,000.00
02008	叶于琳	女	信号	工长	1990/06/08	2010/05/29	是	¥5,800.00
02009	吴惠乐	女	信号	检修工	1992/05/08	2010/05/30	是	¥5,400.00
02010	莫华进	男	段务	技术员	1983/12/02	2010/05/31	是	¥7,500.00
02011	梁嘉阳	女	段务	调度员	1998/01/06	2020/06/01	否	¥6,200.00
02012	黄则淋	男	段务	工长	1986/04/05	2009/10/01	是	¥6,800.00
02013	徐锡丰	女	段务	站务员	1985/10/01	2010/06/03	是	¥6,600.00
02014	杨翔威	女	通信	技术员	1988/10/10	2008/12/12	是	¥6,400.00
02015	欧浚杰	女	通信	检修工	1997/12/01	2011/07/01	是	¥6,800.00
02016	余烨	男	通信	检修工	1993/04/01	2013/07/02	是	¥6,000.00
02017	陈泽国	男	车务	工长	1992/09/01	2011/07/03	是	¥6,800.00
02018	刘福建	男	车务	检修工	1990/01/08	2011/07/03	是	¥6,600.00
02019	叶键	男	机电	检修工	1997/05/02	2020/07/04	否	¥7,000.00
02020	黄维乘	男	机电	站务员	1984/01/04	2018/07/05	是	¥7,000.00

图 3-1-1 任务成果样例

知识准备

使用电子表格是办公的必备技能，下面我们从基础界面开始，给大家讲解电子表格的使用方法。

首先认识表格的基本元素——工作簿与工作表。

工作簿相当于一个小册子，工作表相当于这个小册子中的某一页，单元格是最小的工作单位。新建立的工作簿默认有 1 张工作表，名字为 Sheet1，如图 3-1-2 所示。点击旁边的加号可以增加一张工作表，这两个工作表共同组成了一个工作簿，按住工作表可拖动工作表排列顺序，双击可更改工作表名称，在工作表名字中单击右键出现快捷菜单，删除，保护、隐藏、重命名工作表等操作都可以在此进行，如图 3-1-3 所示。

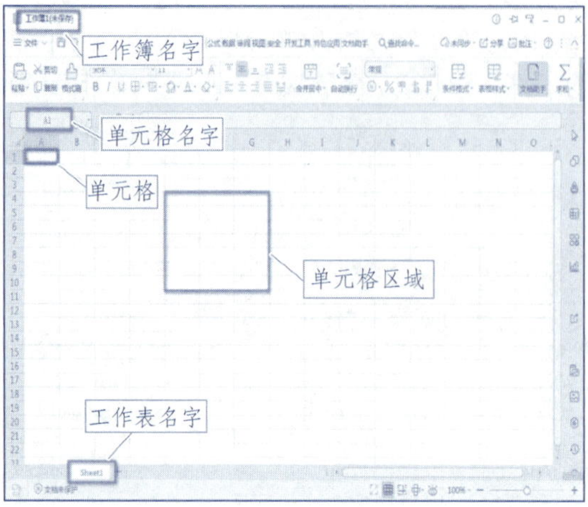

图 3-1-2　工作簿

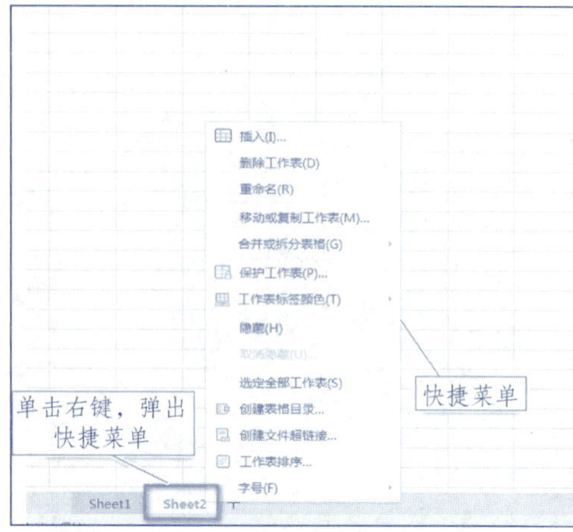

图 3-1-3　快捷菜单

接着认识表格界面元素——行列、单元格、以及下边栏视图工具。

右边竖列的一栏我们称为行，标注着 1234。上面横列的这一栏我们称为列，标注着 ABCD。中间的一个个格子，称之为单元格。表示某个单元格位置的时候，使用列标+行号的形式。第一行第一列称之为 A1，第二行第二列称之为 B2。在左上方的名称框中也能看到选中的单元格位置，在此输入列标+行号，还能快速定位到指定单元格。比如在名称框中输入 M2，点击回车，就快速跳转到了该单元格。

表格的计算功能很强大，在名称框右边的叫编辑栏，用来编辑公式，比如在 A1 输入 1，B1 输入 2，将光标定位在 C1 处，在编辑栏中输入“ = A1+B1”，回车确定或者点击编辑栏右边的√，这时在 C1 单元格显示计算结果 3，编辑栏则可以显示公式或者结果，公式也可以直接在单元格中输入。

图 3-1-1 表格中的数据涉及工号、部门、出生日期、货币数字等，录入之后需要对表格进行美化及打印。如何快速、高效录入数据呢？美化及打印时要注意哪些问题呢？

任务实施

在 WPS 的文档中新建一个员工信息表 1.xlsx。

微课：数据快速导入

1. 录入标题

标题的录入常用到合并居中功能。标题一般占用多个单元格，在左上角单元格按下鼠标左键拖动到右下角单元格，接着选择“开始”下方的合并居中选项按钮，最后输入标题文字，如图 3-1-4 所示。

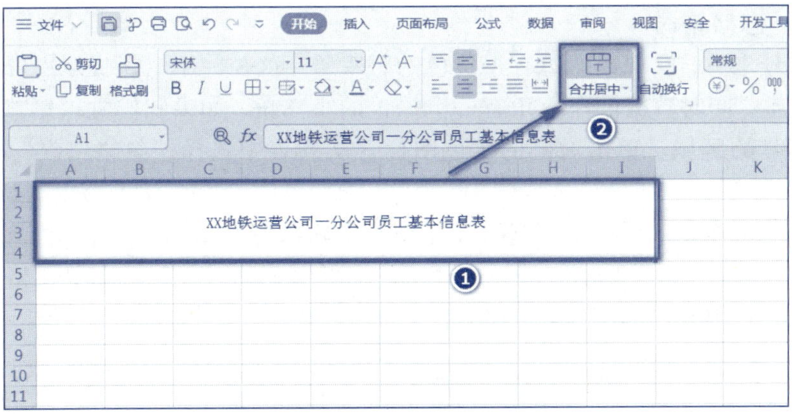

图 3-1-4　输入标题文字

2. 录入员工工号

在制作报表时，常常遇到需要输入以 0 开头的编号或者其他数据的情况，假设这里的员工工号是 02001，如果我们按默认的输入，系统会将它识别为数字，前面的 0 是没有意义的，所以会自动将前面的 0 去掉。但是作为员工编号这个 0 是不能去掉的，这就需要使用文本格式的一串数字了，步骤如下：

Step 01　设置单元格为文本格式　选择需要输入员工工号的单元格区域，右击快捷菜单（常用快捷菜单可以提高工作效率），在弹出的快捷菜单中选择设置单元格格式，如图 3-1-5 所示，接着在单元格格式对话框中选择文本。

Step02　输入工号

在 A6 输入 02001，这时前面的 0 就不会自动删除了，如图 3-1-6 所示。还有一个更简单的输入方法，直接在 0 的前面加上一个单引号（必须是英文输入状态）。提示：在 WPS Office 系统中，如果输入的以 0 开头的数字长度超过了 5 位，系统自动将这一串数字以文本进行处理，假设员工工号是 00202001，超过 5 位数字，直接输入就可以。

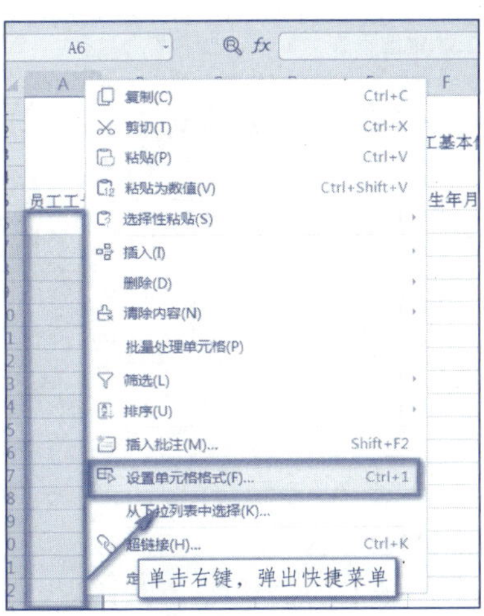

图 3-1-5　设置单元格格式

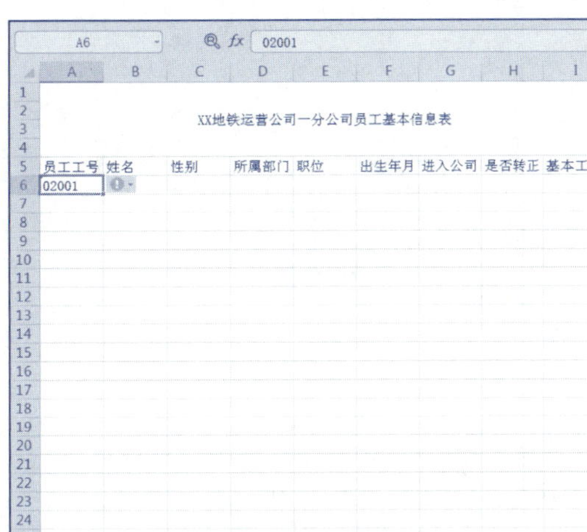

图 3-1-6　输入工号

Step03　忽略错误

输入工号之后，发现数据边有个黄色的感叹号，这是一个错误提示，告诉我们将数字设置成文本，同时数据的左上角有一个绿色的小三角。如果我们觉得影响美观，可以选择录入工号的区域，单击右侧的黄色图标，从列表中选择“忽略错误”选项，如图 3-1-7 所示。

Step 04　快速录入后面的工号（使用填充柄输入有序数据）

将鼠标放置在 A6 单元格右下角，出现+字形填充柄时下拉填充单元格数据，这样就完成了顺序式填充，如图 3-1-8 所示。

图 3-1-7　忽略错误

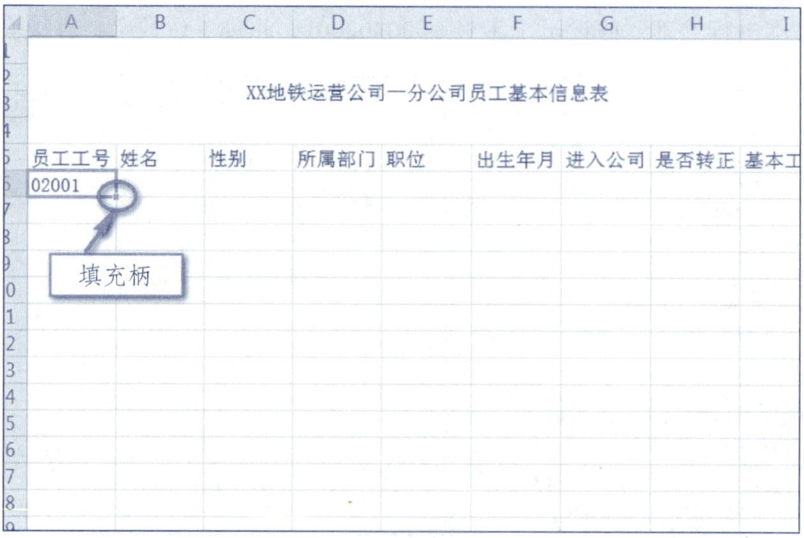

图 3-1-8　使用填充柄输入有序数据

【知识拓展】

（1）填充其他数据　除了可以按顺序填充数字，还可以按顺序填充日期、星期。

（2）自定义填充　填充柄还可以自定义填充。

点击“文件”—“工具”—“选项”—自定义序列”处设置。例如我们输入：“青铜，白银，黄金，铂金，钻石，星耀，王者”作为新的序列。需要注意，每个内容之间要使用回车键进行换行操作，设置完成后如图 3-1-9 所示。需要输入序列时，在单元格内输入其中一个内容，使用填充柄会自动填充下一个内容。

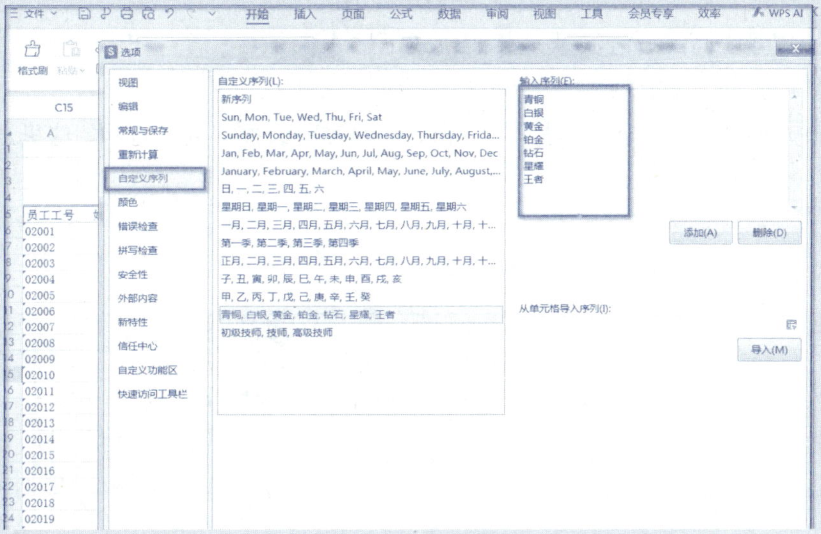

图 3-1-9　自定义序列

【操作窍门】

有时候遇到表格内容较多的时候，使用填充柄下拉填充也很麻烦。在遇到庞大数据表格的时候，快速填充数据的两个方法如下：

（1）在填入第一个数据后，双击填充柄。

数据会自动填充到该列的隔壁已有数据列的行范围，该列的隔壁列没有数据的行范围是不会填充的。在有数字模式下默认是按序列填充，填充模式也可以选择复制单元格。

若要在性别这一列都输入“男”，双击填充柄，一秒即可完成，大家可以试试看。

（2）第二个方法是快捷键【Ctrl+D】。

在输入第一个数据后，在表格数据的最后一行按住【Ctrl+Shift+向上键】，这时会选中该列数据区域，此时按住【Ctrl+D】，一样能实现数据的快速复制。

3. 录入员工性别

用户在输入“性别”时，可以将其设置为数据有效性，这样可以直接在列表中选择数据，提高录入速度，更重要的作用是限制录入的数据，具体操作方式如下：

Step01　启动有效性命令

选择单元格式区域，在“数据”选项卡中单击“有效性”下拉按钮，选择“有效性”选项。

Step02　打开“数据有效性”对话框

在“设置”选项卡中将“允许”设置为“序列”，在“来源”文本框中输入“男，女”，然后单击“确定”按钮，如图 3-1-10 所示。

提示：数据之间的逗号必须是英文模式下输入。

Step03　输入“性别”

选择单元格 C6，单击右侧的下拉按钮，从列表中选择需要的选项，这里选择“女”，完成此单元格的数据录入。

Step 04　完成输入

按照上述方法，完成员工性别的录入。

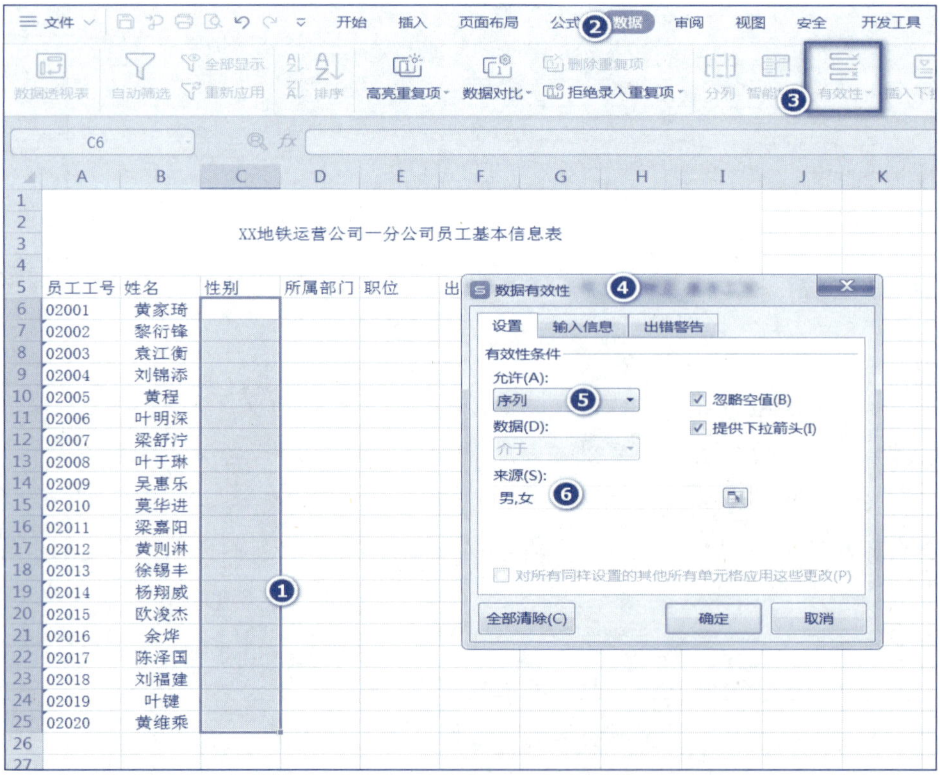

图 3-1-10　“数据有效性”对话框

【操作窍门】

除了可以限制输入数据内容，还可以限制输入数据的长度，比如输入电话号码时，可能出现少输入1位数字和多输入1位数字的情况，这时可以通过限制输入数据的长度来解决。可在图3-1-10的“有效性条件”—“允许”中选择“文本长度”，即可限制输入数据的长度。此外，还可以自定义，比如输入的考试成绩限制在0~100，更多的输入数据限制大家可以试着做一做。

4. 录入职位和部门

如果需要在多个单元格中输入相同的内容，用户可以选择在多个单元格中一次性地输入，具体操作如下：

Step01　选择不连续的多个单元格

按住【Ctrl】键后再点击E7，E10，E13，E17。

Step02　输入“工长”

输入完成后按【Ctrl+Enter】，这时E7，E10，E13，E17同时输入“工长”数据，如图3-1-11所示。

部门和职位的数据都可以按这种方法录入，当然也可以按最常用的复制、粘贴方式或者组合快捷键【Ctrl+C】和【Ctrl+V】录入。

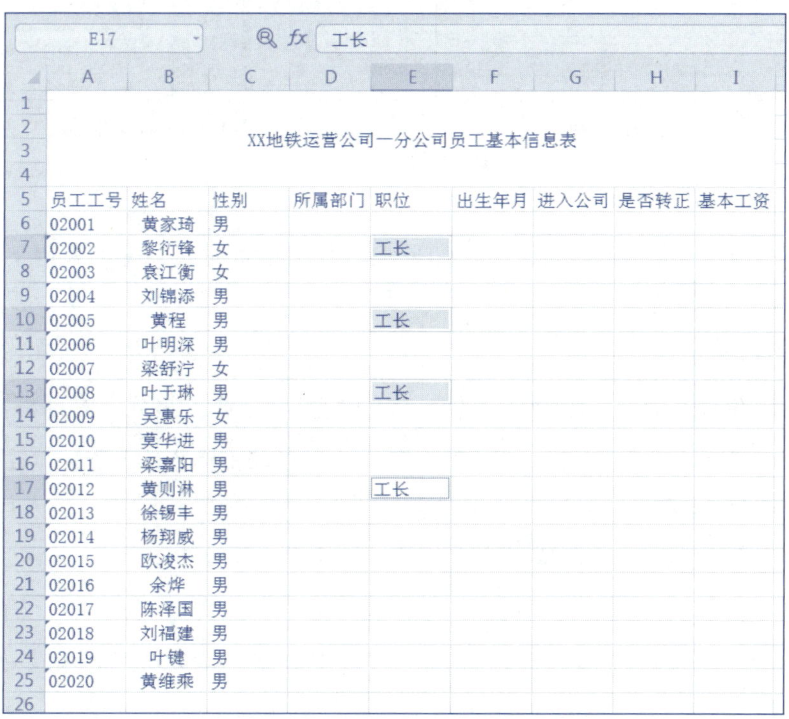

E17　fx　工长

	A	B	C	D	E	F	G	H	I
1									
2									
3	XX地铁运营公司一分公司员工基本信息表								
4									
5	员工工号	姓名	性别	所属部门	职位	出生年月	进入公司	是否转正	基本工资
6	02001	黄家琦	男						
7	02002	黎衍锋	女		工长				
8	02003	袁江衡	女						
9	02004	刘锦添	男						
10	02005	黄程	男		工长				
11	02006	叶明深	男						
12	02007	梁舒泞	女						
13	02008	叶于琳	男		工长				
14	02009	吴惠乐	女						
15	02010	莫华进	男						
16	02011	梁嘉阳	男						
17	02012	黄则淋	男		工长				
18	02013	徐锡丰	男						
19	02014	杨翔威	男						
20	02015	欧浚杰	男						
21	02016	余烨	男						
22	02017	陈泽国	男						
23	02018	刘福建	男						
24	02019	叶键	男						
25	02020	黄维乘	男						
26									

图3-1-11　输入“工长”

5. 录入出生年月及进入公司日期

Step01　设置单元格格式

选择单元格 F6：G25，按组合键【Ctrl+1】打开“单元格格式”对话框，在“数字”选项卡中选择“日期”选项，然后在“类型”选择所需要的日期格式，有多种格式可供选择，如图 3-1-12 所示。

Step02　录入数据

选择单元格 F6，输入日期，全部日期输入完毕后，效果如图 3-1-13 所示。

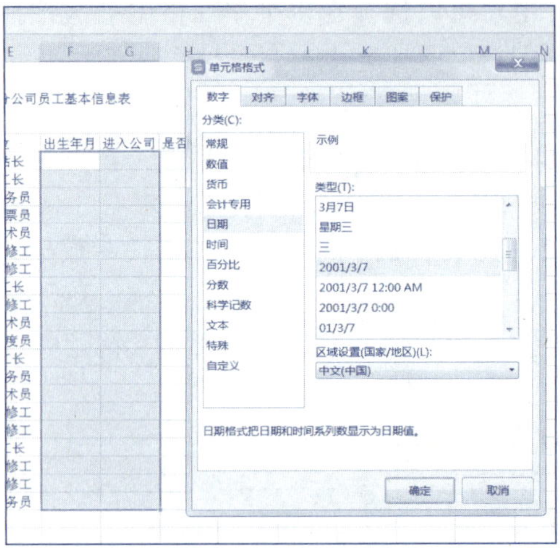

图 3-1-12　选择日期格式

XX地铁运营公司一分公司员工基本信息表

员工工号	姓名	性别	所属部门	职位	出生年月	进入公司日期	是否
02001	黄家琦	女	站务	站长	1984/04/03	2007/07/12	
02002	黎衍锋	女	站务	工长	1990/05/01	2013/01/11	
02003	袁江衡	男	站务	站务员	1998/03/17	2020/11/10	
02004	刘锦添	女	站务	售票员	1986/02/01	2010/01/08	
02005	黄程	女	信号	技术员	1987/01/02	2010/01/09	
02006	叶明深	男	信号	检修工	1988/02/04	2010/01/10	
02007	梁舒泞	女	信号	检修工	1990/04/05	2020/01/11	
02008	叶于琳	女	信号	工长	1990/06/08	2010/05/29	
02009	吴惠乐	女	信号	检修工	1992/05/08	2010/05/30	
02010	莫华进	男	段务	技术员	1983/12/02	2010/05/31	
02011	梁嘉阳	女	段务	调度员	1998/01/06	2020/06/01	
02012	黄则淋	男	段务	工长	1986/04/05	2009/10/01	
02013	徐锡丰	女	段务	站务员	1985/10/01	2010/06/03	
02014	杨翔威	女	通信	技术员	1988/10/10	2008/12/12	
02015	欧浚杰	女	通信	检修工	1997/12/01	2011/07/01	
02016	余烨	男	通信	检修工	1993/04/01	2013/07/02	
02017	陈泽国	男	车务	工长	1992/09/01	2011/07/03	
02018	刘福建	男	车务	检修工	1990/01/08	2011/07/03	
02019	叶键	男	机电	检修工	1997/05/02	2020/07/04	
02020	黄维乘	男	机电	站务员	1984/01/04	2018/07/05	

图 3-1-13　录入日期

6. 录入是否转正

在报表中输入“是”和“否”时，如果觉得打字很费时间，可以采用下面的一种快速录入方法。

Step01　设置单元格格式

选择单元格 H6：H25，按组合键【Ctrl+1】打开“单元格格式”对话框，在“数字”选项卡中选择“自定义”选项，然后在“类型”文本框中输入【 =1】“是”；【 =0】“否”，如图 3-1-14 所示。

Step02　录入是否转正数据

选择单元格 H6，输入 1，按回车键显示“是”，选择单元格 H8，输入 0，按回车键显示“否”，按此操作可快速录入是否转正数据。录入完成后结果如图 3-1-15 所示。

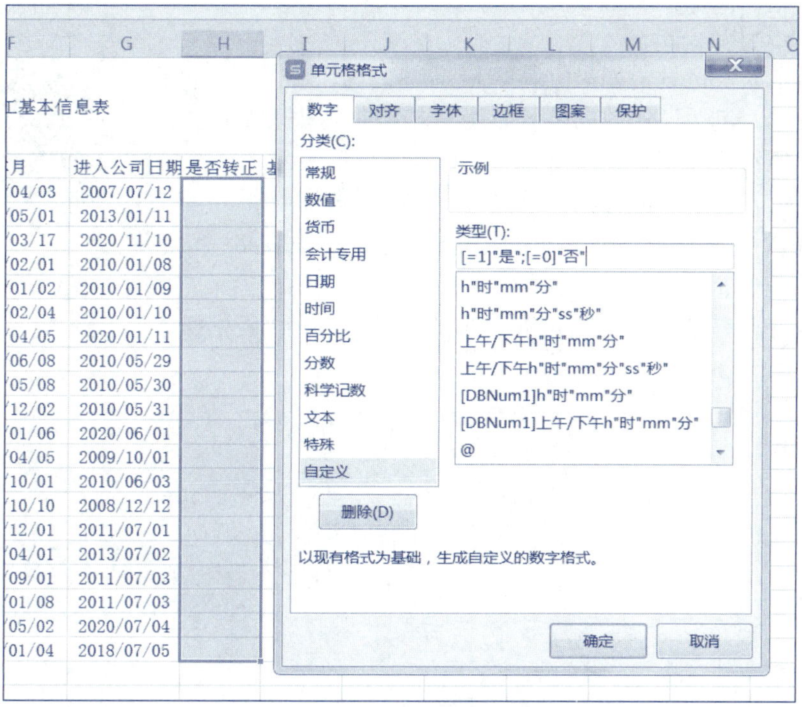

图 3-1-14　设置单元格式

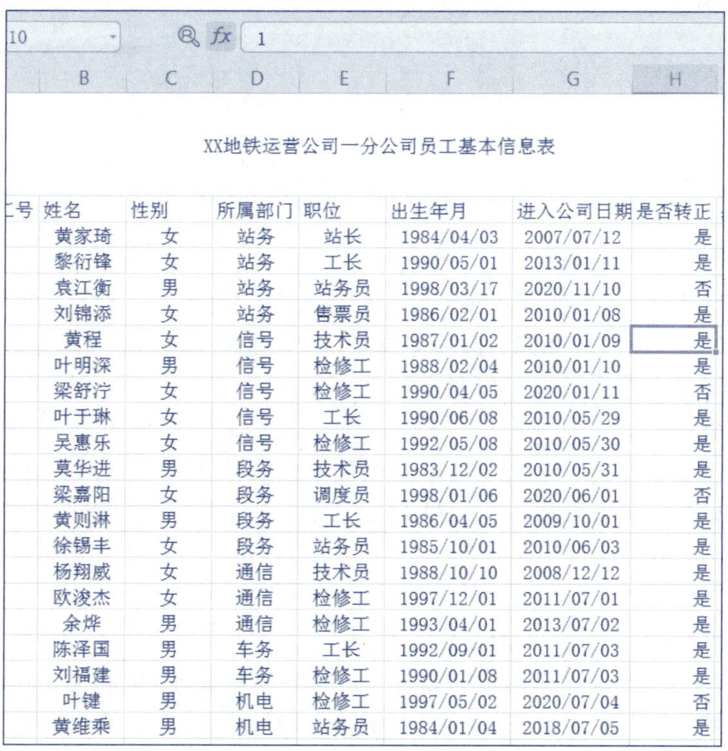

XX地铁运营公司一分公司员工基本信息表

工号	姓名	性别	所属部门	职位	出生年月	进入公司日期	是否转正
	黄家琦	女	站务	站长	1984/04/03	2007/07/12	是
	黎衍锋	女	站务	工长	1990/05/01	2013/01/11	是
	袁江衡	男	站务	站务员	1998/03/17	2020/11/10	否
	刘锦添	女	站务	售票员	1986/02/01	2010/01/08	是
	黄程	女	信号	技术员	1987/01/02	2010/01/09	是
	叶明深	男	信号	检修工	1988/02/04	2010/01/10	是
	梁舒泞	女	信号	检修工	1990/04/05	2020/01/11	否
	叶于琳	女	信号	工长	1990/06/08	2010/05/29	是
	吴惠乐	女	信号	检修工	1992/05/08	2010/05/30	是
	莫华进	男	段务	技术员	1983/12/02	2010/05/31	是
	梁嘉阳	女	段务	调度员	1998/01/06	2020/06/01	否
	黄则淋	男	段务	工长	1986/04/05	2009/10/01	是
	徐锡丰	女	段务	站务员	1985/10/01	2010/06/03	是
	杨翔威	女	通信	技术员	1988/10/10	2008/12/12	是
	欧浚杰	女	通信	检修工	1997/12/01	2011/07/01	是
	余烨	男	通信	检修工	1993/04/01	2013/07/02	是
	陈泽国	男	车务	工长	1992/09/01	2011/07/03	是
	刘福建	男	车务	检修工	1990/01/08	2011/07/03	是
	叶键	男	机电	检修工	1997/05/02	2020/07/04	否
	黄维乘	男	机电	站务员	1984/01/04	2018/07/05	是

图 3-1-15　录入是否转正数据

7. 美化表格

将数据录入表格后，如果觉得表格不够美观，还需要对它进行美化，包括设置数据格式，为表格添加边框和底纹，调整行和列的高度和宽度等等。

视频：表格美化及打印

（1）美化表格最快的方法就是使用“表格样式”

系统提供了多种表格样式可供选择，这样设置表格样式非常快速，而且配色也很好看。

方法是点击表格中任意单元格，选择“开始”—“表格样式”，选择一个表格样式套用即可，如图 3-1-16 所示。

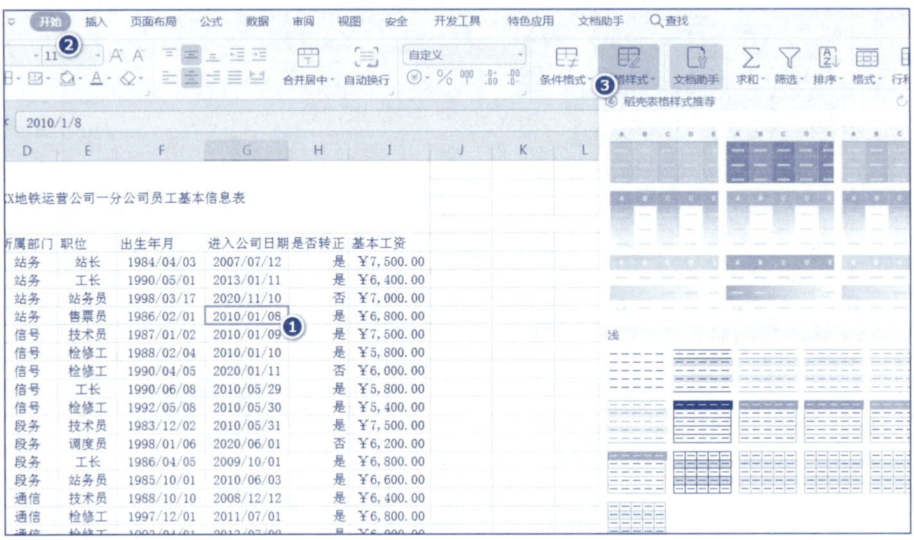

图 3-1-16　选择表格样式

（2）快速调整行高和列宽

拖动行与行/列与列之间的分割线可快速调整单元格大小。此外，录入完数据后使用“开始”下方功能区“行和列”选项菜单中的“最适合的行高”和“最适合的列宽”，可使系统自动调整表格的行高和列宽。

（3）巧用格式刷

假设我们想给职位是“工长”的单元格加上浅橘色颜色填充，先给 E7 单元格加上浅橘色颜色填充。接下来想将所有的“工长”设置相同的颜色填充，此时则可运用“格式刷”了。

选中 E7 单元格，在菜单栏“开始”功能区左下方选择“格式刷”。可以看到鼠标变为（一个刷子 + 一个箭头）的形状，移动至单元格 E13，单击一下，即可完成格式复制。如果要改变多个单元格的格式，多次点击格式刷非常麻烦，先选中 E7 单元格，然后双击“格式刷”按钮，此时即可无限次使用该格式刷进行单元格格式修改，如图 3-1-17 所示。

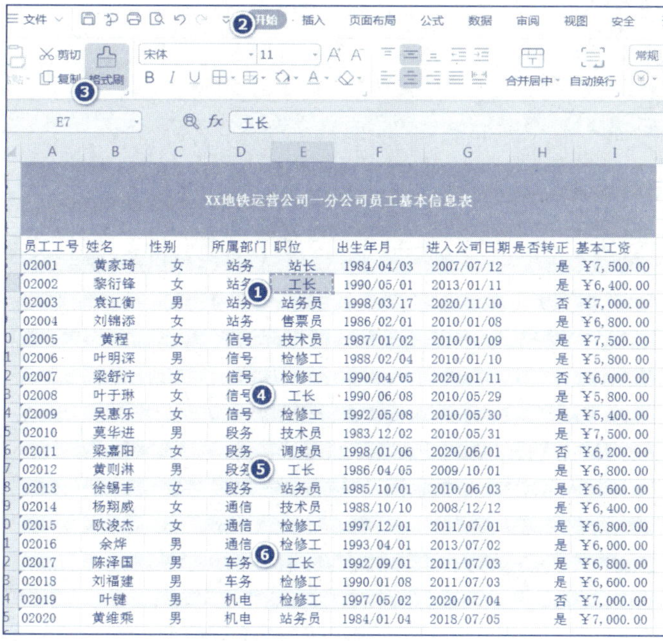

图 3-1-17 格式刷的使用

（4）给表格加边框和底纹

为了便于阅读表格中的数据内容，并且使表格看起来更加美观、舒适，除了使用前面介绍的“表格样式”美化表格，用户也可以通过“添加边框和底纹”功能来美化表格。

Step01 添加边框

选择单元格区域 A6：I25，按【Ctrl+1】打开“单元格格式”对话框，在“边框”选项中设置线条的“样式”和“颜色”，然后应用到所选区域的外边框或者内边框上，如图 3-1-18 所示。在这里，表格外边框是双线，紫色，结果如图 3-1-19 所示。

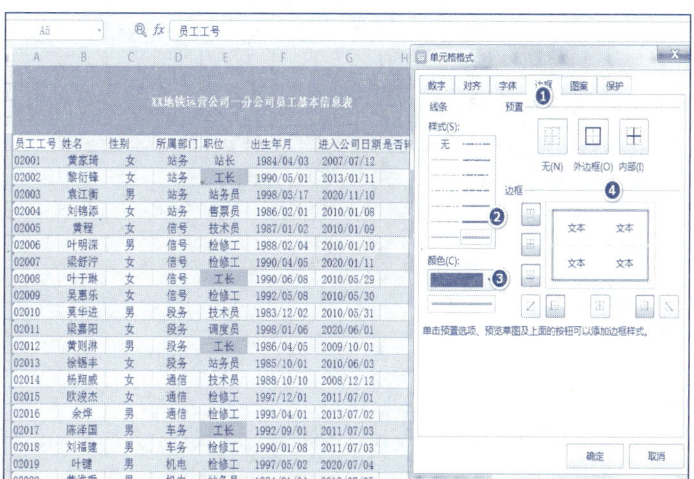

图 3-1-18 添加边框

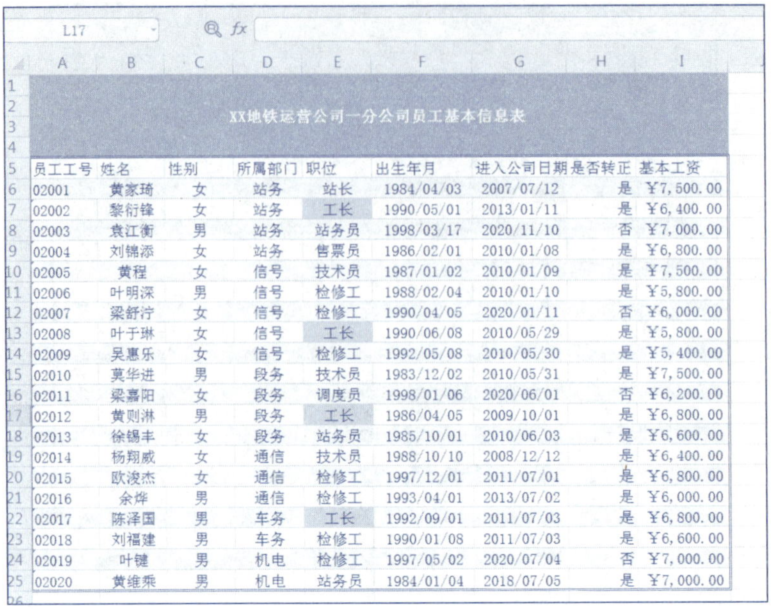

XX地铁运营公司一分公司员工基本信息表								
员工工号	姓名	性别	所属部门	职位	出生年月	进入公司日期	是否转正	基本工资
02001	黄家琦	女	站务	站长	1984/04/03	2007/07/12	是	¥7,500.00
02002	黎衍锋	女	站务	工长	1990/05/01	2013/01/11	是	¥6,400.00
02003	袁江衡	男	站务	站务员	1998/03/17	2020/11/10	否	¥7,000.00
02004	刘锦添	女	站务	售票员	1986/02/01	2010/01/08	是	¥6,800.00
02005	黄程	女	信号	技术员	1987/01/02	2010/01/09	是	¥7,500.00
02006	叶明深	男	信号	检修工	1988/02/04	2010/01/10	是	¥5,800.00
02007	梁舒泞	女	信号	检修工	1990/04/05	2020/01/11	否	¥6,000.00
02008	叶于琳	女	信号	工长	1990/06/08	2010/05/29	是	¥5,800.00
02009	吴惠乐	女	信号	检修工	1992/05/08	2010/05/30	是	¥5,400.00
02010	莫华进	男	段务	技术员	1983/12/02	2010/05/31	是	¥7,500.00
02011	梁嘉阳	女	段务	调度员	1998/01/06	2020/06/01	否	¥6,200.00
02012	黄则淋	男	段务	工长	1986/04/05	2009/10/01	是	¥6,800.00
02013	徐锡丰	女	段务	站务员	1985/10/01	2010/06/03	是	¥6,600.00
02014	杨翔威	女	通信	技术员	1988/10/10	2008/12/12	是	¥6,400.00
02015	欧浚杰	女	通信	检修工	1997/12/01	2011/07/01	是	¥6,800.00
02016	余烨	男	通信	检修工	1993/04/01	2013/07/02	是	¥6,000.00
02017	陈泽国	男	车务	工长	1992/09/01	2011/07/03	是	¥6,800.00
02018	刘福建	男	车务	检修工	1990/01/08	2011/07/03	是	¥6,600.00
02019	叶键	男	机电	检修工	1997/05/02	2020/07/04	否	¥7,000.00
02020	黄维乘	男	机电	站务员	1984/01/04	2018/07/05	是	¥7,000.00

图 3-1-19　添加边框后的结果

Step02　添加底纹

选择单元区域 A5：I5，在“开始”菜单选项卡中单击“填充颜色”下拉按钮，从列表中选择合适的填充颜色，如图 3-1-20 所示。

最后通过自动调整行高和列宽、将表格内容全部居中显示，任务全部完成后结果如图 3-1-21 所示。

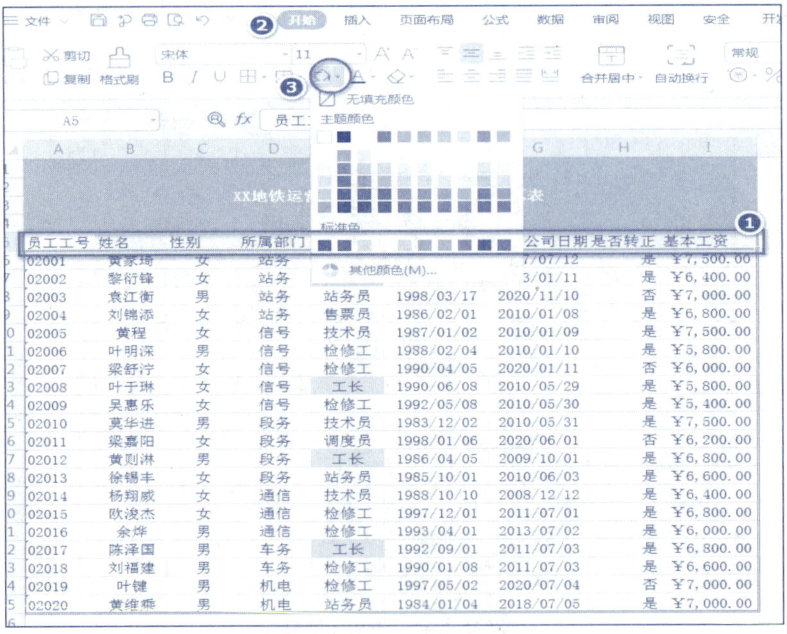

图 3-1-20　添加底纹

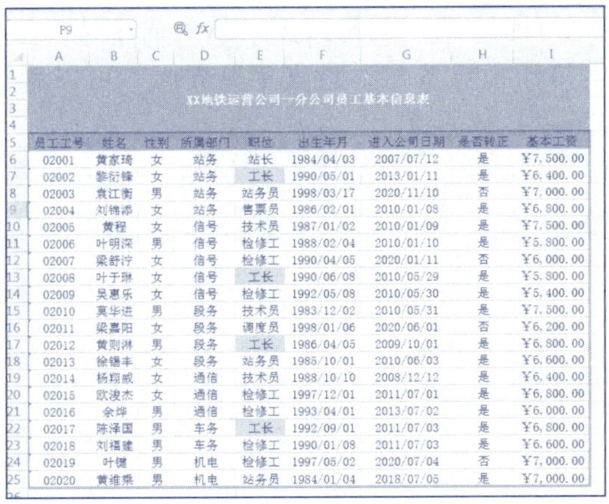

XX地铁运营公司一分公司员工基本信息表

员工工号	姓名	性别	所属部门	职位	出生年月	进入公司日期	是否转正	基本工资
02001	黄家琦	女	站务	站长	1984/04/03	2007/07/12	是	¥7,500.00
02002	黎衍锋	女	站务	工长	1990/05/01	2013/01/11	是	¥6,400.00
02003	袁江衡	男	站务	站务员	1998/03/17	2020/11/10	否	¥7,000.00
02004	刘锦添	女	站务	售票员	1986/02/01	2010/01/08	是	¥6,800.00
02005	黄程	女	信号	技术员	1987/01/02	2010/01/09	是	¥7,500.00
02006	叶明深	男	信号	检修工	1988/02/04	2010/01/10	是	¥5,800.00
02007	梁舒泞	女	信号	检修工	1990/04/05	2020/01/11	否	¥6,000.00
02008	叶于琳	女	信号	工长	1990/06/08	2010/05/29	是	¥5,800.00
02009	吴惠乐	女	信号	检修工	1992/05/08	2010/05/30	是	¥5,400.00
02010	莫华进	男	段务	技术员	1983/12/02	2010/05/31	是	¥7,500.00
02011	梁嘉阳	女	段务	调度员	1998/01/06	2020/06/01	否	¥6,200.00
02012	黄则淋	男	段务	工长	1986/04/05	2009/10/01	是	¥6,800.00
02013	徐锡丰	女	段务	站务员	1985/10/01	2010/06/03	是	¥6,600.00
02014	杨翔威	女	通信	技术员	1988/10/10	2008/12/12	是	¥6,400.00
02015	欧浚杰	女	通信	检修工	1997/12/01	2011/07/01	是	¥6,800.00
02016	余烨	男	通信	检修工	1993/04/01	2013/07/02	是	¥6,000.00
02017	陈泽国	男	车务	工长	1992/09/01	2011/07/03	是	¥6,800.00
02018	刘福建	男	车务	检修工	1990/01/08	2011/07/03	是	¥6,600.00
02019	叶键	男	机电	检修工	1997/05/02	2020/07/04	否	¥7,000.00
02020	黄维乘	男	机电	站务员	1984/01/04	2018/07/05	是	¥7,000.00

图 3-1-21　最后结果

8. 给基本工资加上货币符号

给“基本工资”添加货币符号的操作方法如下：

Step01　启动单元格格式命令

选择单元格格式区域 I6：I25，按【Ctrl+1】打开“单元格格式”对话框，在“数字”选项卡中选择“货币”选项，然后在“货币符号”下拉菜单中选择所需要的货币符号，有多种货币符号可供选择，如图 3-1-22 所示。

Step02　设置货币格式

设置完货币符号后，还可以选择小数位数，默认是两位小数。图 3-1-23 即为设置完成后的结果图。

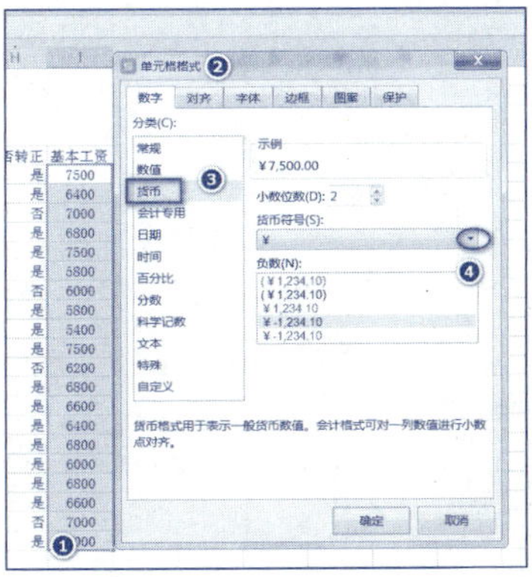

图 3-1-22　启动单元格格式命令

XX地铁运营公司一分公司员工基本信息表

员工工号	姓名	性别	所属部门	职位	出生年月	进入公司日期	是否转正	基本工资
02001	黄家琦	女	站务	站长	1984/04/03	2007/07/12	是	¥7,500.00
02002	黎衍锋	女	站务	工长	1990/05/01	2013/01/11	是	¥6,400.00
02003	袁江衡	男	站务	站务员	1998/03/17	2020/11/10	否	¥7,000.00
02004	刘锦添	女	站务	售票员	1986/02/01	2010/01/08	是	¥6,800.00
02005	黄程	女	信号	技术员	1987/01/02	2010/01/09	是	¥7,500.00
02006	叶明深	男	信号	检修工	1988/02/04	2010/01/10	是	¥5,800.00
02007	梁舒泞	女	信号	检修工	1990/04/05	2020/01/11	否	¥6,000.00
02008	叶于琳	女	信号	工长	1990/06/08	2010/05/29	是	¥5,800.00
02009	吴惠乐	女	信号	检修工	1992/05/08	2010/05/30	是	¥5,400.00
02010	莫华进	男	段务	技术员	1983/12/02	2010/05/31	是	¥7,500.00
02011	梁嘉阳	女	段务	调度员	1998/01/06	2020/06/01	否	¥6,200.00
02012	黄则淋	男	段务	工长	1986/04/05	2009/10/01	是	¥6,800.00
02013	徐锡丰	女	段务	站务员	1985/10/01	2010/06/03	是	¥6,600.00
02014	杨翔威	女	通信	技术员	1988/10/10	2008/12/12	是	¥6,400.00
02015	欧浚杰	女	通信	检修工	1997/12/01	2011/07/01	是	¥6,800.00
02016	余烨	男	通信	检修工	1993/04/01	2013/07/02	是	¥6,000.00
02017	陈泽国	男	车务	工长	1992/09/01	2011/07/03	是	¥6,800.00
02018	刘福建	男	车务	检修工	1990/01/08	2011/07/03	是	¥6,600.00
02019	叶键	男	机电	检修工	1997/05/02	2020/07/04	否	¥7,000.00
02020	黄维乘	男	机电	站务员	1984/01/04	2018/07/05	是	¥7,000.00

图 3-1-23　设置货币格式后结果图

9. 打印表格

用户将表格数据录入并美化后，想打印出来，那么打印需要注意哪些问题呢？

Step01　设置打印区域

在打印报表的时候，用户可以根据需要选择打印区域。选择需要打印的区域，在“页面布局”选项卡中单击“打印区域”下拉按钮，从列表中选择“设置打印区域”选项，如图 3-1-24 所示。单击打印预览按钮，进入预览界面，可以看到所选区域的数据内容被单独呈现了出来，如图 3-1-25 所示。

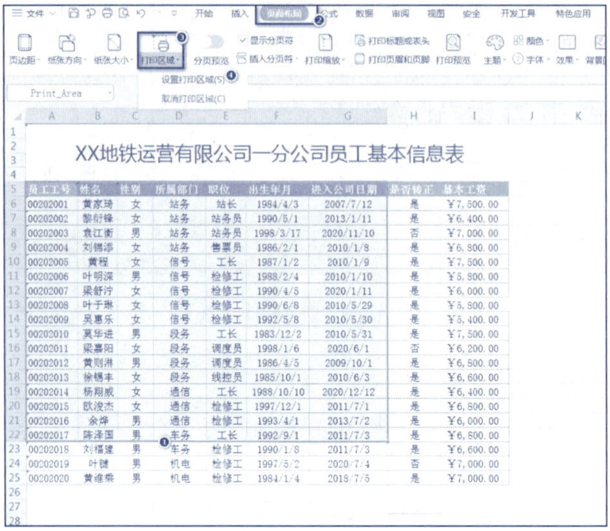

员工工号	姓名	性别	所属部门	职位	出生年月	进入公司日期	是否转正	基本工资
00202001	黄家琦	女	站务	站长	1984/4/3	2007/7/12	是	¥7,500.00
00202002	黎衍锋	女	站务	站务员	1990/5/1	2013/1/11	是	¥6,400.00
00202003	袁江衡	男	站务	站务员	1998/3/17	2020/11/10	否	¥7,000.00
00202004	刘锡添	女	站务	售票员	1986/2/1	2010/1/8	是	¥6,800.00
00202005	黄程	女	信号	工长	1987/1/2	2010/1/9	是	¥7,500.00
00202006	叶明深	男	信号	检修工	1988/2/4	2010/1/10	是	¥5,800.00
00202007	梁舒泞	女	信号	检修工	1990/4/5	2020/1/11	是	¥6,000.00
00202008	叶于琳	女	信号	检修工	1990/6/8	2010/5/29	是	¥5,800.00
00202009	吴惠乐	女	信号	检修工	1992/5/8	2010/5/30	是	¥5,400.00
00202010	莫华进	男	段务	工长	1983/12/2	2010/5/31	是	¥7,500.00
00202011	梁嘉阳	女	段务	调度员	1998/1/6	2020/6/1	否	¥6,200.00
00202012	黄则淋	男	段务	调度员	1986/4/5	2009/10/1	是	¥6,800.00
00202013	徐锡丰	女	段务	线控员	1985/10/1	2010/6/3	是	¥6,600.00
00202014	杨翔威	女	通信	工长	1988/10/10	2020/12/12	是	¥6,400.00
00202015	欧浚杰	女	通信	检修工	1997/12/1	2011/7/1	是	¥6,800.00
00202016	余烨	男	通信	检修工	1993/4/1	2013/7/2	是	¥6,000.00
00202017	陈泽国	男	车务	工长	1992/9/1	2011/7/3	是	¥6,800.00
00202018	刘福建	男	车务	检修工	1990/1/8	2011/7/3	是	¥6,600.00
00202019	叶键	男	机电	检修工	1997/5/2	2020/7/4	否	¥7,000.00
00202020	黄维乘	男	机电	检修工	1984/1/4	2018/7/5	是	¥7,000.00

图 3-1-24　设置打印区域

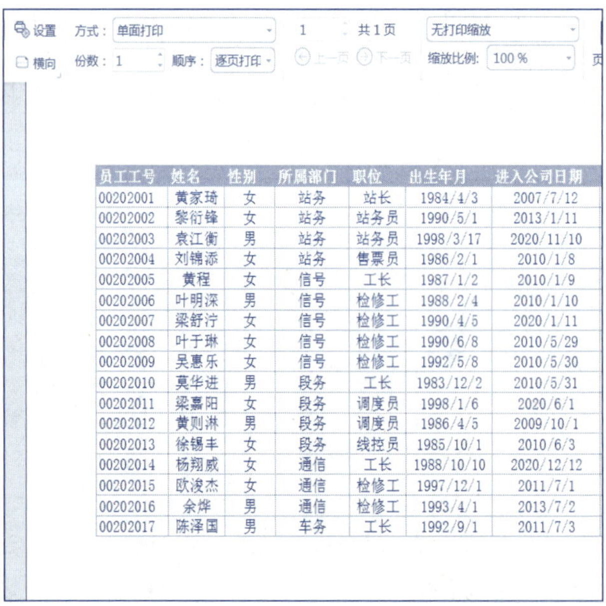

员工工号	姓名	性别	所属部门	职位	出生年月	进入公司日期
00202001	黄家琦	女	站务	站长	1984/4/3	2007/7/12
00202002	黎衍锋	女	站务	站务员	1990/5/1	2013/1/11
00202003	袁江衡	男	站务	站务员	1998/3/17	2020/11/10
00202004	刘锡添	女	站务	售票员	1986/2/1	2010/1/8
00202005	黄程	女	信号	工长	1987/1/2	2010/1/9
00202006	叶明深	男	信号	检修工	1988/2/4	2010/1/10
00202007	梁舒泞	女	信号	检修工	1990/4/5	2020/1/11
00202008	叶于琳	女	信号	检修工	1990/6/8	2010/5/29
00202009	吴惠乐	女	信号	检修工	1992/5/8	2010/5/30
00202010	莫华进	男	段务	工长	1983/12/2	2010/5/31
00202011	梁嘉阳	女	段务	调度员	1998/1/6	2020/6/1
00202012	黄则淋	男	段务	调度员	1986/4/5	2009/10/1
00202013	徐锡丰	女	段务	线控员	1985/10/1	2010/6/3
00202014	杨翔威	女	通信	工长	1988/10/10	2020/12/12
00202015	欧浚杰	女	通信	检修工	1997/12/1	2011/7/1
00202016	余烨	男	通信	检修工	1993/4/1	2013/7/2
00202017	陈泽国	男	车务	工长	1992/9/1	2011/7/3

图 3-1-25　打印预览

Step02　打印设置

进入打印预览界面后，用户可以根据需要设置纸张类型、纸张方向、打印方式、打印份数、打印顺序。设置完成后单击“直接打印”按钮即可打印报表，如图 3-1-26 所示。

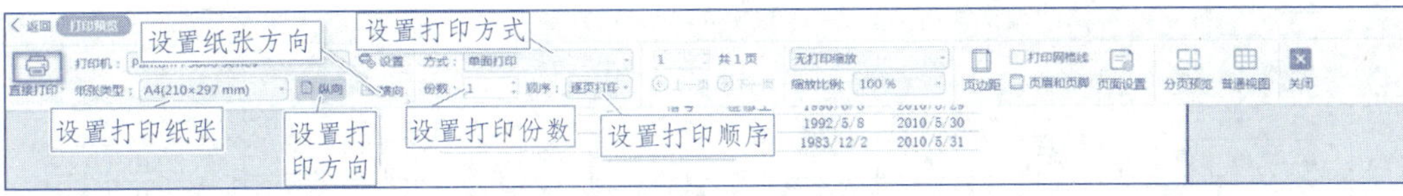

图 3-1-26 打印设置

【知识拓展】

如果一个报表的数据比较大，比如超过两张，打印出来的时候第一张有表头，第二张没有表头，这样可读性不好，如图 3-1-27 和 3-1-28 所示。那么可不可以两张报表都有表头呢？答案是可以的。

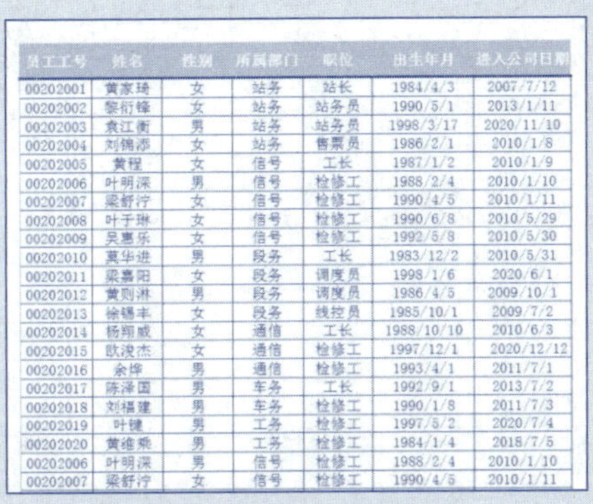

图 3-1-27 第一张有表头

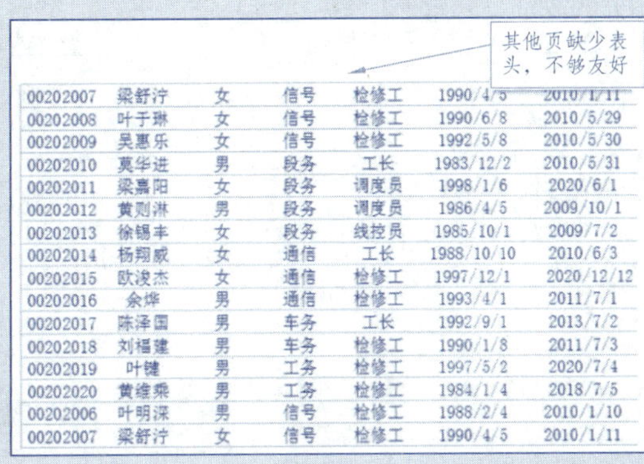

图 3-1-28 第二张无表头

处理方法如下：选择“页面布局”的“打印标题或表头”选项，进入页面设置，选择“工作表”选项卡，在“打印标题”的“顶端标题行”选择标题行，如图 3-1-29 所示。这时候每张报表都会有标题出现，如图 3-1-30 所示。

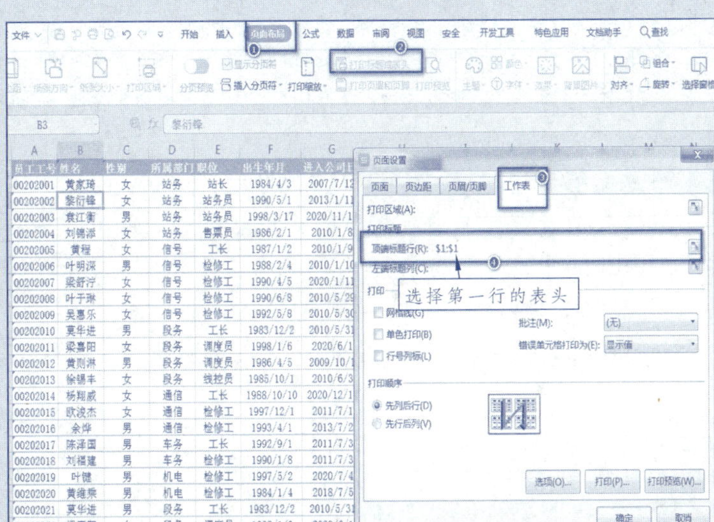

图 3-1-29 设置表头

员工工号	姓名	性别	所属部门	职位	出生年月	进入公司日期	是否转正	基本工资
02051	黄则淋	男	段务	工长	1986/04/05	2009/10/01	是	¥6,800.00
02052	徐锡丰	女	段务	站务员	1985/10/01	2010/06/03	是	¥6,600.00
02053	杨翔威	女	通信	技术员	1988/10/10	2008/12/12	是	¥6,400.00
02054	欧浚杰	女	通信	检修工	1997/12/01	2011/07/01	是	¥6,800.00
02055	黄则淋	男	段务	工长	1986/04/05	2009/10/01	是	¥6,800.00
02056	徐锡丰	女	段务	站务员	1985/10/01	2010/06/03	是	¥6,600.00
02057	杨翔威	女	通信	技术员	1988/10/10	2008/12/12	是	¥6,400.00
02058	欧浚杰	女	通信	检修工	1997/12/01	2011/07/01	是	¥6,800.00
02059	余烨	男	通信	检修工	1993/04/01	2013/07/02	是	¥6,000.00
02060	陈泽国	男	车务	工长	1992/09/01	2011/07/03	是	¥6,800.00
02061	刘福建	男	车务	检修工	1990/01/08	2011/07/03	是	¥6,600.00
02062	叶键	男	机电	检修工	1997/05/02	2020/07/04	否	¥7,000.00
02063	黄维乘	男	机电	站务员	1984/01/04	2018/07/05	是	¥7,000.00
02064	叶于琳	女	信号	工长	1990/06/08	2010/05/29	是	¥5,800.00

图 3-1-30　表头显示效果

【操作窍门】

常见问题及其解决方法：

（1）功能区不见了

有时在编辑数据的时，想使用功能区而找不到，这个问题作为表格新手来说，也是常见的现象。此时，标题栏只剩下主菜单和公式栏，用户只需要单击工作表右上方的向下箭头，就可以显示功能区。

（2）为什么不能对工作表重命名

出现这种情况可能对工作簿的结构进行了保护，此时在“审阅”选项中单击“撤销工作簿保护”按钮，在弹出的对话框中输入设置的密码即可。

（3）有些工作表为什么找不到

当打开一个工作簿，却发现需要用的工作表不见了，这种情况可能是工作表被隐藏了。用户只需要选中其他任意的工作表，右击鼠标，选择“取消隐藏”选项，在弹出的对话框中选择需要显示出来的工作表即可。

（4）如何在一个单元格里输入两行或者多行的数据

在一个单元格中输入的数据比较长，想把它分成两行或者多行，这个时候只需要在想分行的位置按【Alt+Enter】即可，单元格会自动在这个位置插入换行符。

（5）用户输入的是 3/4，怎么变成 3 月 4 日了呢

如果要在电子表格中输入 3/4，在输入前设置为分数格式，否则默认是日期格式。

实践探索

假如您是××地铁运营有限公司物资部的一名仓管工，需要准确安排物资进、出库，登记物资领取、使用情况等。现在，请您整理并打印一份 2021 年度“办公用品领取”统计表。

素材下载：任务 1-实践-源文件.xlsx 素材。

素材下载：实践-源文件.xlsx

统计表应当满足以下要求：

（1）在“序号”中输入以 0 开头的有序数据。

（2）在“物品名称”列快速输入相同内容的数据。

（3）在“领用日期”列中输入日期，并自定义日期的单元格格式。

（4）在“使用部门”列中使用“数据有效性”功能限制数据内容的输入。

（5）输入标题内容，工作表名称更改为“物品领用清单”。

（6）设置数据内容的字体格式，为表格添加边框和底纹。

（7）使用打印预览打印表格，保证多页都有表头。

统计表最终结果如图 3-1-31 所示。

物品领用清单

制表人：辛哲

序号	物品名称	单位	数量	领用日期	使用部门	领用人签字
0001	签字笔	支	20	2021-02-01	车务部	王强
0002	签字笔	支	10	2021-02-10	机务部	李清
0003	签字笔	支	30	2021-03-02	电务部	王思凡
0004	日记本	本	5	2021-03-10	车务部	张艺名
0005	日记本	本	6	2021-03-01	机务部	周谦
0006	日记本	本	8	2021-05-01	车辆部	张凯
0007	打印纸	包	2	2021-05-12	电务部	钱齐
0008	打印纸	包	1	2021-05-12	车务部	武微
0009	打印纸	包	3	2021-06-05	车辆部	蓝思思
0010	双面胶	个	2	2021-08-08	车务部	赵扬
0011	双面胶	个	2	2021-09-05	电务部	徐定淳
0012	双面胶	个	2	2021-09-06	机务部	雷豪
0013	订书机	个	1	2021-09-07	车务部	蔡文
0014	订书机	个	2	2021-09-08	电务部	潘斌
0015	不干胶	个	3	2021-09-09	车务部	胡婷
0016	文件袋	个	5	2021-09-10	车辆部	陈瑶
0017	文件袋	个	5	2021-09-11	机务部	曹高成
0018	不干胶	个	3	2021-09-11	电务部	徐昊
0019	切纸刀	个	2	2021-09-12	电务部	徐昊
0020	橡皮	个	2	2021-09-12	电务部	王思凡
0021	铅笔	支	6	2021-09-12	车务部	赵扬
0022	文件袋	个	7	2021-10-16	电务部	潘斌
0023	签字笔	支	20	2021-10-17	电务部	徐昊
0024	签字笔	支	10	2021-10-18	车辆部	蓝思思
0025	切纸刀	个	10	2021-10-18	车务部	武微

办公用品领取

图 3-1-31 “办公用品领取”统计表

学习成果自查表

<table>
<tr><th colspan="2" rowspan="2">要点</th><th colspan="3">掌握程度</th></tr>
<tr><th>未掌握</th><th>基本掌握</th><th>熟练掌握</th></tr>
<tr><td rowspan="7">数据录入</td><td>合并居中</td><td></td><td></td><td></td></tr>
<tr><td>0 开头的数字格式文本</td><td></td><td></td><td></td></tr>
<tr><td>填充柄快速填充数据</td><td></td><td></td><td></td></tr>
<tr><td>设置数据有效性</td><td></td><td></td><td></td></tr>
<tr><td>单元格替换输入</td><td></td><td></td><td></td></tr>
<tr><td>日期格式</td><td></td><td></td><td></td></tr>
<tr><td>货币格式、小数位数</td><td></td><td></td><td></td></tr>
<tr><td rowspan="4">表格美化</td><td>表格样式</td><td></td><td></td><td></td></tr>
<tr><td>调整行高、列宽</td><td></td><td></td><td></td></tr>
<tr><td>边框、底纹</td><td></td><td></td><td></td></tr>
<tr><td>格式刷</td><td></td><td></td><td></td></tr>
<tr><td>打印技巧</td><td>多页文档打印表头</td><td></td><td></td><td></td></tr>
</table>

任务二 客户回访信息表登记及统计

任务目标

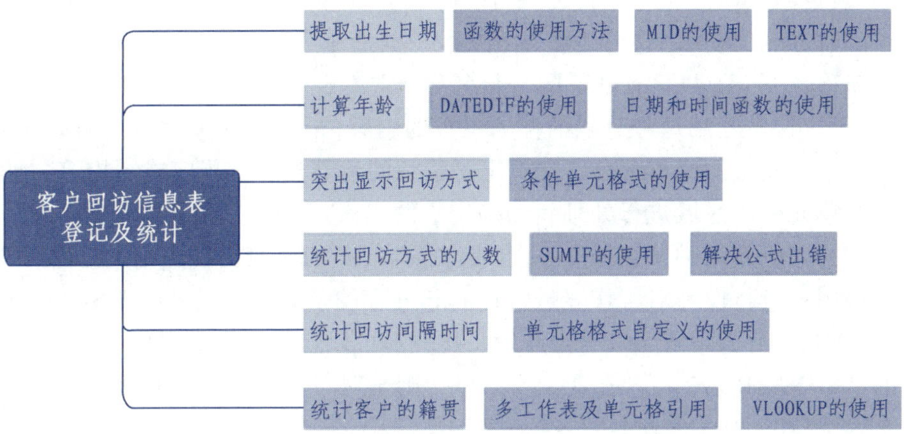

任务描述

李好在××汽车销售公司工作，他需要对客户进行回访。回访之前他对客户信息表作了登记和统计，如图 3-2-1 所示。

客户回访信息表

电话回访人数 5　　微信回访人数： 17

联系电话	身份证号	籍贯	出生年月	出生年月（2）	年龄	现具体居住地	首次拜访日期	预定回访I
1350-120-0909	440123199001021982	广东省	19900102	1990-01-02	34	广东省广州市天河区xxx	2024/3/12	2024/7,
1360-210-2323	441419198302182891	广东省	19830218	1983-02-18	41	广东省广州市白云区xxx	2024/3/12	2024/7,
1370-090-1234	441419197902182908	广东省	19790218	1979-02-18	45	广东省广州市白云区xxx	2024/3/12	2024/7/
1380-800-7823	441419198702182891	广东省	19870218	1987-02-18	37	广东省广州市增城区xxx	2024/3/15	2024/7/
1350-800-7826	360902198006265449	江西省	19800626	1980-06-26	44	广东省广州市荔湾区xxx	2024/3/15	2024/7/
1380-800-7825	130184199607022744	河北省	19960702	1996-07-02	28	广东省广州市荔湾区xxx	2024/3/15	2024/7/
1330-876-7826	23108519800619797X	黑龙江省	19800619	1980-06-19	44	广东省广州市花都区xxx	2024/3/15	2024/7/
1380-800-7827	211102199406272321	辽宁省	19940627	1994-06-27	30	广东省广州市天河区xxx	2024/3/18	2024/7/
1350-800-7828	330108199610196324	浙江省	19961019	1996-10-19	27	广东省广州市荔湾区xxx	2024/3/18	2024/7/
1380-800-7829	520326198105259691	贵州省	19810525	1981-05-25	43	广东省广州市白云区xxx	2024/3/18	2024/7/
1360-800-7830	621223199207062309	甘肃省	19920706	1992-07-06	32	广东省广州市天河区xxx	2024/3/18	2024/7/
1380-800-7831	632723199110020540	青海省	19911002	1991-10-02	32	广东省广州市增城区xxx	2024/3/25	2024/7/
1380-800-7832	411101198310116566	河南省	19831011	1983-10-11	40	广东省广州市荔湾区xxx	2024/3/25	2024/7/
1380-800-7833	360902198006265449	江西省	19800626	1980-06-26	44	广东省广州市白云区xxx	2024/3/25	2024/8,
1380-800-7834	310902199007265439	上海市	19900726	1990-07-26	33	广东省广州市荔湾区xxx	2024/3/25	2024/8,

图 3-2-1 客户回访信息表

知识准备

1. 认识公式和函数

公式与函数大家并不陌生，其有超强的计算能力，是 WPS 表格中各种功能的“左膀右臂”。简单地说，公式就是以“=”开头的一组运算等式，其组成要素为“=”、运算符号、常量、单元格引用、函数和名称等等。

WPS 表格函数即是预先定义，执行计算、分析等处理数据任务的特殊公式。以常用的求和函数 SUM 为例，它的语法是“SUM（数值 1，数值 2，......）”。其中“SUM”称为函数名称，一个函数只有唯一的一个名称，它决定了函数的功能和用途。函数名称后紧跟左括号，接着是用逗号分隔的称为参数的内容，最后用一个右括号表示函数结束。参数是函数中最复杂的组成部分，它规定了函数的运算对象、顺序或结构等。使得用户可以对某个单元格或区域进行处理，如确定成绩名次、计算三角函数值等。

函数与公式既有区别又互相联系。如果说前者是 WPS 表格预先定义好的特殊公式，后者就是由用户自行设计对工作表进行计算和处理的公式。以公式“= SUM（B2:F2）*A1+120”为例，它要以等号“=”开始，其内部可以包括函数、引用、运算符和常量。上式中的“SUM（B2:F2）”是函数，“A1”则是对单元格 A1 的引用（使用其中存储的数据），“120”则是常量，“+”、“-”“*”和“/”则是算术运算（另外还有比较运算符、文本运算符和引用运算符）。如果函数要以公式的形式出现，它必须有两个组成部分，一个是函数名称前面的等号，另一个则是函数本身。

2. 单元格引用

单元格引用是函数中最常见的参数，引用的目的在于标识工作表单元格或单元格区域，并指明公式或函数所使用的数据的位置，便于它们使用工作表各处的数据，或者在多个函数中使用同一个单元格的数据。还可以引用同一工作簿不同工作表的单元格，甚至引用其他工作簿中的数据。

根据公式所在单元格的位置发生变化时，单元格引用的变化情况，用户可以将引用分为相对引用、绝对引用和混合引用三种类型。

相对引用：以存放在 F2 单元格中的公式“= SUM（A2:E2）”为例，当公式由 F2 单元格复制到 F3 单元格以后，公式中的引用也会变化为“= SUM（A3:E3）”。若公式自 F 列向下继续复制，“行标”每增加 1 行，公式中的行标也自动加 1。

绝对引用：如果上述公式改为“= SUM（$A$3:$E$3）”，则无论公式复制到何处，其引用的位置始终是“A3:E3”区域。

混合引用：混合引用有“绝对列和相对行”，或是“绝对行和相对列”两种形式。前者如“= SUM（$A3:$E3）”，后者如“= SUM（A$3:E$3）”。

上面的几个实例引用的都是同一工作表中的数据，如果要分析同一工作簿中多张工作表上的数据，则需使用三维引用。

三维引用：假如公式放在工作表 Sheet1 的 C6 单元格，要引用工作表 Sheet2 的“A1:A6”和 Sheet3 的“B2:B9”区域进行求和运算，则公式中的引用形式为“= SUM（Sheet2!A1:A6，Sheet3!B2:B9）”。也就是说三维引用中不仅包含单元格或区域引用，还要在前面加上带“!”的工作表名称。假如用户要引用的数据来自另一个工作簿，如工作簿 Book1 中的 SUM 函数要绝对引用工作簿 Book2 中的数据，其公式为“= SUM（‘[Book2]Sheet1’！$A$1:$A$6，‘[Book2]Sheet2’！$B$2:$B$9）”，也就是在原来单元格引用的前面加上“[Book2]Sheet1!”。放在中括号里面的是工作簿名称，带“!”的则是其中的工作表名称。即跨工作簿引用单元格或区域时，引用对象的前面必须用“!”作为工作表分隔符，再用中括号作为工作簿分隔符。

3. 函数输入方法

对 WPS 表格公式而言，函数是其中的主要组成部分，因此公式输入可以归结为函数输入的问题。

（1）“插入函数”对话框

“插入函数”对话框是 WPS 表格输入公式的重要工具，以公式“= SUM(Sheet2!A1:A6，Sheet3!B2:B9）”为例，WPS 表格输入该公式的具体过程是：首先选中存放计算结果（即需要应用公式）的单元格，单击编辑栏（或工具栏）中的“fx”按钮，则表示公式开始的“=”出现在单元格和编辑栏，然后在打开的“插入函数”对话框中的“选择函数”列表找到“SUM”函数。如果用户需要的函数不在里面，可以打开“或选择类别”下拉列表进行选择。最后单击“确定”按钮，在单元格中会出现“= SUM（）”。对 SUM 函数而言，它可以使用从数值 1 开始直到数值 30 共 30 个参数。对上面的公式来说，首先应当把光标放在括号中 ，单击工作簿中的“Sheet2!”工作表标签，连续选择 A1:A16 区域，按住【Ctrl】键，单击“Sheet 3 !”，选择 B2:B9 区域，回车即可。

上述方法的最大优点是引用的区域很准确，特别是三维引用时不容易发生工作表或工作簿名称输入错误的问题。

（2）编辑栏输入

如果用户要套用某个现成公式，或者输入一些嵌套关系复杂的公式，利用编辑栏输入更加快捷。

首先选中存放计算结果的单元格；鼠标单击 WPS 表格 编辑栏，按照公式的组成顺序依次输入各个部分，公式输入完毕后，单击编辑栏中的“输入”（即“√”）按钮（或回车）即可。手工输入时同样可以采取上面介绍的方法引用区域，以公式“= SUM（Sheet2!A1:A6，Sheet3!B2:B9）”为例，用户可以先在编辑栏中输入“= SUM（）”，然后将光标插入括号中间，再按上面介绍的方法操作即引用输入公式。但是分隔引用之间的逗号必须用手工输入，而不能像“插入函数”对话框那样自动添加。重要说明：手动输入的时候所有的符号必须在英文模式下输入，常用的符号有双引号、逗号、括号，输入条件的时候如果是文本必须加双引号，例如下面的 IF 公式：IF（D3 =“销售人员”，1000，800）。

4. 修改公式与函数

如果想要修改公式或者函数，可以使用下面两种方式进行修改：

方法 1：双击公式所在单元格，这时进入公式编辑状态，直接在单元格或者在公式编辑栏的公式中单击修改位置，这时光标定位在修改位置，可以手动修改公式。

方法 2：单击公式所在单元格，点击公式编辑栏左边的 fx 按钮，会弹出相应的公式对话框，根据对话框进行修改。提示：如果对公式不熟悉，建议用这种方法。

5. 公式的运算顺序

公式输入完毕后，公式遵循特定的先后顺序，优先级高的先进行运算，相同运算级别的时候从左至右进行计算，当然，如果想要更改顺序，可以用括号，这和我们的数学计算一样，不再赘述。

6. 了解函数类型

WPS 表格为用户提供了 6 种常用的函数类型，分别为：财务函数、逻辑函数、文本函数、日期和时间函数、查找与引用函数、数学和三角函数。

逻辑函数可以进行真假值的判断；文本函数主要是处理字符串；日期和时间函数可以处理日期型或日期时间型数据；查找与引用函数主要处理数据清单中查找特定的值；数学和三角函数可以处理简单的计算；财务函数可以满足一般的财务计算。

了解了什么是公式和函数之后，我们通过完成下面的任务，来学习如何输入公式、复制公式和修改公式及函数等。

素材下载：跟练材料-源文件.xlsx

任务实施

打开“任务 2-跟练材料-源文件.xlsx”。

1. 提取客户的出生年月

身份证号码中有省份代码、出生日期、性别代码等信息，现在需要从身份证号码中提取出生日期，进一步计算出年龄。

微课：客户回访信息表完善

从一长串的字符中截取其中的部分字符，有三个文本函数，分别是 LEFT、MID、RIGHT。LEFT 函数是从左往右计算字符个数来截取字符；MID 函数可以从中间的某一位开始，截取任意位数字符；RIGHT 函数是从右往左计算字符个数来截取字符。出生年月信息在身份证号码的中部，因此使用 MID 函数。

操作步骤如下：

Step01 从身份证号码中提取第 7 ~ 14 位数字

选择单元格 F4，在“公式”菜单中选择“文本”—“MID”，在弹出的对话框中，在字符串中选择 E4 单元格，开始位置输入 7，字符个数输入 8，如图 3-2-2 所示。

Step02 公式复制到其他单元格

点击确定，然后将光标放在 F4 右下角，呈黑色十字形时下拉填充公式，即可从所有员工的身份证号码中截取出生日期。

Step03 转换成日期格式

由于截取出的字符是数字，需要将它转换成日期格式，如将 19880102 这串数字转换成 1988-01-02 日期格式，需要用到文本函数 TEXT。在 F 列右边增加一列，用来将日期格式进行转换，G3 单元格中输入“出生日期 2”，选择单元格 G4，在“公式”菜单中选择“文本”—“TEXT”，在弹出的对话框中，在值选择 F4 单元格，数值格式中输入“0000-00-00”（输入的双引号必须是英文状态下的双引号），如图 3-2-3 所示。

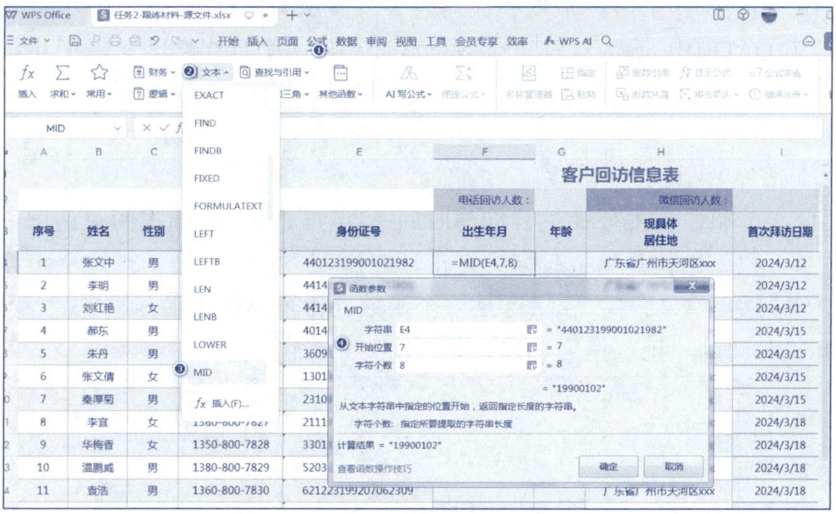

图 3-2-2 数字提取

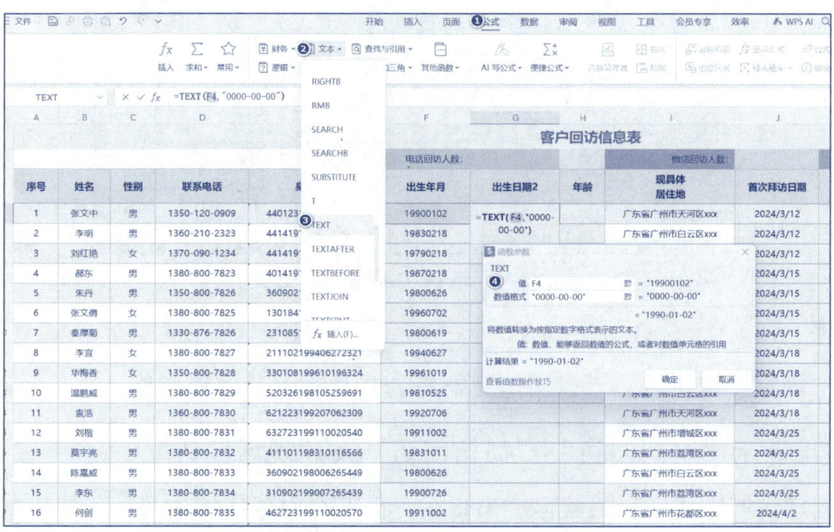

图 3-2-3 转换日期格式

【知识拓展】

函数嵌套

在上面的出生日期提取中，使用到了 MID 和 TEXT 两个函数，可以将这个两个函数合并在一起，这就是函数嵌套。嵌套就是函数里面又套有函数。

比如上面的任务中，可以在 F4 单元格中输入“= TEXT（MID（E4，7，8）” 0000-00-00”），计算完成后，可以将“出生日期 2”列删除。

2. 计算客户的年龄

提取中出生年月之后，要计算年龄，年龄是当前的日期减去出生年月。当前日期可以使用 NOW 函数，这个函数不需要任何参数，显示当前日期，比如 2024/1/26。两个日期相减使用 DATEDIF 函数，这个函数可以计算出两个日期之间相隔了几年、几月或者几天。

操作步骤如下：

Step01　选择 DATEDIF 函数

选择 H4 单元格，点击公式—日期与时间—DATEDIF，在弹出的对话框中，开始日期选择 G4 单元格，也就是出生日期；终止日期输入“NOW（）”，这个函数虽然不用输入参数，也要加上双括号，表示这是一个函数；比较单位中输入“Y”，表示两个日期之间的相隔时间以“年”作为单位，如图 3-2-4 所示。

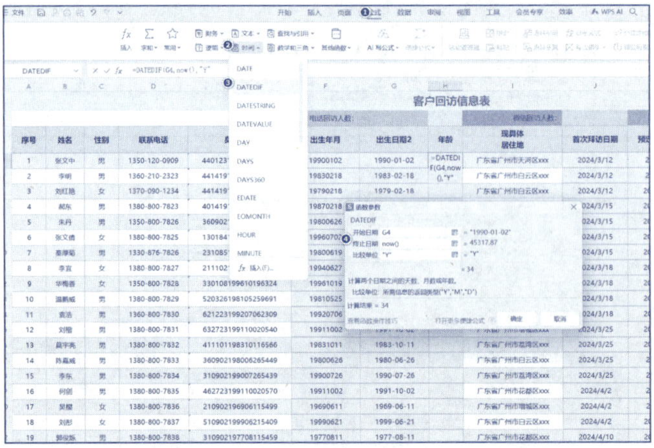

图 3-2-4　选择 DATEDIF 函数

Step02　公式复制到其他单元格

单击“确定”按钮后，可以用填充柄将公式复制到其他单元格，完成年龄的计算。

3. 突出显示“电话回访”“微信回访”及“现场回访”

需要对“访问方式”列的数据突出显示，重点突出现场回访等，可使用条件格式功能进行设置。

操作步骤如下：

Step01 “现场回访”客户使用“浅红填充色深红色文本”

选择需要设置的区域范围，这里是 M4:M30，点击“开始—条件格式—突出显示单元格格式—文本包含”，在弹出的对话框进行设置，左侧可以输入条件“现场回访”，如图 3-2-5 所示。也可以直接点击 M 列中“现场回访”的任何一个单元格，如果不想输入文字，直接点击单元格引用则更方便。

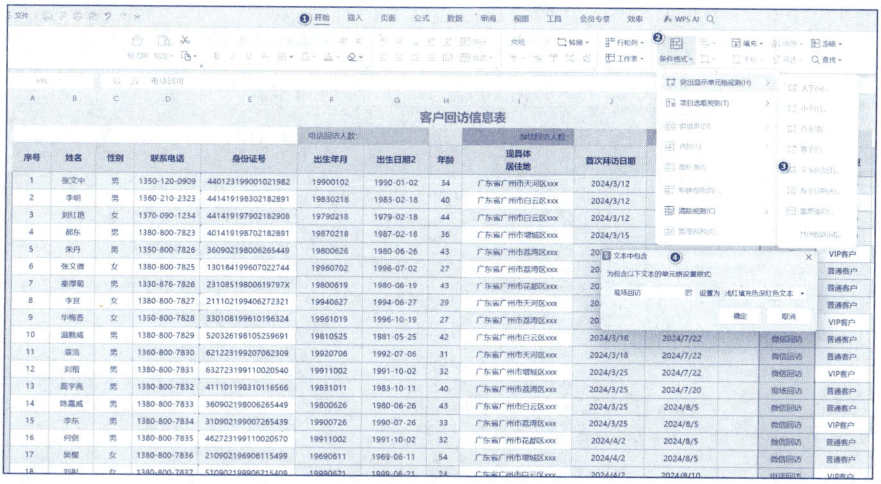

图 3-2-5 使用“浅红填充色深红色文本”

Step02 “电话回访”人员使用“黄填充色深黄色文本”

按 Step 01 的步骤进行操作。

Step03 “微信回访”人员使用“绿填充色深绿色文本”

按 Step01 步骤进行操作，最终结果如图 3-2-6 所示。

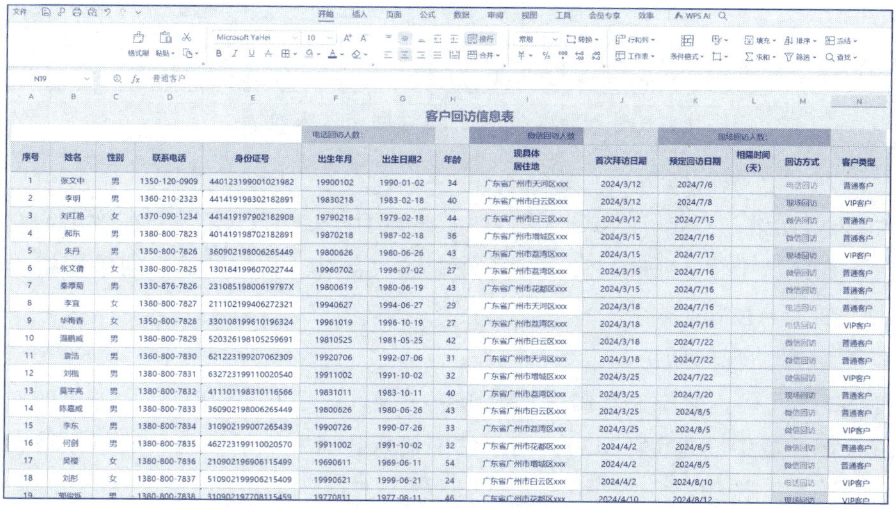

图 3-2-6 最终结果

4. 统计显示电话回访/现场回访/微信回访人数

在“回访方式”一列，有三类情况，分别是电话回访、微信回访、现场回访，如需要分别统计各有多少人，可以使用条件计数函数 COUNTIF，这个函数的功能是计算区域中满足给定条件的单元格的个数，条件可以是数字、表达式或文本形式定义。

微课：客户回访信息表统计

操作步骤如下：

Step01 计算“电话回访”人数

选择 H2 单元格，点击“公式—其他函数—统计—COUTNIF”，在弹出的对话框进行设置，在区域中输入 M4:M30，在条件中输入含有“电话回访”的单元格，如 M4，如图 3-2-7 所示，然后点击“确定”按钮。

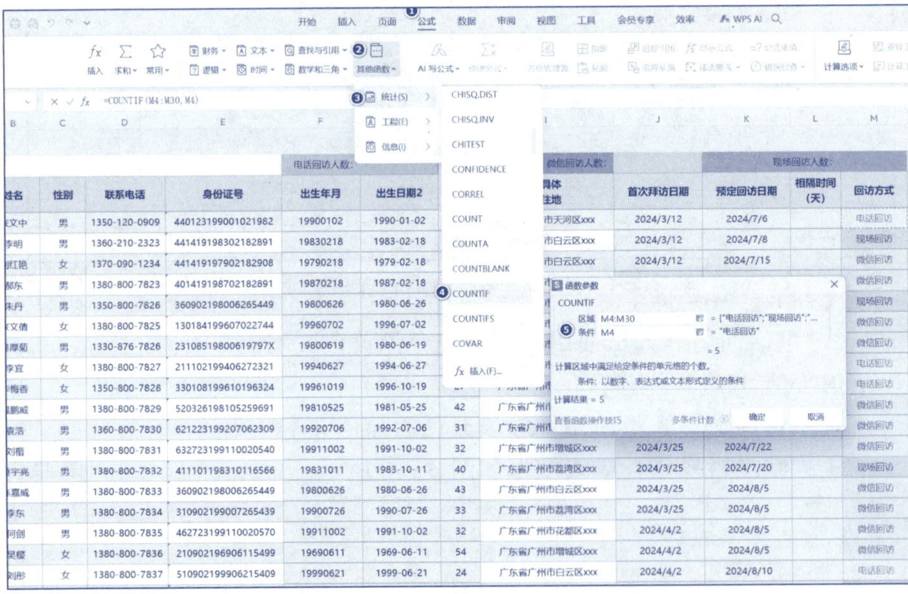

图 3-2-7 计算“电话回访”人数

Step02 计算“微信回访”人数

选择 J2 单元格，点击“公式—其他函数—统计—COUTNIF”，在弹出的对话框中进行设置，在区域中输入 M4:M30，在条件中输入含有“微信回访”的单元格，如 M6，然后点击“确定”按钮。

Step03 计算“现场回访”人数

选择 N2 单元格，点击“公式—其他函数—统计—COUTNIF”，在弹出的对话框中进行设置，在区域中输入 M4:M30，在条件中输入含有“现场回访”的单元格，如 M5，然后点击“确定”按钮。

完成这个子任务后结果如图 3-2-8 所示。

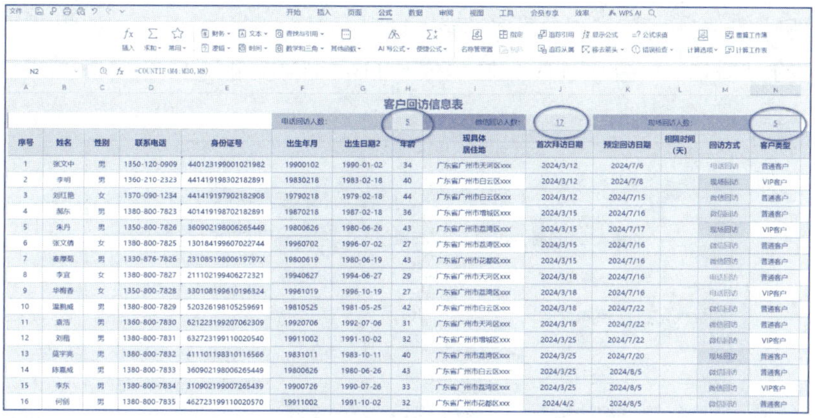

图 3-2-8 完成结果

【知识拓展】

单元格的绝对引用应用

在上面的子任务中，计算三类人员，使用到的都是 COUNTIF 函数，那这个函数能从 H2 单元格复制到 J2 单元格、N2 单元格吗？复制后参数需要做哪些改变？

可以在 H2 单元格中输入 =COUNTIF（$M$4：$M$30，“电话回访”），然后将公式复制到 J2 单元格，修改条件，即 =COUNTIF（$M$4：$M$30，“微信回访”），同理，可将公式复制到 N2 单元格，修改条件，即 =COUNTIF（$M$4：$M$30，“现场回访”）。在这里引用的单元格是绝对引用方式。

5. 统计相隔时间（天）并修改显示格式

相隔时间（天），可以使用面学到的 DATEDIF 函数，只需要将对话框中的比较单位修改成“D”，如图 3-2-9 所示。

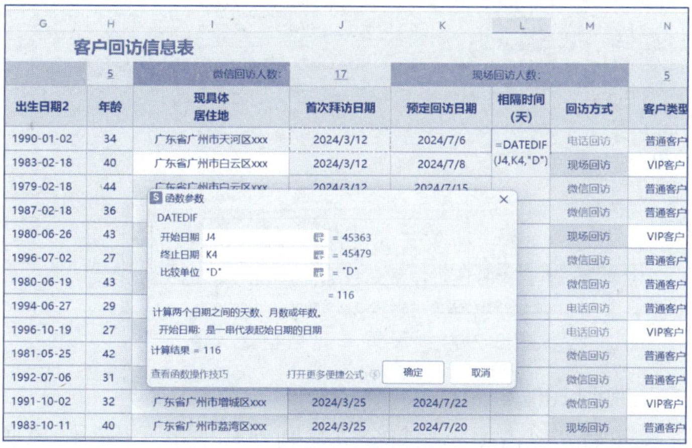

图 3-2-9 输入统计函数及参数

单击“确定”按钮后，L4 单元格显示 116，如图 3-2-10 所示。如果需要将得出的结果按用户的习惯显示，如“116”显示成“116 天”，可以在单元格格式对话框中设置修改。

信回访人数:	17	现场回访人数:			5
	首次拜访日期	预定回访日期	相隔时间（天）	回访方式	客户类型
河区xxx	2024/3/12	2024/7/6	116	电话回访	普通客户
云区xxx	2024/3/12	2024/7/8		现场回访	VIP客户
云区xxx	2024/3/12	2024/7/15		微信回访	普通客户
城区xxx	2024/3/15	2024/7/16		微信回访	普通客户
湾区xxx	2024/3/15	2024/7/17		现场回访	VIP客户
湾区xxx	2024/3/15	2024/7/16		微信回访	普通客户
都区xxx	2024/3/15	2024/7/16		微信回访	普通客户

图 3-2-10　统计相隔天数结果

操作步骤如下：

Step01　设置单元格自定义格式

选择区域范围，这里是 L4:L30，然后使用快捷键【Ctrl+1】，打开“单元格格式”对话框，在数字选项的分类中，选择自定义，接着在类型中输入 00”天”如图 3-2-11 所示。

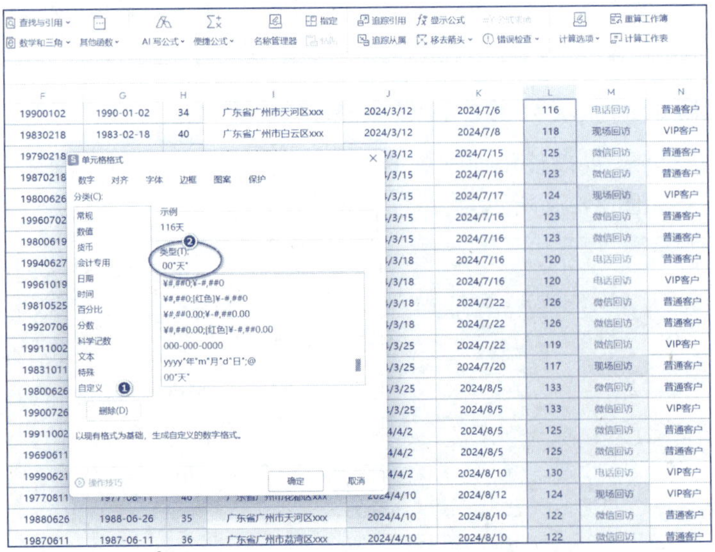

图 3-2-11　设置单元格自定义格式

Step02　公式复制到其他单元格

点击“确定”按钮后，双击填充柄将公式复制到其他单元格。结果如图 3-2-12 所示。

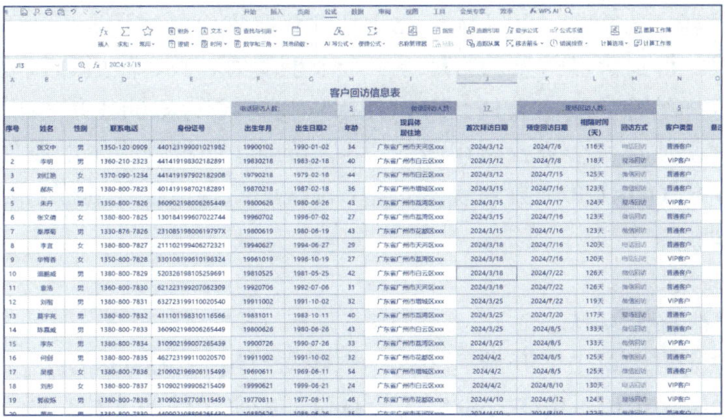

J13 f_x 2024/3/18

客户回访信息表													
					电话回访人数:		5	微信回访人数		17	现场回访人数:		5
序号	姓名	性别	联系电话	身份证号	出生年月	出生日期2	年龄	现具体居住地	首次拜访日期	预定回访日期	相隔时间(天)	回访方式	客户类型
1	张文中	男	1350-120-0909	440123199001021982	19900102	1990-01-02	34	广东省广州市天河区xxx	2024/3/12	2024/7/6	116天	电话回访	普通客户
2	李明	男	1360-210-2323	441419198302182891	19830218	1983-02-18	40	广东省广州市白云区xxx	2024/3/12	2024/7/8	118天	现场回访	VIP客户
3	刘红艳	女	1370-090-1234	441419197902182908	19790218	1979-02-18	44	广东省广州市白云区xxx	2024/3/12	2024/7/15	125天	微信回访	普通客户
4	郝东	男	1380-800-7823	401419198702182891	19870218	1987-02-18	36	广东省广州市增城区xxx	2024/3/15	2024/7/16	123天	微信回访	普通客户
5	朱丹	男	1350-800-7826	360902198006265449	19800626	1980-06-26	43	广东省广州市荔湾区xxx	2024/3/15	2024/7/17	124天	现场回访	VIP客户
6	张文倩	女	1380-800-7825	130184199607022744	19960702	1996-07-02	27	广东省广州市荔湾区xxx	2024/3/15	2024/7/16	123天	微信回访	普通客户
7	秦厚菊	男	1330-876-7826	231085198006197977X	19800619	1980-06-19	43	广东省广州市花都区xxx	2024/3/15	2024/7/16	123天	微信回访	普通客户
8	李宜	女	1380-800-7827	211102199406272321	19940627	1994-06-27	29	广东省广州市天河区xxx	2024/3/18	2024/7/16	120天	电话回访	普通客户
9	华梅香	女	1350-800-7828	330108199610196324	19961019	1996-10-19	27	广东省广州市荔湾区xxx	2024/3/18	2024/7/16	120天	电话回访	VIP客户
10	温鹏威	男	1380-800-7829	520326198105259691	19810525	1981-05-25	42	广东省广州市白云区xxx	2024/3/18	2024/7/22	126天	微信回访	普通客户
11	董浩	男	1360-800-7830	621223199207062309	19920706	1992-07-06	31	广东省广州市天河区xxx	2024/3/18	2024/7/22	126天	微信回访	普通客户
12	刘凯	男	1380-800-7831	632723199110020540	19911002	1991-10-02	32	广东省广州市增城区xxx	2024/3/25	2024/7/22	119天	微信回访	VIP客户
13	夏宇亮	男	1380-800-7832	411101198310116566	19831011	1983-10-11	40	广东省广州市荔湾区xxx	2024/3/25	2024/7/20	117天	现场回访	普通客户
14	陈嘉威	男	1380-800-7833	360902198006265449	19800626	1980-06-26	43	广东省广州市白云区xxx	2024/3/25	2024/8/5	133天	微信回访	普通客户
15	李东	男	1380-800-7834	310902199007265439	19900726	1990-07-26	33	广东省广州市荔湾区xxx	2024/3/25	2024/8/5	133天	微信回访	VIP客户
16	何剑	男	1380-800-7835	462723199110020570	19911002	1991-10-02	32	广东省广州市花都区xxx	2024/4/2	2024/8/5	125天	微信回访	普通客户
17	吴樱	女	1380-800-7836	210902196906115499	19690611	1969-06-11	54	广东省广州市增城区xxx	2024/4/2	2024/8/5	125天	微信回访	普通客户
18	刘彤	女	1380-800-7837	510902199906215409	19990621	1999-06-21	24	广东省广州市白云区xxx	2024/4/2	2024/8/10	130天	电话回访	VIP客户
19	郭俊栋	男	1380-800-7838	310902197708115459	19770811	1977-08-11	46	广东省广州市花都区xxx	2024/4/10	2024/8/12	124天	现场回访	VIP客户

图 3-2-12 完成后的结果

6. 统计客户的籍贯

在这个子任务中，需要有另外一张工作表，里面有省份代码和省份名称的对应关系，如图 3-2-13 所示。同时，将上面的这张表，在“出生日期”列的左侧加一列，标题为籍贯，如图 3-2-14 所示。

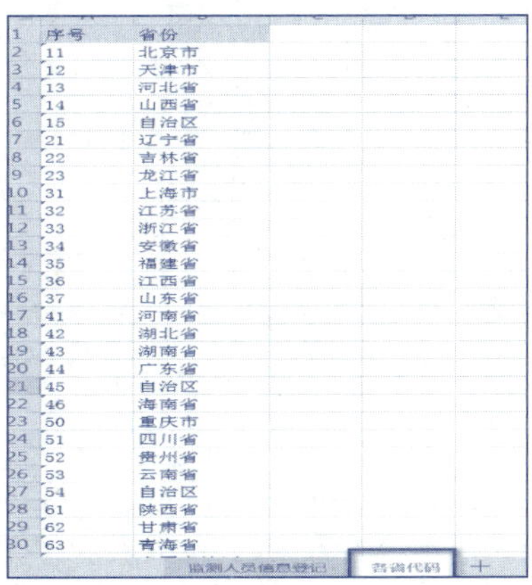

序号	省份
11	北京市
12	天津市
13	河北省
14	山西省
15	自治区
21	辽宁省
22	吉林省
23	龙江省
31	上海市
32	江苏省
33	浙江省
34	安徽省
35	福建省
36	江西省
37	山东省
41	河南省
42	湖北省
43	湖南省
44	广东省
45	自治区
46	海南省
50	重庆市
51	四川省
52	贵州省
53	云南省
54	自治区
61	陕西省
62	甘肃省
63	青海省

图 3-2-13 省份代码工作表

G6 f_x =MID(E6,7,8)

客户回访信息表									
						电话回访人数:	5	微信回访人数	
序号	姓名	性别	联系电话	身份证号	籍贯	出生年月	出生日期2	年龄	现具体居住地
1	张文中	男	1350-120-0909	440123199001021982		19900102	1990-01-02	34	广东省广州市天河区xxx
2	李明	男	1360-210-2323	441419198302182891		19830218	1983-02-18	40	广东省广州市白云区xxx
3	刘红艳	女	1370-090-1234	441419197902182908		19790218	1979-02-18	44	广东省广州市白云区xxx
4	郝东	男	1380-800-7823	401419198702182891		19870218	1987-02-18	36	广东省广州市增城区xxx
5	朱丹	男	1350-800-7826	360902198006265449		19800626	1980-06-26	43	广东省广州市荔湾区xxx
6	张文倩	女	1380-800-7825	130184199607022744		19960702	1996-07-02	27	广东省广州市荔湾区xxx
7	秦厚菊	男	1330-876-7826	231085198006197977X		19800619	1980-06-19	43	广东省广州市花都区xxx
8	李宜	女	1380-800-7827	211102199406272321		19940627	1994-06-27	29	广东省广州市天河区xxx
9	华梅香	女	1350-800-7828	330108199610196324		19961019	1996-10-19	27	广东省广州市荔湾区xxx
10	温鹏威	男	1380-800-7829	520326198105259691		19810525	1981-05-25	42	广东省广州市白云区xxx

图 3-2-14 增加一列”籍贯“

如果想统计客户的籍贯，可以从身份证号中获取省份的编码，再从编码对应的省份信息表中去查找，得到籍贯信息。那是否一个个手动去查找，然后通过复制粘贴的方式统计出来呢？这样处理的效率太低，可以使用查找函数 VLOOKUP 实现。

VLOOKUP 函数是一个查找引用函数，可以帮助我们根据指定的条件快速查找匹配出相应的结果。VLOOKUP 函数的表达式是：VLOOKUP（查找的值、查找的区域、返回的列数、查找模式）。

操作步骤如下：

Step01　截取省份编码

选择 F4 单元格，单击“开始—公式—查找与引用—VLOOKUP”，在弹出的对话框中，查找值为省份编码，由于省份编码为身份证号码中的前 3 位，可以使用前面所学的文本函数，这里用 LEFT，表示从左边开始截取，长度为 3，即查找值中输入 Left（E4，3），如图 3-2-15 所示。

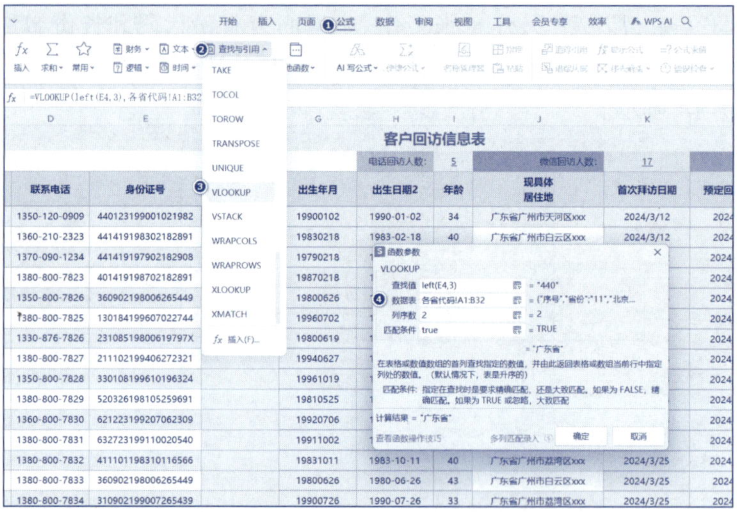

图 3-2-15　用 VLOOKUP 函数截取省份编码

Step02　选取查找表

在对话框中，数据表就是提供数据来源的另外一张工作表。在这里，直接用鼠标点击“各省代码”工作表，然后选择全部数据范围。

Step03　输入籍贯名称所在的列序号

列序号是指在“各省代码”工作表中，省份名称所在的列号，A 为 1，B 为 2，以此类推，在这里，省份名称在 B 列，因此直接输入 2。

Step 04　查找的匹配条件

最后一个参数是指查找是精确查找还是模糊查找，如果忽略则是大致匹配。在这里，输入“True”。

参数输入可以参照图 3-2-15。

Step05　修改公式并复制公式到其他单元格

要将公式复制到其他单元格，需要对这个公式进行修改，在对话框的数据表位置修改，也可以直接在编辑栏修改，将单元格区域的相对引用范围修改为绝对引用范围，如图 3-2-16 所示，修改之后再确定。然后使用填充柄将公式复制到其他单元格（可以双击填充柄进行公式复制）。

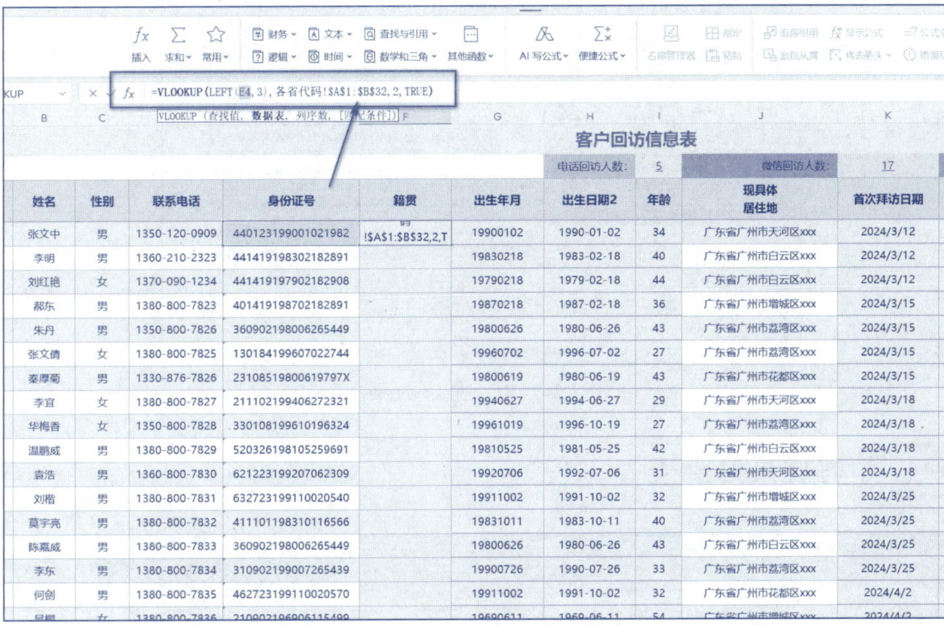

图 3-2-16　参数输入

实践探索

李晓红在某电子公司的人力资源部门工作，她现在需要给公司的实习生做 9 月份的工资表。她需要根据部门的不同填写相应的工资，并对应到实习生的银行账号。

素材下载：任务 2-实践-源文件.xlsx。

“任务 2-实践-源文件”应当满足以下要求：

使用 IF 函数在“发放金额”中输入工资数额，销售部实习生 3 800，其他部门实习生 3 400。

使用查找函数 VLOOKUP，根据“银行账号”工作表的员工银行账号，在“奖金发放”工作表中添加银行账号。

在 D23 单元格计算发放的总金额：用求和函数 SUM()。

在 E24 添加制作表人：李晓红。

在 E25 添加制作日期：用日期函数 NOW()。

最终结果如图 3-2-17 所示。

素材下载：实践-源文件.xlsx

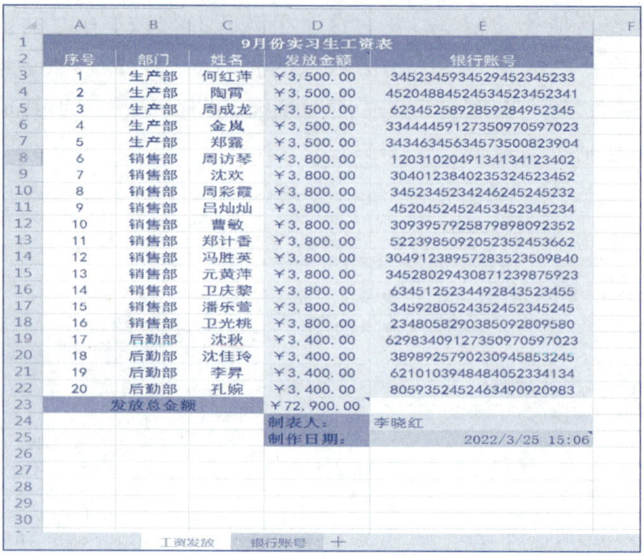

9月份实习生工资表				
序号	部门	姓名	发放金额	银行账号
1	生产部	何红萍	￥3,500.00	3452345934529452345233
2	生产部	陶雨	￥3,500.00	45204884524534523452341
3	生产部	周成龙	￥3,500.00	6234525892859284952345
4	生产部	金岚	￥3,500.00	33444459127350970597023
5	生产部	郑露	￥3,500.00	34346345634573500823904
6	销售部	周访琴	￥3,800.00	1203102049134134123402
7	销售部	沈欢	￥3,800.00	3040123840235324523452
8	销售部	周彩霞	￥3,800.00	3452345234246245245232
9	销售部	吕灿灿	￥3,800.00	4520452452453452345234
10	销售部	曹敏	￥3,800.00	3093957925879898092352
11	销售部	郑计香	￥3,800.00	5223985092052352453662
12	销售部	冯胜英	￥3,800.00	30491238957283523509840
13	销售部	元黄萍	￥3,800.00	34528029430871239875923
14	销售部	卫庆黎	￥3,800.00	6345125234492843523455
15	销售部	潘乐萱	￥3,800.00	3459280524352452345245
16	销售部	卫光桃	￥3,800.00	2348058290385092809580
17	后勤部	沈秋	￥3,400.00	62983409127350970597023
18	后勤部	沈佳玲	￥3,400.00	3898925790230945853245
19	后勤部	李昇	￥3,400.00	6210103948484052334134
20	后勤部	孔婉	￥3,400.00	8059352452463490920983
发放总金额			￥72,900.00	
			制表人：	李晓红
			制作日期：	2022/3/25 15:06

工资发放　银行账号

图 3-2-17　最终效果

学习成果自查表

要点		掌握程度		
		未掌握	基本掌握	熟练掌握
VLOOKUP	查找值			
	数据表			
	列序号			
	匹配条件			
DATEDIF	比较单位			
LEFT、MID	提取位置			
	字符个数			
COUNTIF	条件输入			
TEXT	格式书写			

任务三 产品销售情况统计

任务目标

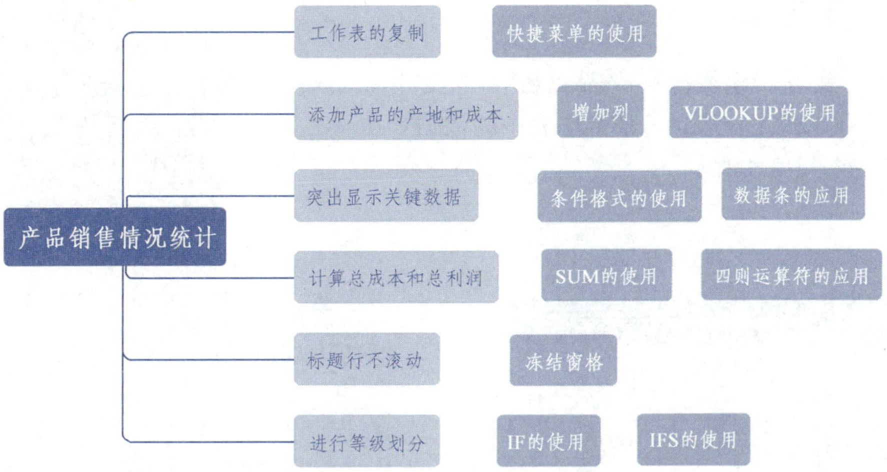

任务描述

李慧毕业顶岗实习去了一家文具销售公司，经理给了她一份公司员工的销售汇总表，如图 3-3-1 所示。经理要求李慧在这张表中增加产品的产地和成本价，计算出销售的利润，同时对销售利润进行梯度划分，做一张对后续销售有指导作用的表格。

上半年文具产品销售汇总表						
销售单号	员工姓名	月份	产品	销售量	单价	总销售额
HYSH001	徐娜娜	1	剪刀	78	15	1170
HYSH002	徐娜娜	1	量角器	175	7	1225
HYSH003	徐娜娜	1	铅笔	119	20	2380
HYSH004	徐娜娜	1	签字笔	184	22	4048
HYSH005	徐娜娜	1	橡皮	217	25	5425
HYSH006	徐娜娜	1	胶水	206	20	4120
HYSH007	徐娜娜	1	笔记本	107	5	535
HYSH008	徐娜娜	1	计算器	184	25	4600
HYSH009	徐娜娜	2	剪刀	101	15	1515
HYSH010	徐娜娜	2	量角器	75	7	525
HYSH011	徐娜娜	2	铅笔	227	20	4540
HYSH012	徐娜娜	2	签字笔	226	22	4972
HYSH013	徐娜娜	2	橡皮	113	25	2825
HYSH014	徐娜娜	2	胶水	136	20	2720
HYSH015	徐娜娜	2	笔记本	205	5	1025
HYSH016	徐娜娜	2	计算器	123	25	3075
HYSH017	徐娜娜	3	剪刀	127	15	1905
HYSH018	徐娜娜	3	量角器	86	7	602
HYSH019	徐娜娜	3	铅笔	184	20	3680
HYSH020	徐娜娜	3	签字笔	130	22	2860
HYSH021	徐娜娜	3	橡皮	101	25	2525

图 3-3-1　产品销售汇总表

知识准备

本任务继续学习公式与函数，公式与函数的知识准备可以参考本模块的任务二。

素材下载：跟练材料-产品销售表-源文件.xlsx

任务实施

打开“任务 3-跟练材料-产品销售表-源文件”.xlsx，工作簿中已有 3 张工作表，3 张工作表中的数据如图 3-3-2、图 3-3-3 及图 3-3-4 所示。

微课：产品销售情况整理

上半年文具产品销售汇总表

销售单号	员工姓名	月份	产品	销售量	单价	总销售额
HYSH001	徐娜娜	1	剪刀	78	15	1170
HYSH002	徐娜娜	1	量角器	175	7	1225
HYSH003	徐娜娜	1	铅笔	119	20	2380
HYSH004	徐娜娜	1	签字笔	184	22	4048
HYSH005	徐娜娜	1	橡皮	217	25	5425
HYSH006	徐娜娜	1	胶水	206	20	4120
HYSH007	徐娜娜	1	笔记本	107	5	535
HYSH008	徐娜娜	1	计算器	184	25	4600
HYSH009	徐娜娜	2	剪刀	101	15	1515
HYSH010	徐娜娜	2	量角器	75	7	525
HYSH011	徐娜娜	2	铅笔	227	20	4540
HYSH012	徐娜娜	2	签字笔	226	22	4972
HYSH013	徐娜娜	2	橡皮	113	25	2825
HYSH014	徐娜娜	2	胶水	136	20	2720
HYSH015	徐娜娜	2	笔记本	205	5	1025
HYSH016	徐娜娜	2	计算器	123	25	3075
HYSH017	徐娜娜	3	剪刀	127	15	1905
HYSH018	徐娜娜	3	量角器	86	7	602
HYSH019	徐娜娜	3	铅笔	184	20	3680

图 3-3-2　产品销售源表

产品	单位	生产地	成本价
剪刀	把	广东省阳江市	10
量角器	套	广东省东莞市	5
铅笔	盒（10支）	黑龙江省尚志市	13
签字笔	盒（10支）	浙江省丽水市	18
橡皮	盒(10个)	浙江省义乌市	20
胶水	盒（5支）	广东省广州市	12
记事本	本	广东省深圳市	3
计算器	个	浙江省宁波市	20

图 3-3-3　产品产地及成本价

产品等级划分标准	
净利润	等级
0-600（不含600）	第二梯队
600及以上	第一梯队

图 3-3-4　利润等级划分

1. 工作表的复制及添加列

有时要将工作表移动或者复制 1 份后再对移动或者复制后的工作表进行数据整理。操作步骤如下：

Step01　在需要移动或者复制的工作表名称上单击右键，弹出快捷菜单，选择“移动或复制工作表”，如图 3-3-5 所示。

Step02　在对话框中，点击建立副本，表示复制工作，不选择则表示移动工作表，在这里选择建立副本，复制的工作表可以放在同一个工作簿中，也可以放入其他工作簿中，工作表的排列位置也可以进行修改，在这里，放在同一工作簿的“产品产地及成本价”工作之前，如图 3-3-6 所示。

图 3-3-5　工作表标签上单击右键

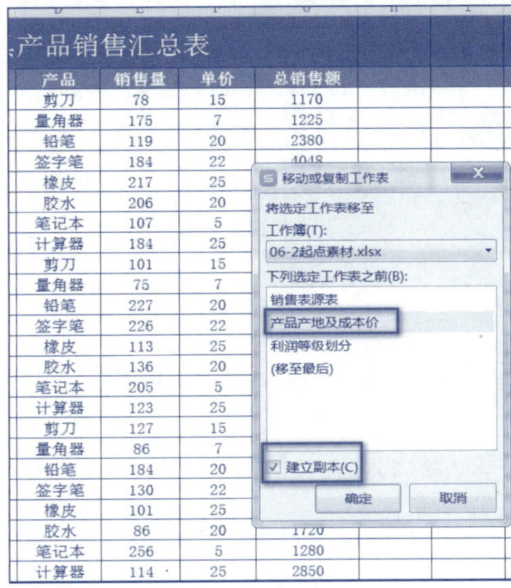

图 3-3-6　移动或者复制工作表

2. 添加产品的产地和成本

将复制后的工作表改名为“销售统计分析”，同时添加多列，添加后的列标题如图 3-3-7 所示。使用前面所学的查找函数 VLOOKUP，找出产品的生产地和成本价，公式中注意修改单元格引用，才能将公式进行复制到其他行。公式的输入可以参照图 3-3-8 和 3-3-9。

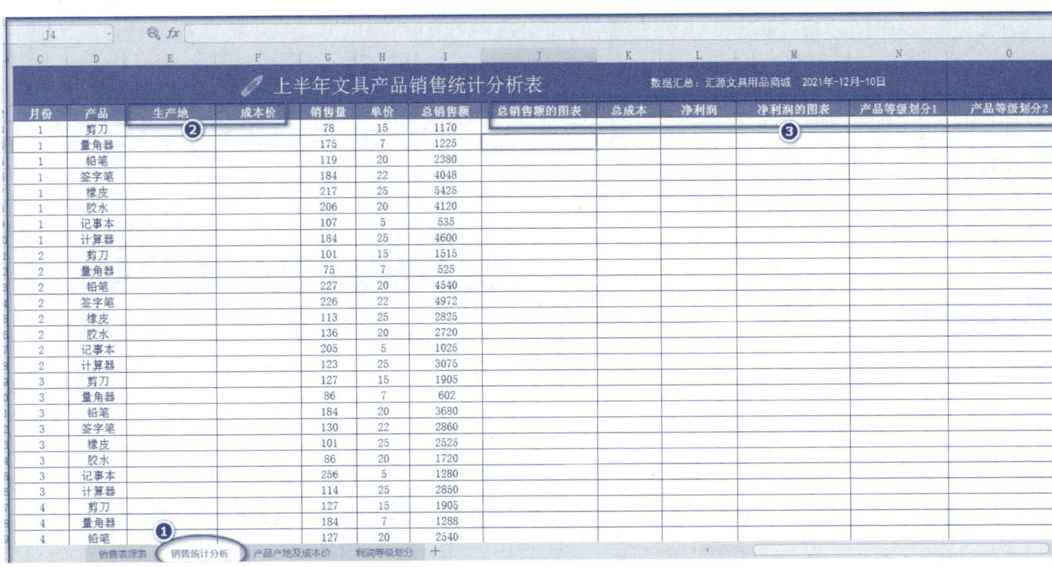

图 3-3-7　工作表改名等

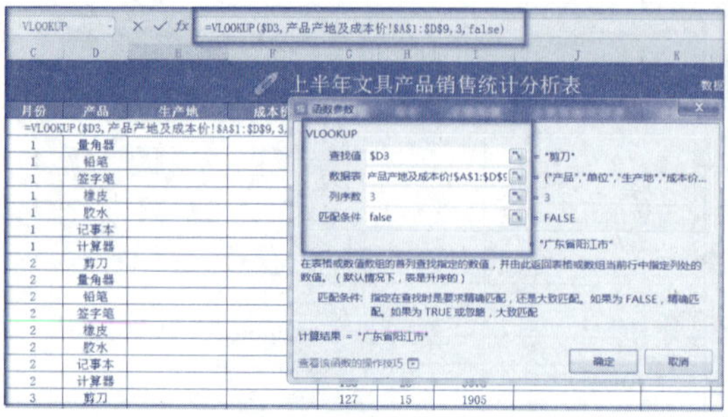

图 3-3-8 使用 VLOOKUP 函数

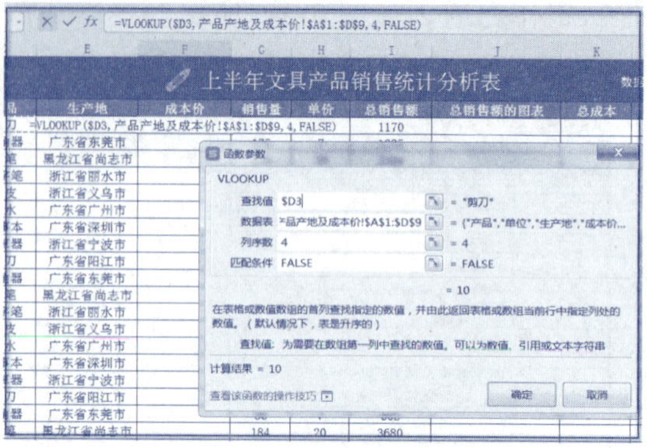

图 3-3-9 公式参数的输入

3. 突出显示关键数据

数据表中有大量的数据，想让表格中的关键数据更加直观，可以用图表展示数据的大小。

操作步骤如下：

Step01 在 J3 单元格用公式“= G3*H3”计算总销售额，并将公式复制到其他行。

Step02 点击 3 单元格，选择“开始”-“条件格式”选项中的“数据条”，在这里选择第一种数据条，如图 3-3-10 所示。

Step03 返回后，将光标放在 J3 单元格右下角呈十字形时双击，就可以“数据条”格式复制到其他行，如图 3-3-11 所示。

Step04 在图 3-3-11 中，J 列数据的显示有数值和数据条，如果不想要显示数值，只需要数据条，可以进一步进行修改。单击 J3 单元格，选择“开始”—“条件格式”选项中的“管理规则”，在弹出的“编辑规则”对话框中，选中“仅显示数据条”，如图 3-3-12 所示，数值就不再显示。

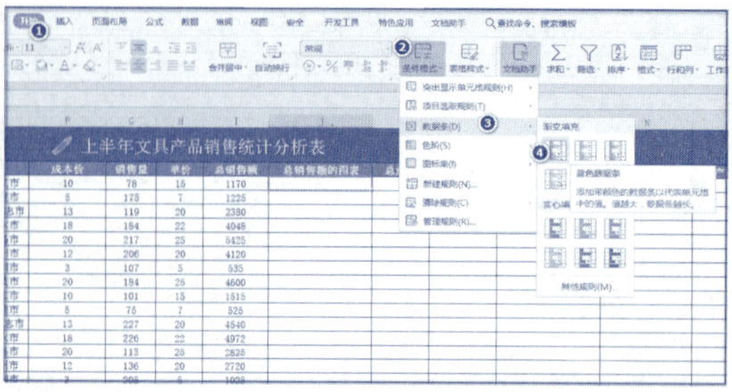

图 3-3-10 条件格式的数据条

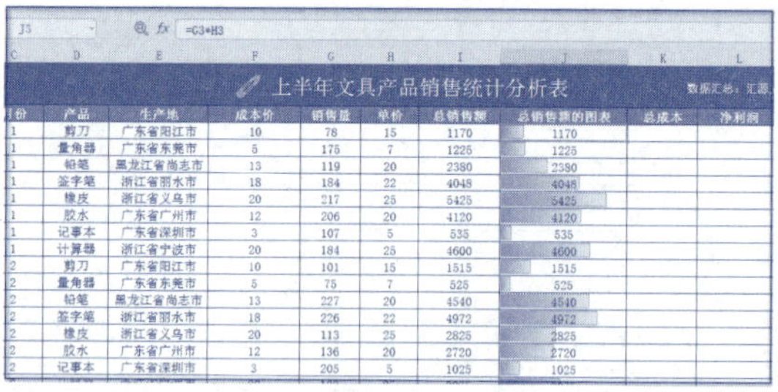

图 3-3-11 “数据条”效果图

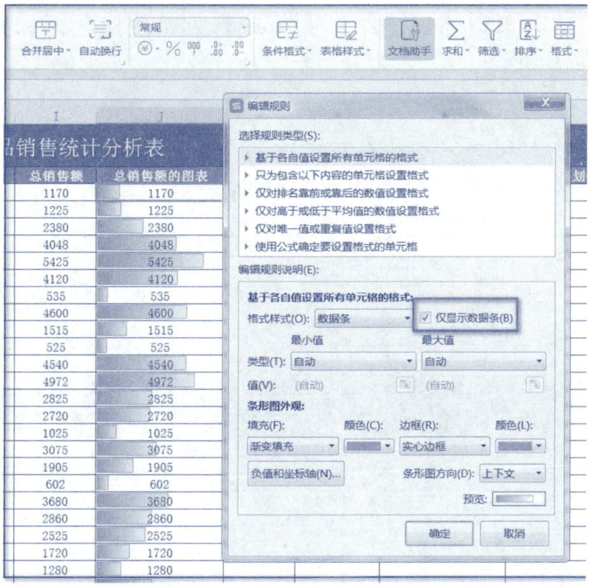

图 3-3-12　对“数据条”进行编辑

4. 计算总成本和净利润

总成本 = 成本价*销售量，点击 K3 单元格，直接输入公式“ = F3*G3”，就可以计算出总成本，再进行公式复制。净利润 = 总销售额 – 总成本，点击 L3 单元格，直接输入公式“ = J3-K3”，就可以计算出净利润，然后进行公式复制。点击 M3 单元格，直接输入公式“ = L3”，接着进行公式复制，最后用“条件格式”—图标集”—“等级”中的星形进行图表展示，结果如图 3-3-13 所示。

微课：产品销售情况统计

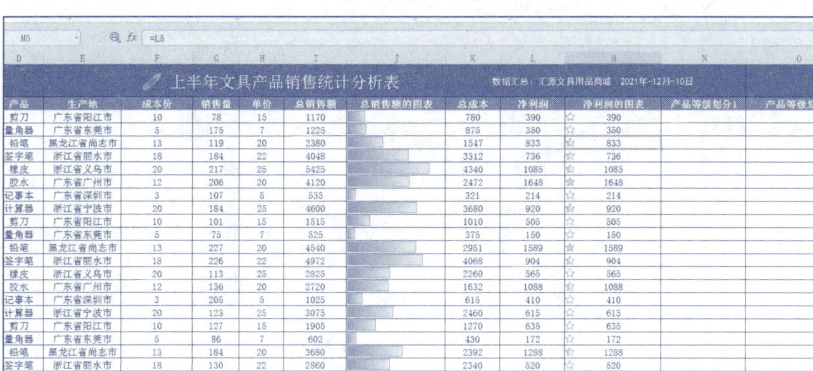

上半年文具产品销售统计分析表　数据汇总：汇源文具用品商城　2021年-12月-10日

产品	生产地	成本价	销售量	单价	总销售额	总销售额的图表	总成本	净利润	净利润的图表	产品等级划分1	产品等级划分
剪刀	广东省阳江市	10	78	15	1170		780	390	390		
量角器	广东省东莞市	5	175	7	1225		875	350	350		
铅笔	黑龙江省尚志市	13	119	20	2380		1547	833	833		
签字笔	浙江省丽水市	18	184	22	4048		3312	736	736		
橡皮	浙江省义乌市	20	217	25	5425		4340	1085	1085		
胶水	广东省广州市	12	206	20	4120		2472	1648	1648		
记事本	广东省深圳市	3	107	5	535		321	214	214		
计算器	浙江省宁波市	20	184	25	4600		3680	920	920		
剪刀	广东省阳江市	10	101	15	1515		1010	505	505		
量角器	广东省东莞市	5	75	7	525		375	150	150		
铅笔	黑龙江省尚志市	13	227	20	4540		2951	1589	1589		
签字笔	浙江省丽水市	18	226	22	4972		4068	904	904		
橡皮	浙江省义乌市	20	113	25	2825		2260	565	565		
胶水	广东省广州市	12	136	20	2720		1632	1088	1088		
记事本	广东省深圳市	3	205	5	1025		615	410	410		
计算器	浙江省宁波市	20	123	25	3075		2460	615	615		
剪刀	广东省阳江市	10	127	15	1905		1270	635	635		
量角器	广东省东莞市	5	86	7	602		430	172	172		
铅笔	黑龙江省尚志市	13	184	20	3680		2392	1288	1288		
签字笔	浙江省丽水市	18	130	22	2860		2340	520	520		
橡皮	浙江省义乌市	20	101	25	2525		2020	505	505		

图 3-3-13　条件格式中的“星形”效果

5. 标题行不滚动

本任务中数据量比较庞大，浏览后面员工的销售数据时，表头的标题看不见，对数据的查看带来不便，这时可以通过冻结标题行或者列，使标题行和标题列始终显示，不会随着光标的滚动而滚动。

操作步骤如下：

Step01 拖动行号 1 和 2，表示要冻结这两个标题数据，选择“视图”—“冻结窗格”选项中的“冻结至第 2 行”，如图 3-3-14 所示。

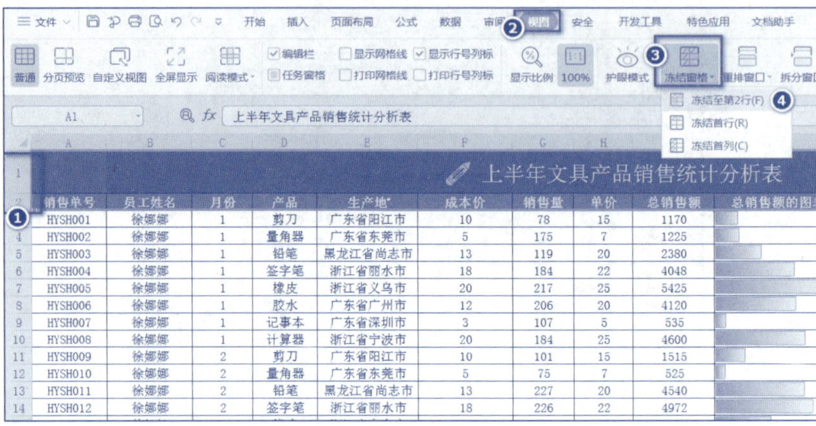

图 3-3-14　标题的冻结

Step02 冻结后，用鼠标拖动滚动条到数据表的最后一行，这时标题不会往上滚动，改善了可读性，如图 3-3-15 所示。

Step03 分别在 K243 单元格和 L243 单元格用求和函数 SUM 计算出全部的成本和利润。公式可参考图 3-3-15。

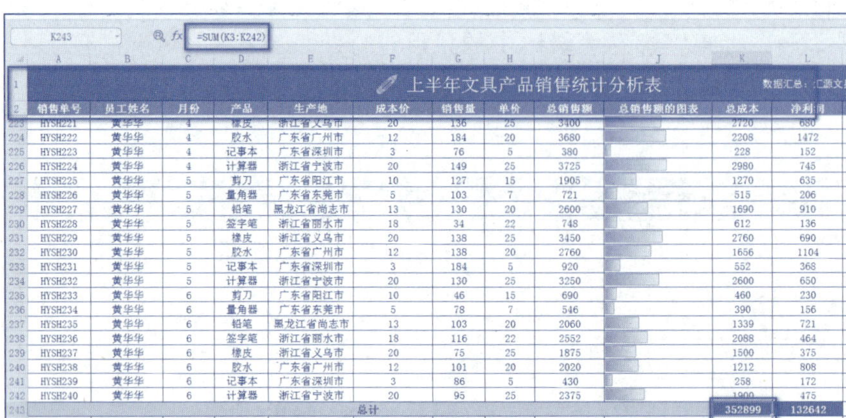

图 3-3-15　求和公式的使用

6. 进行等级划分

这里要用到逻辑函数 IF 和 IFS，前者输出两种结果，后者可以设置多个条件。

根据销售的利润进行等级划分，如果按照“利润等级划分”工作表的要求，划分出两个等级。

操作步骤如下：

Step01 选择单元格 N3，在“公式”菜单中选择“逻辑”—“IF”。

Step02 在弹出的对话框中，测试条件中输入“M3>＝600”，真值中输入“第一梯队”，假值中输入“第二梯队”，如图 3-3-16 所示。（提示：在函数中输入参数时，文本参数需要添加英文模式下的双引号，数字则不需要添加）接着将公式复制到其他行。

假设等级超过 2 个，比如 600 以上是第一梯队，400 以下第三梯队，400～600 是第二梯队，这时可以用 IFS 函数实现。

操作步骤如下：

Step01 选择单元格 O3，在“公式”菜单中选择“逻辑”—“IFS”。

Step02 在弹出的对话框中，测试条件 1 中输入“M3>＝600”，真值 1 中输入“第一梯队”，测试条件 2 中“M3>＝400”，真值 2 中输入“第二梯队”，测试条件 3 中输入“M3<400”，真值 3 中输入“第三梯队”，如图 3-3-17 所示。

本任务完成后的结果如图 3-3-18 所示。

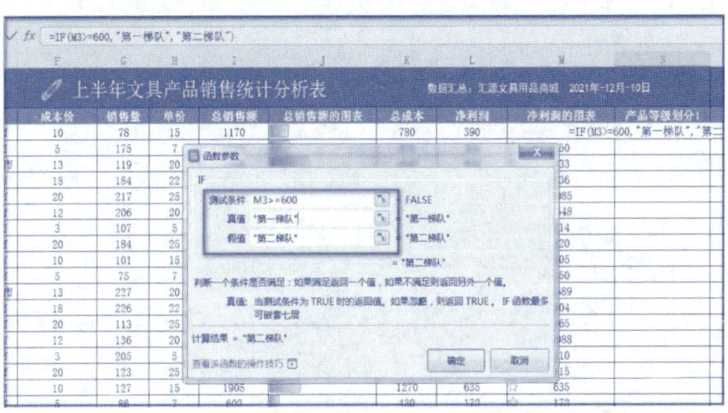

图 3-3-16 IF 函数的使用

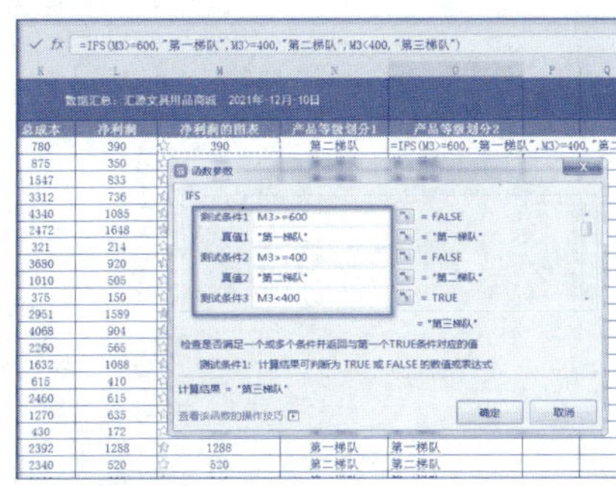

图 3-3-17 IFS 函数的使用

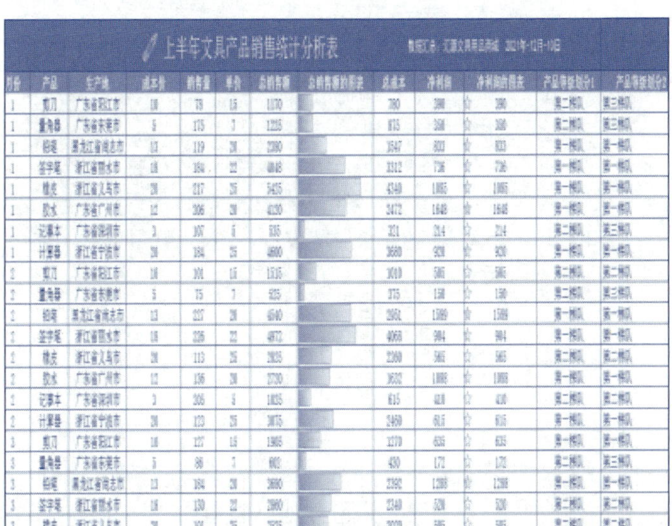

图 3-3-18 完成效果图

【操作窍门】

常见问题及其解决方法：

（1）数据区域范围大，使用鼠标拖动时，太费时间了。

选择区域范围大，这时我们可以选择单击左上角第一个单元格，将鼠标移动到右下角的最后一个单元格后，用 Shift+单击鼠标解决。

（2）如果我们需要的函数在功能区没有找到，怎么办？

这时我们可以选择公式-fx 函数，在打开的插入函数对话框中，在查找函数中直接输入函数名字，或者在类别中选择全部，通过滚动条去查找。

（3）我们在输入日期的时候，为什么会变成一串数字呢？

在系统中，日期之间也可以进行加减运算，因此，日期也可以以天数显示，系统内部是以 1900-1-1 为起点，常规格式显示为 1，解决这个问题可以在单元格格式中修改为“0000-00-00”格式等。

（4）公式输入时出错了，但是不知道出错的原因。

公式输入时出错可以根据下面的出错提示，如表 3-3-1 所示，再根据当前公式的运算情况，找到解决的办法。

表 3-3-1　出错提示信息

出错提示	可能原因
#VALUE	（1）公式语法不正确； （2）引用公式带有空字符单元格； （3）数据计算未使用正确格式； （4）运算时带有文本单元格
#NAME	（1）公式名称拼写错误； （2）公式中的文本值未添加双引号； （3）区域引用缺少冒号； （4）引用未定义的名称或已定义名称出现拼写错误
#REF	（1）表格计算中误删了数据行列； （2）引用的数据中剪切粘贴了其他公式计算出来的单元格； （3）公式中引用了无效区域或参数
#N/A	（1）查找区域不存在查找值； （2）数据类型不匹配； （3）查找数据源引用错误； （4）引用了返回值为#N/A 的函数或公式
#NULL	（1）公式中引用连续单元格区域，未加正确的区域运算符； （2）公式中引用不相交的单元格区域，未加正确的区域运算符

实践探索

张萌萌是某班的学习委员，她负责统计全班同学的期末成绩。各门课程的成绩已经从系统导入，现在她要做的是求出每个同学的平均分，排出每个学生的名次等。

素材下载：实践-学生成绩表-源文件.xlsx。

素材下载：实践-学生成绩表-源文件.xlsx

“学生成绩表”应当满足以下要求：

使用条件格式的突出显示单元格规则，将低于 60 的分数用浅红填充色深红色文本显示。

平均分可用 AVERAGE 函数，并保留为整数。

名次可用 RANK 函数，RANK 的功能是返回某数字在一列数字中相对于其他数值的大小排位。RANK（数值，引用，排位方式），其中，数值是某数字，引用是一列数字，排位方式可以根据数字大小从大到小排位（降序），也可以根据数字大小从小到大排位（升序），输入 0 或者不输入表示降序，非 0 表示升序，函数用法如图 3-3-19 所示。

用 COUNTIF 函数在 D40-H40 求出每门课程的不及格人数。它的使用方法是：COUNTIF（区域，条件），区域表示某门课程的全部成绩，条件是统计不及格，这里输入<60 即可。函数用法如图 3-3-20 所示。

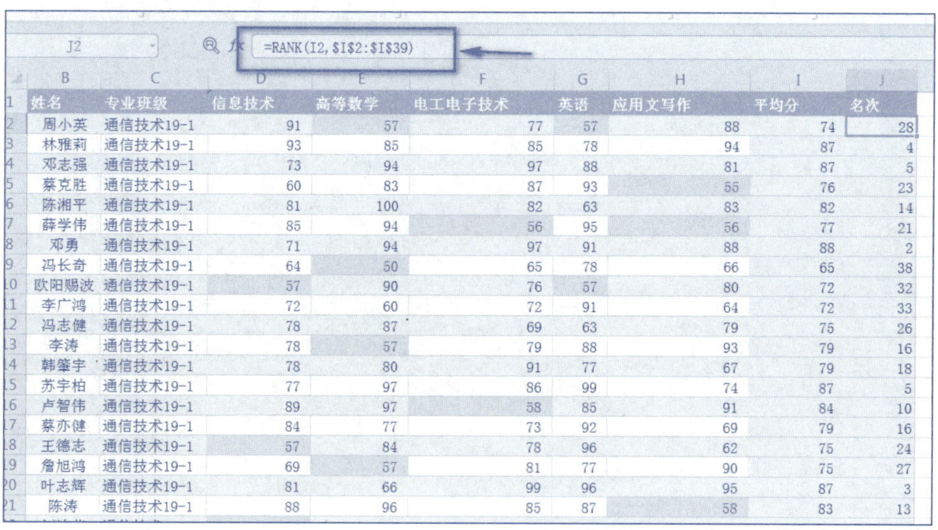
J2 =RANK(I2,$I$2:$I$39)

	B	C	D	E	F	G	H	I	J
1	姓名	专业班级	信息技术	高等数学	电工电子技术	英语	应用文写作	平均分	名次
2	周小英	通信技术19-1	91	57	77	57	88	74	28
3	林雅莉	通信技术19-1	93	85	85	78	94	87	4
4	邓志强	通信技术19-1	73	94	97	88	81	87	5
5	蔡克胜	通信技术19-1	60	83	87	93	55	76	23
6	陈湘平	通信技术19-1	81	100	82	63	83	82	14
7	薛学伟	通信技术19-1	85	94	56	95	56	77	21
8	邓勇	通信技术19-1	71	94	97	91	88	88	2
9	冯长奇	通信技术19-1	64	50	65	78	66	65	38
10	欧阳赐波	通信技术19-1	57	90	76	57	80	72	32
11	李广鸿	通信技术19-1	72	60	72	91	64	72	33
12	冯志健	通信技术19-1	78	87	69	63	79	75	26
13	李涛	通信技术19-1	78	57	79	88	93	79	16
14	韩肇宇	通信技术19-1	78	80	91	77	67	79	18
15	苏宇柏	通信技术19-1	77	97	86	99	74	87	5
16	卢智伟	通信技术19-1	89	97	58	85	91	84	10
17	蔡亦健	通信技术19-1	84	77	73	92	69	79	16
18	王德志	通信技术19-1	57	84	78	96	62	75	24
19	詹旭鸿	通信技术19-1	69	57	81	77	90	75	27
20	叶志辉	通信技术19-1	81	66	99	96	95	87	3
21	陈涛	通信技术19-1	88	96	85	87	58	83	13

图 3-3-19 RANK 函数的使用

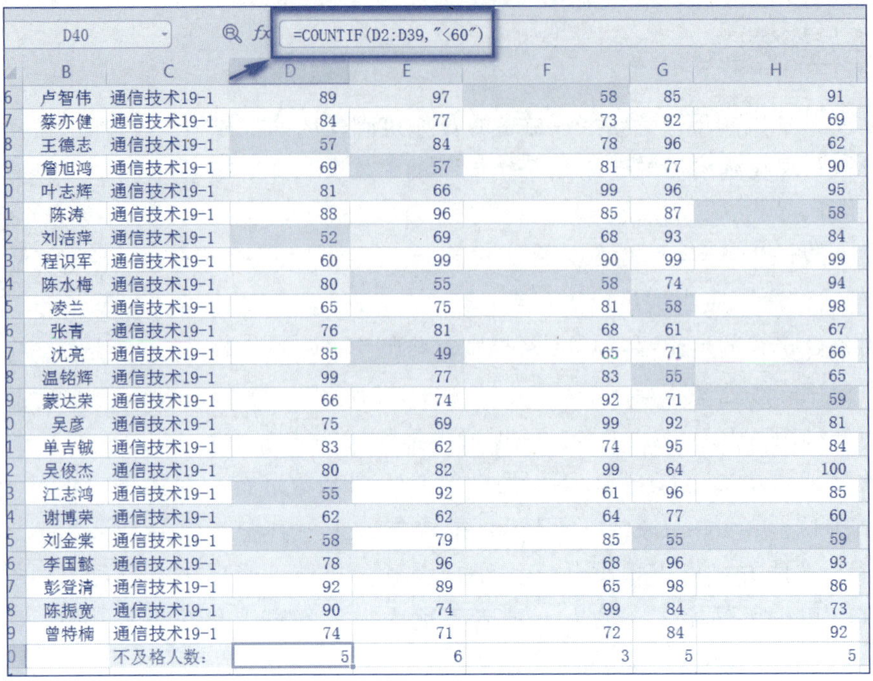

D40　fx　=COUNTIF(D2:D39,"<60")

B	C	D	E	F	G	H
卢智伟	通信技术19-1	89	97	58	85	91
蔡亦健	通信技术19-1	84	77	73	92	69
王德志	通信技术19-1	57	84	78	96	62
詹旭鸿	通信技术19-1	69	57	81	77	90
叶志辉	通信技术19-1	81	66	99	96	95
陈涛	通信技术19-1	88	96	85	87	58
刘洁萍	通信技术19-1	52	69	68	93	84
程识军	通信技术19-1	60	99	90	99	99
陈水梅	通信技术19-1	80	55	58	74	94
凌兰	通信技术19-1	65	75	81	58	98
张青	通信技术19-1	76	81	68	61	67
沈亮	通信技术19-1	85	49	65	71	66
温铭辉	通信技术19-1	99	77	83	55	65
蒙达荣	通信技术19-1	66	74	92	71	59
吴彦	通信技术19-1	75	69	99	92	81
单吉铖	通信技术19-1	83	62	74	95	84
吴俊杰	通信技术19-1	80	82	99	64	100
江志鸿	通信技术19-1	55	92	61	96	85
谢博荣	通信技术19-1	62	62	64	77	60
刘金棠	通信技术19-1	58	79	85	55	59
李国懿	通信技术19-1	78	96	68	96	93
彭登清	通信技术19-1	92	89	65	98	86
陈振宽	通信技术19-1	90	74	99	84	73
曾特楠	通信技术19-1	74	71	72	84	92
	不及格人数:	5	6	3	5	5

图 3-3-20　COUNTIF 函数的使用

学习成果自查表

<table>
<tr><th colspan="2" rowspan="2">要点</th><th colspan="3">掌握程度</th></tr>
<tr><th>未掌握</th><th>基本掌握</th><th>熟练掌握</th></tr>
<tr><td rowspan="2">工作表复制或移动</td><td>复制到新工作簿</td><td></td><td></td><td></td></tr>
<tr><td>是否建立副本</td><td></td><td></td><td></td></tr>
<tr><td rowspan="3">突出显示关键数据（条件格式）</td><td>数据条</td><td></td><td></td><td></td></tr>
<tr><td>图标集</td><td></td><td></td><td></td></tr>
<tr><td>管理规则</td><td></td><td></td><td></td></tr>
<tr><td rowspan="2">求名次</td><td>RANK 函数</td><td></td><td></td><td></td></tr>
<tr><td>绝对引用</td><td></td><td></td><td></td></tr>
<tr><td rowspan="2">成本和利润统计</td><td>SUM 函数</td><td></td><td></td><td></td></tr>
<tr><td>四则运算</td><td></td><td></td><td></td></tr>
<tr><td rowspan="2">进行等级划分</td><td>IFS 函数</td><td></td><td></td><td></td></tr>
<tr><td>IF 函数</td><td></td><td></td><td></td></tr>
</table>

任务四 产品销售情况分析

任务目标

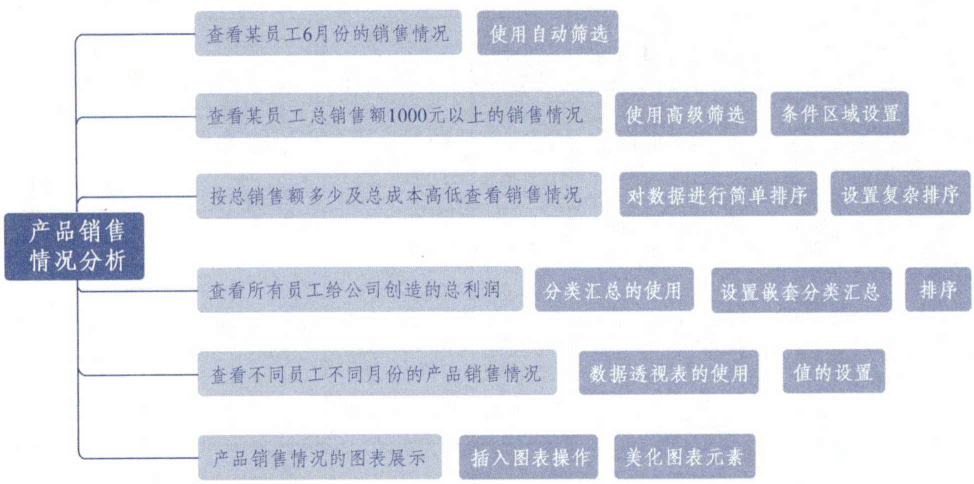

任务描述

在前一个任务中，李慧对产品销售表进行了数据统计，经理非常满意，现在又安排她另一项任务，他想了解每位销售员完成的情况，各个销售员各个月份的销售变化情况等等。因此，李慧需要完成如下目标：用排序、筛选、数据透视表、图表等显示产品销售业绩。

知识准备

1. 对数据进行筛选

筛选就是从众多的数据中将符合条件的数据快速查找并且显示出来。筛选分为基本筛选和高级筛选。基本筛选一般是筛选比较简单的数据，用户可以筛选指定内容，或者按照文本和数据特征进行筛选。使用高级筛选，一般要在表格中建立一个条件区域，将多种条件写进里面。

2. 对数据进行排序

排序是指按照指定的顺序将数据重新排列组合，是整理数据的重要手段。常见的排序方式有：简单排序、复杂排序和自定义排序，复杂排序是对工作表中的数据按照两个或两个以上的关键字进行排序。

3. 对数据进行分类汇总

在工作中有时需要对表格中的数据进行汇总统计，这时可以使用“分类汇总”功能，对单列数据或者多列数据进行分类汇总。单项分类汇总是按照某一字段的内容进行分类，并统计出汇总结果。嵌套分类汇总是在一个分类汇总的基础上，对其他字段进行再次分类汇总。

使用排序、筛选和分类汇总，能帮助用户在复杂的数据表格中生成指定的数据；使用数据透视表可以说是复杂的分类汇总，它对数据表重新进行布局，对数据的行标题和列标题重新规划，生成一张新的统计分析表；图表是数据表的形象表示，它比数据表更加直观，也是常用的一个功能。

4. 用数据透视表分析数据

除了对数据进行排序、筛选等简单的分析之外，用户还可以使用数据透视表分析大量且复杂的数据。数据透视表的最便捷之处，就在于简单的操作可实现对数据的全方位分析。

5. 数据表的图表展示

我们在听报告或者进行汇报工作的时候，一般喜欢用图表来展示数据、分析数据，因为“文不如表，表不如图”，用图表来展示数据，可以帮助大家更好地理解和记忆，使枯燥乏味的数据更加生动形象。

WPS 表格提供了 9 种图表类型，分别是柱形图、折线图、饼图、条形图、面积图、XY（散点图）、股价图、雷达图、组合图等。使用频率最高的是柱形图、折线图和饼图。

素材下载：跟练材料-产品销售表-源文件.xlsx

任务实施

打开任务 4-跟练材料-产品销售表-源文件.xls。

1. 查看某员工 6 月份的销售情况

操作步骤如下：

微课：产品销售情况筛选

Step01 选择自动筛选

光标定位在标题行，点击数据的“自动筛选”选项卡，工作表的标题行出现自动筛选提示三角符号，在“员工姓名”标题处点击打开后，去掉“全选”，然后在下拉列表选中“刘传奇”，进行筛选后的字段有一个漏斗形的按钮，表示这个字段进行了筛选，接着在在“月份”标题处点击打开后，去掉“全选”，然后在下拉列表中选中“6”。这时刘传奇 6 月份的销售情况从全部数据中筛选出来，如图 3-4-1 所示。

Step02　选择筛选形式

如果要对指定形式或者包含指定字符的文本进行筛选，如找到产地是“广东省”的产品，在“生产地”的自动筛选下拉按钮中，在“内容筛选”中输入“广东”，包含产地是广东省的产地就显示在下方了，如图 3-4-2 所示，点击“确定”按钮后，提取出产地是广东省的所有产品。

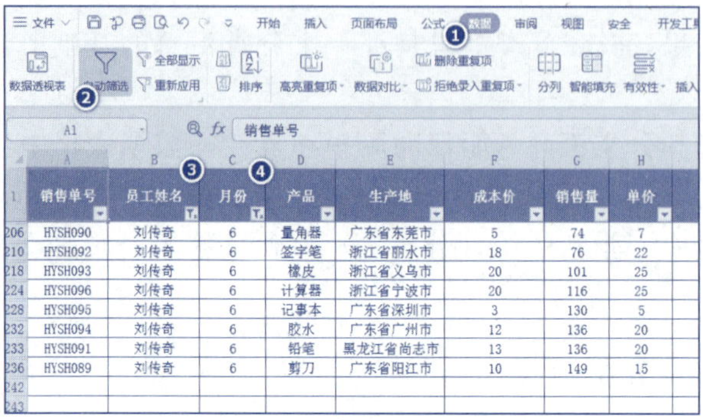

图 3-4-1　自动筛选的使用

图 3-4-2　选择筛选形式

此外，还有文本筛选、数字筛选、颜色筛选，如果想筛选出成本价 15 元以下的产品，可以使用数字筛选。

2. 查看某员工总销售额 1 000 元以上的销售情况

自动筛选的条件比较单一，而且结果显示时其他数据隐藏起来了。如果查看数据的条件较多，而且提取出的数据想放在其他工作表或者工作表中的其他位置，这时可以使用高级筛选。高级筛选需用到下面两个概念：条件区域、列表区域。

操作步骤如下：

Step01 创建条件区域

条件区域就是设置一个筛选的条件，将员工姓名，总销售额两个标题字段拷贝到B245 和 C245，这里不建议手动输入，容易出错，同时在下方对应的单元格输入条件；接着将鼠标放入数据表的任何一个单元格，点击数据的“高级筛选”。

Step02 对话框参数输入

在弹出的对话框中，系统会自动选中列表区域，前提条件是刚才将鼠标放在数据区域，如果放在数据的外面，也就是空白区域，那么需要手选择列表区域，可以用鼠标直接拖拽，列表区域就是工作表中所有数据；条件区域是刚才创建的条件区域，可以用鼠标拖动选中 B245：C246。

Step03 设置结果显示区

可以选择将筛选结果放在原有区域，也可以放在工作表的其他区域，这里选择放入其他区域。如选择 D247，表示这个显示结果的左上角是 D247，如图 3-4-3 所示。

Step04 显示结果

按“确定”按钮后，得到了员工黄华华，且总销售额 1000 元以上的销售情况，如图 3-4-4 所示。

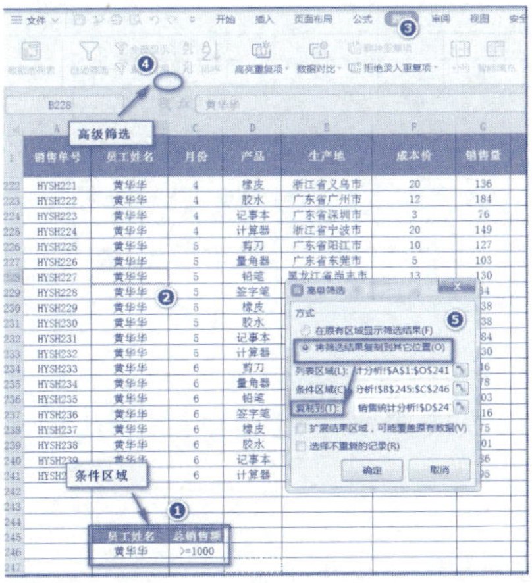

图 3-4-3 “高级筛选”的使用

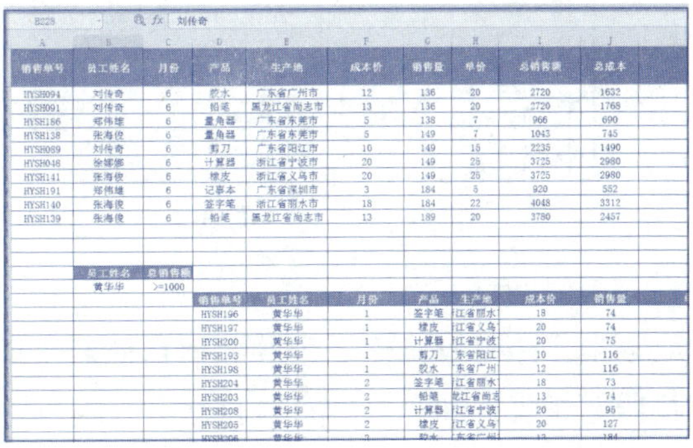

图 3-4-4 “高级筛选”的效果图

【知识拓展】

高级筛选的条件区域中，标题必须放在同一行，输入的条件为同一行时表示多个条件需同时成立，是“并且”的关系；输入的条件放在不同行表示多个条件为“或者”的关系，使用自动筛选则无法实现这么复杂的操作。

3. 按总销售额从大到小查看销售情况

（1）简单排序

比如想将“产品销售表”工作表数据按照总销售额排序，只需选择总销售额列的任何一个单元格，在“数据”中选择排序，左上方是按钮是升序，左下方的按钮是降序，升序就是从小到大排列，降序就是大从到小排列，在这里我们按升序方式，也是系统默认方式，如图 3-4-5 所示。

微课：产品销售情况排序与分类汇总

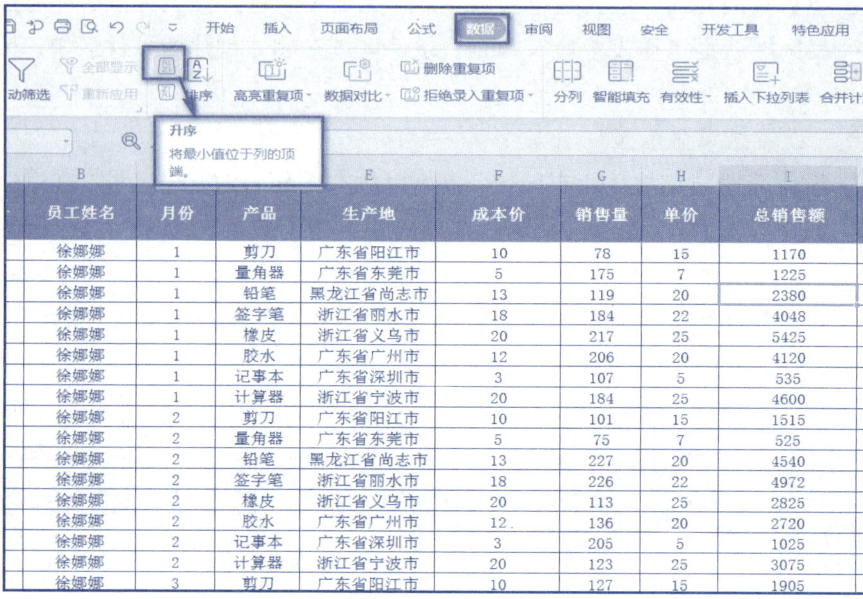

员工姓名	月份	产品	生产地	成本价	销售量	单价	总销售额
徐娜娜	1	剪刀	广东省阳江市	10	78	15	1170
徐娜娜	1	量角器	广东省东莞市	5	175	7	1225
徐娜娜	1	铅笔	黑龙江省尚志市	13	119	20	2380
徐娜娜	1	签字笔	浙江省丽水市	18	184	22	4048
徐娜娜	1	橡皮	浙江省义乌市	20	217	25	5425
徐娜娜	1	胶水	广东省广州市	12	206	20	4120
徐娜娜	1	记事本	广东省深圳市	3	107	5	535
徐娜娜	1	计算器	浙江省宁波市	20	184	25	4600
徐娜娜	2	剪刀	广东省阳江市	10	101	15	1515
徐娜娜	2	量角器	广东省东莞市	5	75	7	525
徐娜娜	2	铅笔	黑龙江省尚志市	13	227	20	4540
徐娜娜	2	签字笔	浙江省丽水市	18	226	22	4972
徐娜娜	2	橡皮	浙江省义乌市	20	113	25	2825
徐娜娜	2	胶水	广东省广州市	12	136	20	2720
徐娜娜	2	记事本	广东省深圳市	3	205	5	1025
徐娜娜	2	计算器	浙江省宁波市	20	123	25	3075
徐娜娜	3	剪刀	广东省阳江市	10	127	15	1905

图 3-4-5　“简单排序”的使用

（2）复杂排序

复杂排序是对工作表中的数据按照两个或两个以上的关键字进行排序。比如上表中想按照总销售额和总成本进行排序。

操作步骤如下：

Step01　选择单元格

选择工作表中的任意单元格，点击菜单的“数据” – “排序”按钮，在弹出的对话框中，主要关键字是排序的第一依据，这里选择“总销售额”，次序选择“降序”。

Step02　添加条件

点击+添加条件，出现次关键字，当主关键字相同时，排序的依据是次关键字，在这里，可选择“总成本”，次序选择是“降序”，如图 3-4-6 所示。

Step03　查看结果

点击“确定”按钮后，可以查看数据表的数据是不是按以上要求显示。

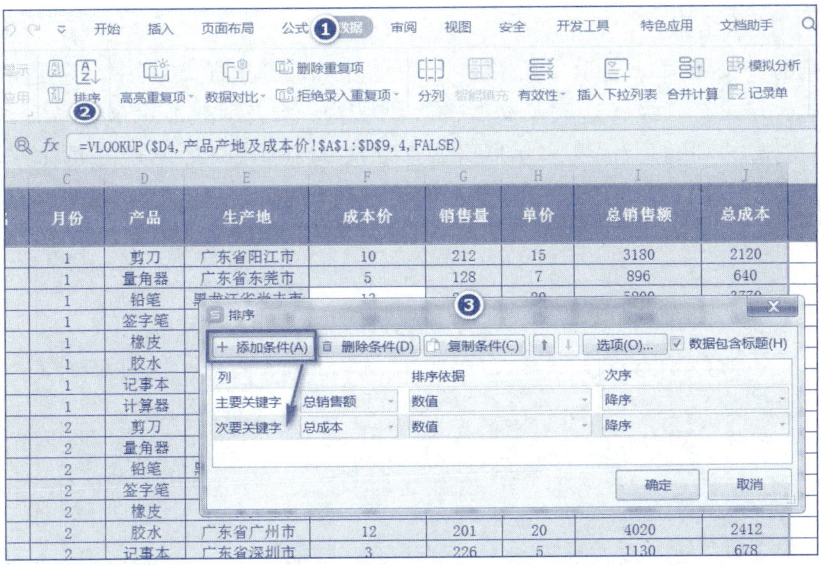

图 3-4-6 “复杂排序”的使用

【知识拓展】

如果需要对汉字进行排序，如对“员工姓名”“生产地”等进行排序，我们可以在排序对话框中单击“选项”按钮，在打开的“排序选项”对话框中选择“拼音排序”或者“笔画排序”选项。

4. 查看每个员工给公司带来的总利润

在工作中有时需要对表格中的数据进行汇总统计，这时可以使用“分类汇总”功能，对单列数据或者多列数据进行分类汇总。

（1）单项分类汇总

单项分类汇总是按照某一字段的内容进行分类，并统计出汇总结果。在这里需要统计每个员工带来的利润总数，这就是一个单项分类汇总。

操作步骤如下：

Step01 排序分类

排序分类这一步非常重要，必须先用“排序”功能对分类的字段进行排序，在这里，按“员工姓名”进行排序。

Step02 汇总操作

按“员工姓名”排好序后，点击“数据”的“分类汇总”选项卡，在弹出的对话框中，分类字段就是“员工姓名”，汇总方式选择“求和”，我们按“总利润”进行统计，结果就显示在总利润下方，汇总结果可以替换当前分类汇总、每组结果是否分页等显示方式，如图 3-4-7 所示。

Step03 显示结果

按“确定”按钮后，显示出所有员工的全部产品总利润，其中，左边的 1、2、3 表示汇总显示方式有三级，这就象文章的大纲结构，1 表示只显示最终统计结果，也就是所有员工创造的利润总和，2 表示展开每个员工的利润总和，不展开具体产品的利润，3 表示展开所有记录，这要根据您想展示的情况进行选择，如图 3-4-8 所示。

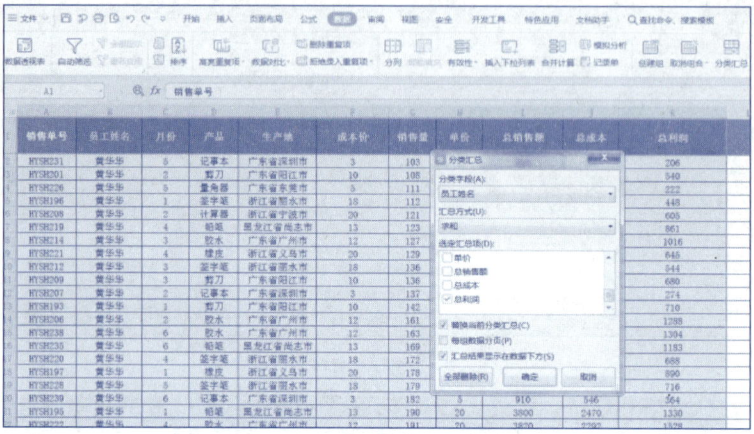

图 3-4-7 “分类汇总”的使用

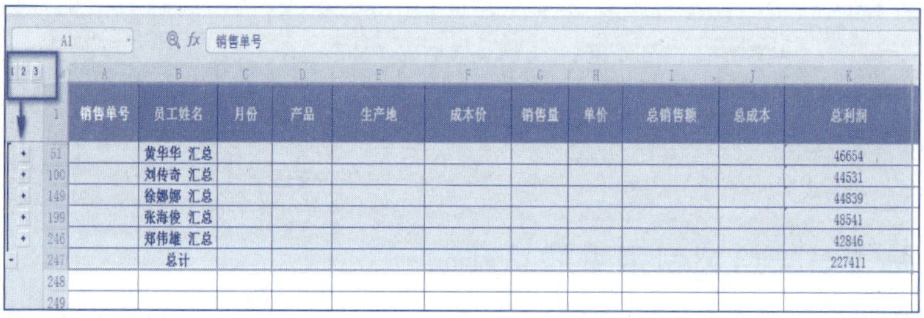

图 3-4-8 “分类汇总”的显示方式

（2）嵌套分类汇总

嵌套分类汇总是在一个分类汇总的基础上，对其他字段进行再次分类汇总。假设在“产品销售表”中，我们要统计不同员工在不同月份的利润总和，如何实现呢？

操作步骤如下：

Step 01 排序分类

在分类汇总之前，我们需要对分类汇总的字段进行排序，这时候排序也是多个条件，主要关键字选择“员工姓名”，添加条件，在次要关键字上选择“月份”，参考前面的复杂排序操作。

Step02 汇总操作

点击“数据”的“分类汇总”选项卡，在弹出的对话框中，分类字段就是“员工姓名”，汇总方式选择“求和”，汇总项是“总利润”，将汇总出不同姓名的总利润。

Step03 再次汇总

再次点击“数据”的“分类汇总”选项卡，在弹出的对话框中，分类字段就是“月份”，汇总方式选择“求和”，汇总项是“总利润”，这时要将对话框下方的”替换当前分类汇总”去掉，如图 3-4-9 所示，否则会将上面的汇总删除，只按“月份”进行汇总计算。

Step04　显示结果

按“确定”按钮之后，最终结果如图 3-4-10 所示。

图 3-4-9　“嵌套分类汇总”的使用

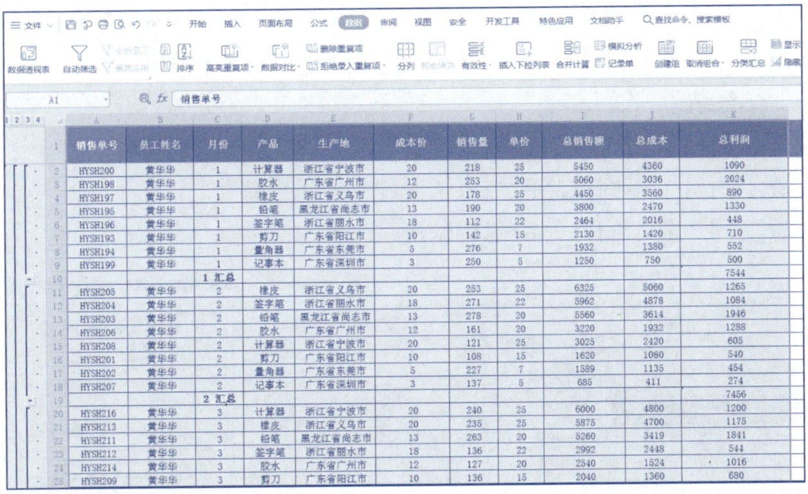

图 3-4-10　“嵌套分类汇总”的效果

【知识拓展】

拟将分类汇总操作取消，重现原来的数据，可以点击分类汇总选项，在弹出的对话框中，点击最下方的“全部删除”，则取消了分类汇总，却并没有删除数据。

5. 查看销售相关情况

查看不同员工不同月份的产品销售情况，查看不同员工不同产品的销售情况，查看不同产品不同月份的销售情况。对于上面的几种情况，可以使用数据透视表来分析大量且复杂的数据。数据透视表的最便捷之处，就在于简单的操作便可实现对数据的全方位分析。

（1）查看不同员工不同月份的产品销售情况。

操作步骤如下：

Step 01 选择区域

选中列表中的有数据的任何一个单元格，点击“数据”中的“数据透视表”选项，在弹出了创建数据透视表对话框，系统自动选中表格数据区域，也可以只选择部分数据进行分析，在这里，选择了全部数据，生成的数据透视表可以和本数据表在同一张工作表中，也可以在新的工作表中，在这里我们选择新工作表，如图 3-4-11 所示。

微课：使用数据透视表分析产品销售情况

Step02 组织透视表行列值

按“确定”按钮后，在数据表的右侧出现数据透视表窗格，根据任务的要求，将字段“员工姓名”拖入到行、将字段“月份”拖入到列，将字段“总销售额”拖入到值，系统默认对数据的值进行求和，本任务不需要修改，如图 3-4-12 所示。

Step03 查看结果

按“确定”按钮后，生成的数据透视表如图 3-4-13 所示。

（2）查看不同员工不同产品的销售情况。

（3）查看不同产品不同月份的销售情况。

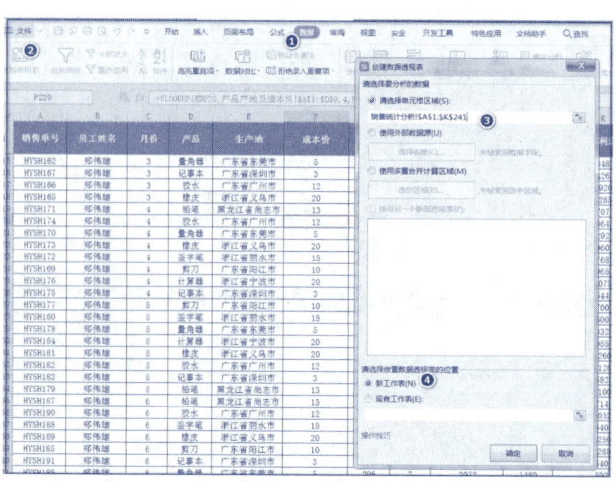

图 3-4-11 “数据透视表”的使用

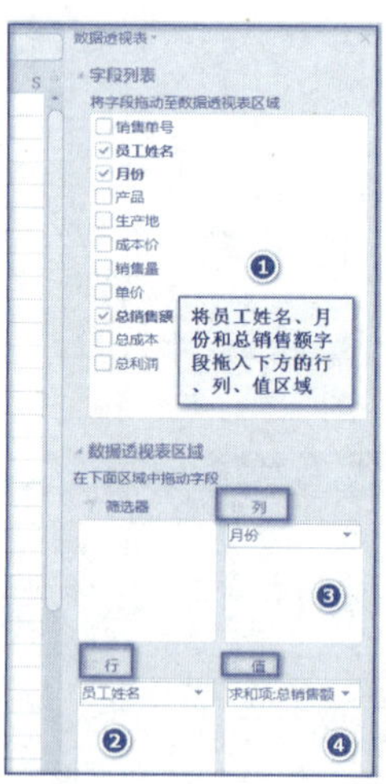

图 3-4-12 组织“数据透视表”的行列值

求和项:总销售额	月份						
员工姓名	1	2	3	4	5	6	总计
黄华华	26536	27986	28218	24976	31345	33039	172100
刘传奇	26043	33737	28823	24842	28190	21383	163018
徐娜娜	28549	23878	28530	21303	29794	28583	160637
张海俊	32543	30335	26924	29388	26402	30970	176562
郑伟雄	24979	27720	26011	23856	30412	21667	154645
总计	138650	143656	138506	124365	146143	135642	826962

图 3-4-13　“数据透视表”的效果

上面的两个子任务可以参考前面的操作步骤得到，将这三个数据透视表放在同一张工作表上，并将工作表名称重新命名为“透视表”，最终结果如图 3-4-14 所示。

数据透视表是将原始表的数据重新进行组合，得到一张新的表。

	A	B	C	D	E	F	G	H
3	求和项:总销售额	月份						
4	员工姓名	1	2	3	4	5	6	总计
5	黄华华	26536	27986	28218	24976	31345	33039	172100
6	刘传奇	26043	33737	28823	24842	28190	21383	163018
7	徐娜娜	28549	23878	28530	21303	29794	28583	160637
8	张海俊	32543	30335	26924	29388	26402	30970	176562
9	郑伟雄	24979	27720	26011	23856	30412	21667	154645
10	总计	138650	143656	138506	124365	146143	135642	826962

	A	B	C	D	E	F	G	H	I	J
12	求和项:总销售额	产品								
13	员工姓名	计算器	记事本	剪刀	胶水	量角器	铅笔	签字笔	橡皮	总计
14	黄华华	36475	5865	15945	23060	10038	26020	24222	30475	172100
15	刘传奇	31125	6030	15315	25240	9429	22160	27544	26175	163018
16	徐娜娜	29850	6030	20040	25240	6601	24180	22396	26300	160637
17	张海俊	35250	6200	23700	26460	8225	21480	21472	33775	176562
18	郑伟雄	23250	7980	15105	25180	8764	19260	20306	34800	154645
19	总计	155950	32105	90105	125180	43057	113100	115940	151525	826962

	A	B	C	D	E	F	G	H
22	求和项:总销售额	月份						
23	产品	1	2	3	4	5	6	总计
24	计算器	28175	26075	27850	25850	25350	22650	155950
25	记事本	5805	5340	5305	5010	5945	4700	32105
26	剪刀	12555	12795	15630	16620	17640	14865	90105
27	胶水	20080	22880	19840	18980	24500	18900	125180
28	量角器	7574	8407	7322	7434	5180	7140	43057
29	铅笔	20220	17080	18120	12120	25820	19740	113100
30	签字笔	19866	22704	17314	18326	16258	21472	115940
31	橡皮	24375	28375	27125	20025	25450	26175	151525
32	总计	138650	143656	138506	124365	146143	135642	826962

图 3-4-14　多个“数据透视表”的效果

【知识拓展】

（1）筛选器功能

在创建数据透视表的时候，除了行、列、值，左上角还有一个筛选器，这个筛选器起什么作用呢？

在上面的透视表“查看不同产品不同月份的销售情况”中，如果还想继续添加不同员工的情况，可以按“员工姓名”作为筛选字段，查看不同员工的各类产品在不同月份的销售情况。

操作步骤如下：

将字段“员工姓名”拉入筛选器，字段“产品”拉入行，字段“月份”拉入列，“总销售额”拉入值。如果只想查某名员工的销售数据，这时候就点击筛选器“员工姓名”，从下拉列表中选择一项，如果选择多项，请在选择多项上打勾，如图 3-4-15 所示。

在这里，选择的是刘传奇的销售情况，如图 3-4-16 所示。

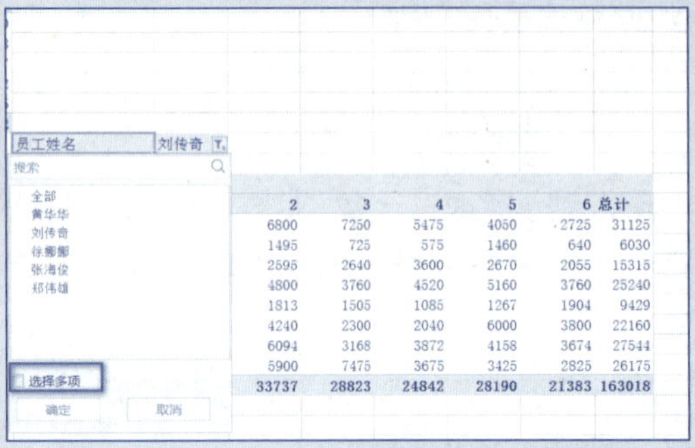

图 3-4-15 “数据透视表”的筛选 1

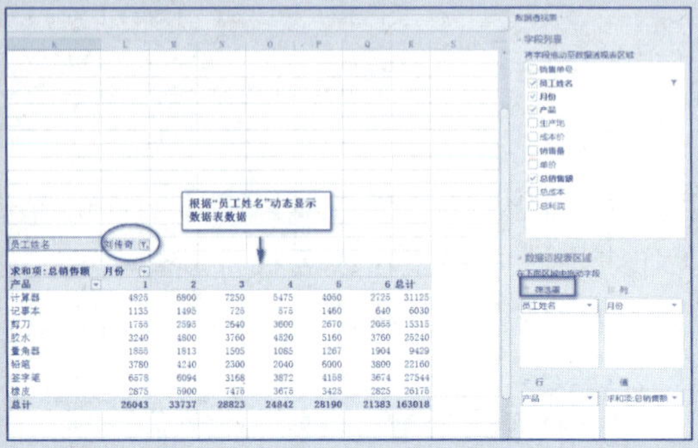

图 3-4-16 “数据透视表”的筛选 2

（2）数据统计“值”的设置

上面的任务中，统计的都是总额销售，如果统计平均值、最大值等，可以通过“值”的设置进行。

操作步骤如下：

点击右侧窗格下方—值—求和项中的三角形，弹出值字段设置对话框，这里可以修改汇总方式，如修改成求平均值、求最大值等，还可以设置数字格式、值显示方式，如图 3-4-17 所示。

图 3-4-17 “数据透视表”的数据统计

6. 产品销售表的图表展示

打开任务 4-跟练材料-图表展示-源文件.xlsx，这里有 3 个数据透视表，分别是员工的销售利润，月份的销售利润及产品的销售利润情况，现要求将这 3 个数据透视表转换成图表展示出来，放在数据透视表的下方，结果如图 3-4-18 所示。

素材下载：跟练材料-图表展示-源文件.xlsx

在图表类型中，柱形图和条形图反映数据之间的比例关系，折线图反映数据变化趋势，饼图和圆环图反映数据占比关系，圆环图比饼图更加时尚美观，但仅用于数据项目比较少的情况，如果数据项目比较多（超过 6 种），它的优越性就不明显了。这三种图表也是使用频率最高的图表类型。

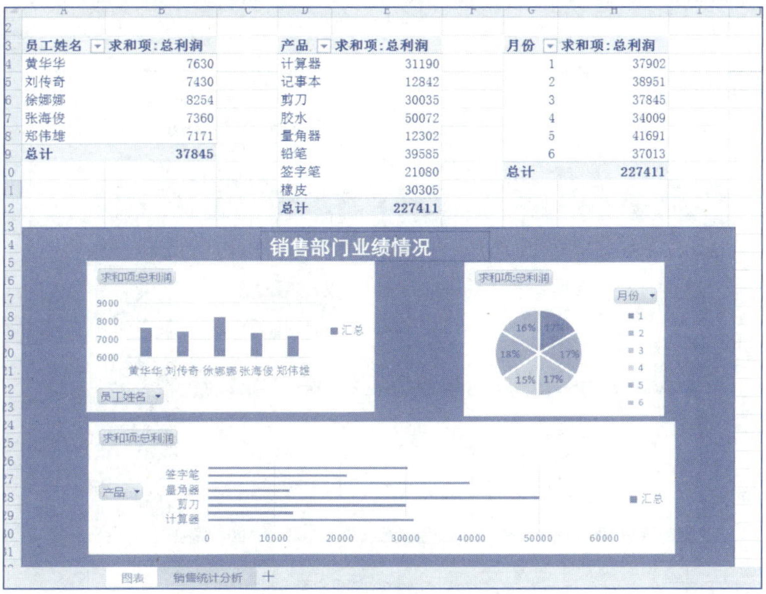

图 3-4-18 常用三种图表

（1）插入图表

在这里，三张数据表分别用柱形图、条形图和饼图来展示数据，操作步骤如下：

微课：产品销售情表的图表展示

Step 01 插入图表

将光标定位在左边数据表统计结果中的任何一个单元格，点击“插入”—“全部图表”，选择柱形图并插入，如图 3-4-19 所示。

Step02 调整图的大小，放在适合的位置

以此类推，将右边的第三个数据表统计结果插入饼图，将中间的第二个数据表统计结果插入条形图，结果如图 3-4-20 所示。

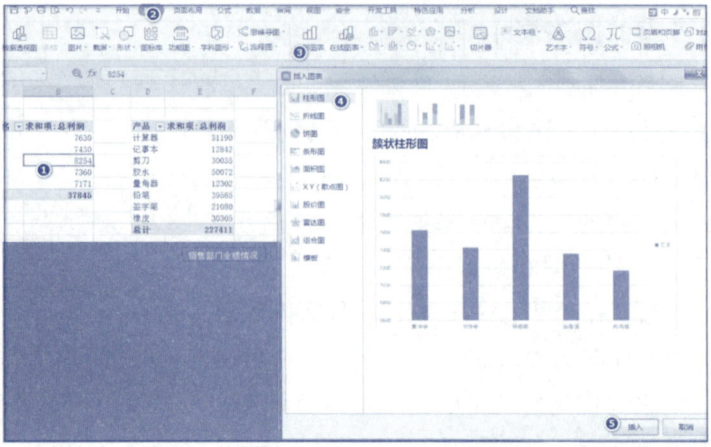

图 3-4-19 “柱形图”的使用

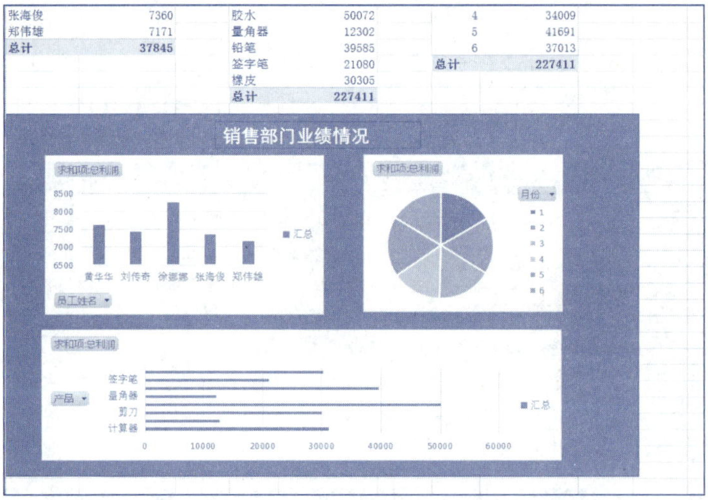

图 3-4-20 增加条形图和饼图

（2）对图表元素进行修改并美化

一张图表一般由多种元素组成，如图表标题、图表区、绘图区、数据标签、数据系列、网格线、水平（类别）轴、垂直（值）轴、图例等元素。这些元素起到视觉引导或者辅助用户理解的作用。

Step 01 修改图表元素

点击饼图图表，在图表的右侧有 4 个选项，如图 3-4-21 所示。其中第一项可以选择图表元素，默认不显示数据标签，也可以点击“快速布局”选择一种图表元素的显示内容、位置和布局方式；另外几个选项分别是图表样式、在线图表和设置图表区域格式，其中第一项和最后一项比较常用。点击图表时，菜单会出现“图表工具”选项，点击它，出现相应的选项区域，它综合了上面所说的 4 个选项的内容，也就是说修改图表的各个元素时，可以在这里进行，如图 3-4-22 所示，两者是相等的。

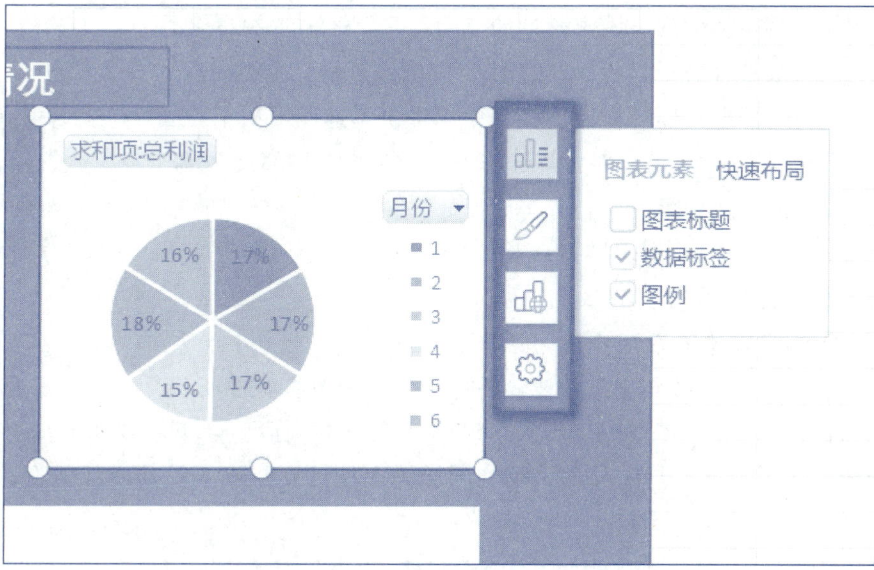

图 3-4-21 对图表元素进行修改

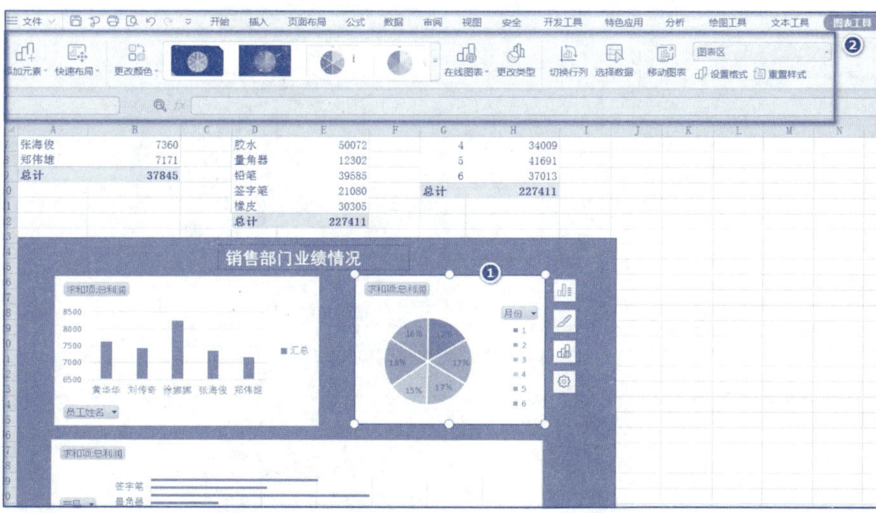

图 3-4-22 “图表工具”菜单的使用

Step02 美化图表

如果想让自己做出来的图表的配色更加好看，可以通过设置图表区格式进行修改，图表区和数据系列区的配色可以直接在相应位置双击鼠标，然后在右边的窗格进行修改。

实践探索

中国政府工作报告指出，2023 年中国国内生产总值(GDP)超过 126 万亿元，增长 5.2%，增速居世界主要经济体前列。国家统计局 2 月 29 日发布的 2023 年国民经济和社会发展统计公报显示，2023 年，中国经济增长企稳回升，实现了 5%左右的预期目标。横向比较，中国经济增速明显快于美国 2.5%、日本 1.9%的经济增速，对世界经济增长贡献率有望超过 30%，仍是全球经济增长重要引擎。

素材下载：实践-源文件.xlsx

请将下面文件中的数据表转换成相应的图表。

素材下载：任务 4-实践-源文件.xlsx。

"任务 4-实践-源文件"应当满足以下要求：

使用柱形图展示 2023 年全球主要经济体，效果如图 3-4-23 所示。

使用饼图展示 2023 年全国居民人均消费支出及其构成，效果如图 3-4-24 所示。

使用组合图展示 2019 年～2023 年全国居民人均可支配收入及其增长速度，效果如图 3-4-25 所示。

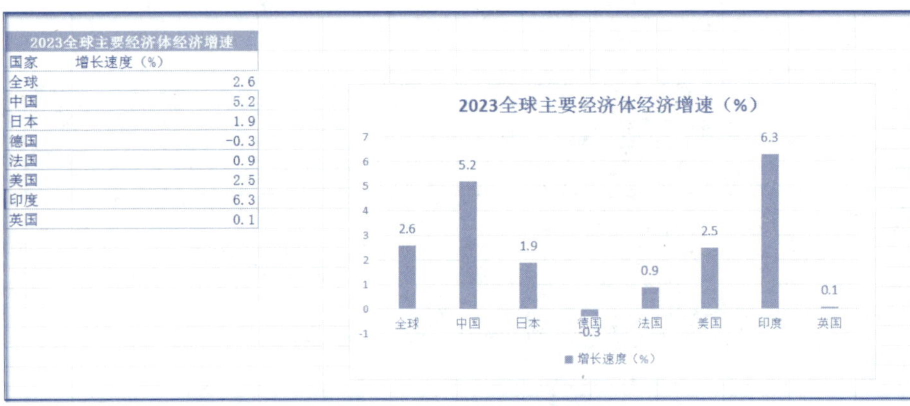

图 3-4-23　最终效果图 1

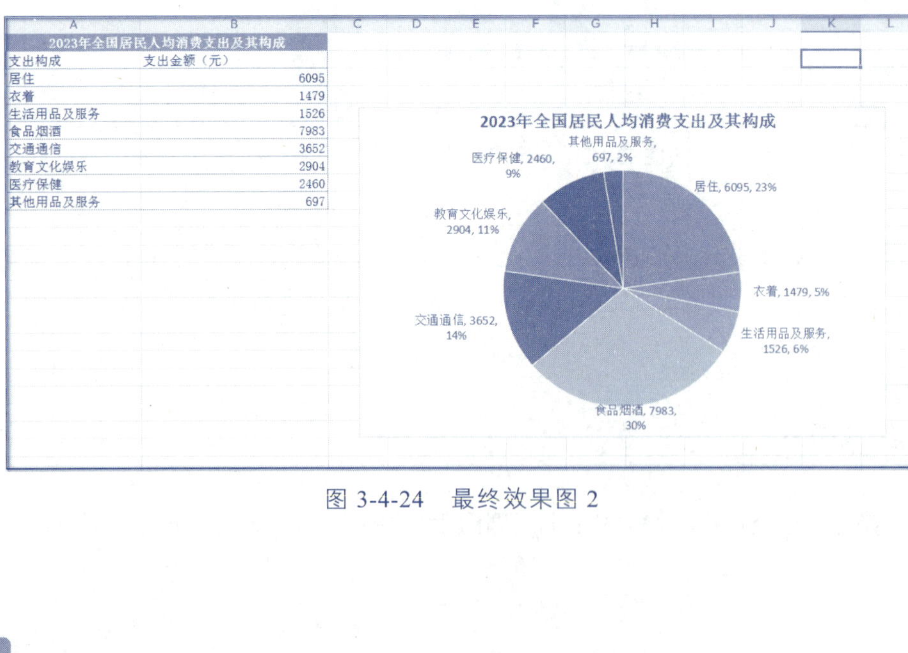

图 3-4-24　最终效果图 2

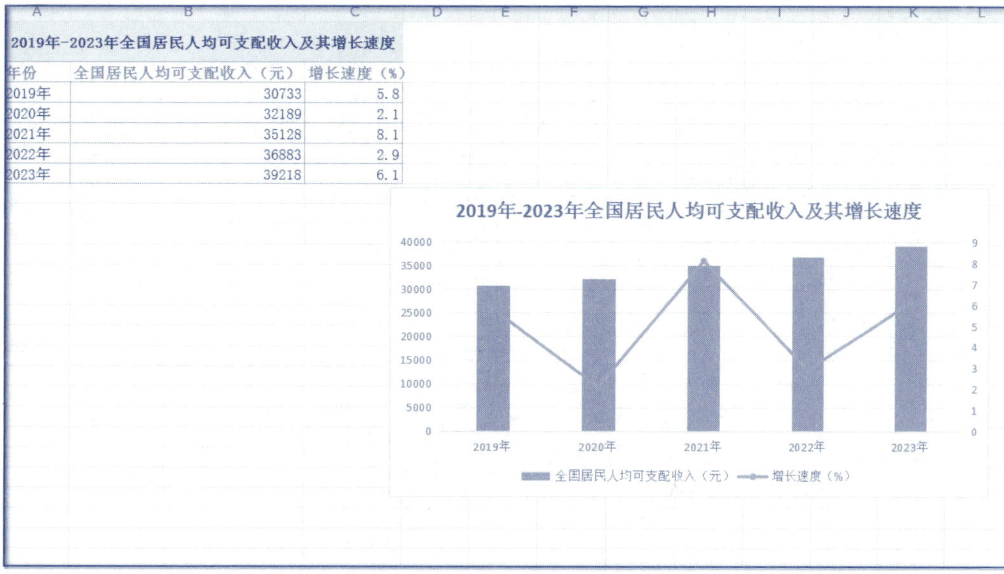

图 3-4-25　最终效果图 3

实战练习

图 3-4-26 是一份 WPS 电子表格常用快捷键汇总，请参照图快捷键练习，希望能帮助大家高效快捷地工作。

WPS系统快捷键		**单元格格式设置**	
帮助	F1	设置单元格格式	Ctrl+1
任务窗格	Ctrl+F1	常规数字格式	Ctrl+Shift+>
新建空白文档	Ctrl+N	百分比格式	Ctrl+Shift+%
切换到活动工作表的上一个工作表	Ctrl+PageUp	科学记数数字格式	Ctrl+Shift+$
切换到活动工作表的下一个工作表	Ctrl+PageDown	日期格式	Ctrl+Shift+#
编辑单元格快捷键		加粗格式	Ctrl+B
在单元格内的换行操作	Alt+Enter	字体倾斜格式	Ctrl+I
键入当前日期	Ctrl+;	下划线	Ctrl+U
键入当前时间	Ctrl+Shift+;	**插入、删除和复制**	
改变选择区域快捷键		复制选定的单元格	Ctrl+C
选定整张工作表	Ctrl+A	剪切选定的单元格	Ctrl+X
选择多片区域	Ctrl+鼠标选择	粘贴选定的单元格	Ctrl+V
将选定区域扩展到工作表的开始处	Ctrl+Shift+Home	清除选定单元格的内容	Del
将选定区域扩展到行首	Shift+Home	复制格式	Ctrl+Shift+C
用于输入、编辑、设置格式和计算数据的按键		粘贴格式	Ctrl+Shift+V
完成单元格输入并选取下一个单元格	Enter		
完成单元格输入并向右选取下一个单元格	Tab		
自动求和	Alt+=		
显示下拉列表	Alt+向下键		
向下填充	Ctrl+D		
向右填充	Ctrl+R		

图 3-4-26　WPS 快捷键

学习成果自查表

要点		掌握程度		
		未掌握	基本掌握	熟练掌握
高级筛选	条件区域编辑			
	多个条件设置			
分类汇总	先进行排序操作			
	多次汇总设置			
	删除汇总结果			
数据透视表	行、列、值的设置			
	修改汇总选项及格式			
图表	选择图表类型			
	图表元素的设置			

学习总结

<table>
<tr><td>姓名</td><td></td><td>班级</td><td></td><td>学号</td><td></td></tr>
<tr><td colspan="2">模块名称</td><td colspan="4"></td></tr>
<tr><td colspan="2" rowspan="3">学习总结</td><td colspan="4">我学会了：（知识、技能成长）</td></tr>
<tr><td colspan="4">我收获了：（职业认识、协作能力、问题解决能力等发展）</td></tr>
<tr><td colspan="4">在本任务的学习中，我的不足有：（自我反思与评价）</td></tr>
</table>

模块四
演示文稿

思维导图

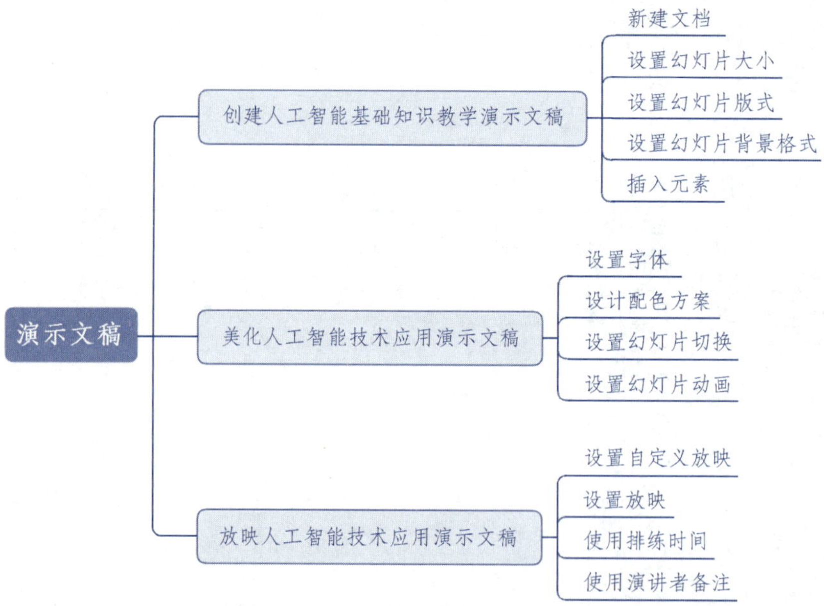

学习收获

在本模块中，您将学会：

- 在演示文稿中录入文字、图片、表格、函数、图形、音视频等基本元素并进行设置；
- 为演示文稿中各元素设置动画；
- 设置演示文稿幻灯片版式、大小、统一字体；
- 使用配色方案；
- 设置演示文稿幻灯片切换、放映；
- 使用排练时间制作视频、制作演讲者备注。

任务一 创建人工智能基础知识教学演示文稿

任务目标

- 创建人工智能基础知识教学演示文稿
  - 制作封面：新建演示文稿、命名演示文稿、录入文字、设置艺术字格式、插入图片
  - 编辑幻灯片目录页：插入文本框、插入图片
  - 设置幻灯片版式：编辑母版、新建版式、修改版式
  - 编辑幻灯片正文内容：页面设置、插入文字、插入图片、插入表格、插入形状、插入思维导图、插入艺术字
  - 制作幻灯片封底：插入图片

视频：人工智能教学演示文稿制作

素材下载：人工智能教学演示文稿制作素材

任务描述

随着人类社会进入人工智能时代，科技强国更是每个国家的发展战略之一。汤智是一位人工智能专业老师，新学期承担了人工智能基础理论课，需要给新同学传授人工智能基础知识，汤老师决定利用演示文稿来帮助自己上课，于是准备制作一份人工智能基础知识教学演示文稿。首先他需要创建一个演示文稿，然后将文字、图片、音频、视频等元素设计进入演示文稿中。那么，他要如何制作一个既包含相关知识又能让学生印象深刻的演示文稿呢？演示文稿最终效果如图 4-1-1 所示。

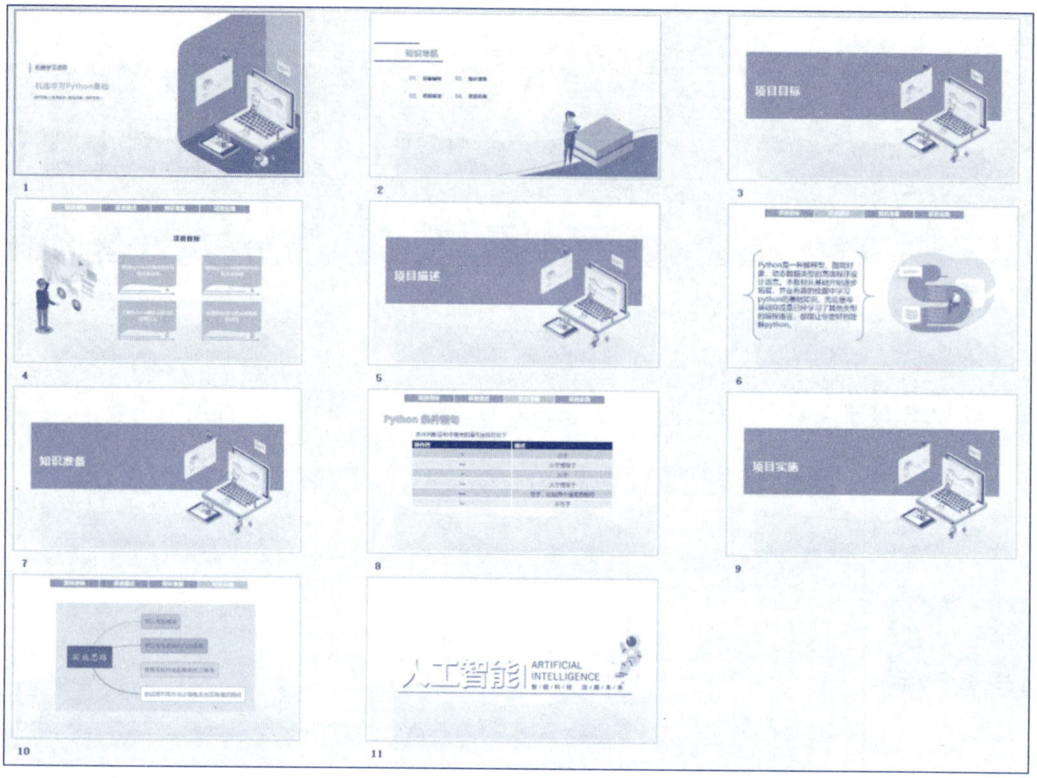

图 4-1-1　人工智能基础知识教学演示文稿最终效果

知识准备

1. 设置幻灯片 PPT 页面尺寸

在制作 PPT 时，首先需要选定一个合适的幻灯片页面大小。

点击菜单“设计”→“幻灯片大小”，可快捷调整幻灯片尺寸，如图 4-1-2 所示。

图 4-1-2　设置幻灯片大小

点击“下拉”按钮，可将幻灯片设置为常用的标准尺寸 4∶3 或宽屏尺寸 16∶9。如果需要设置其他尺寸，可点击“自定义大小”进行更详细的页面设置。

直接点击“幻灯片大小”旁边的“页面设置”按钮，也可进入自定义设置窗口，如图 4-1-3 所示。

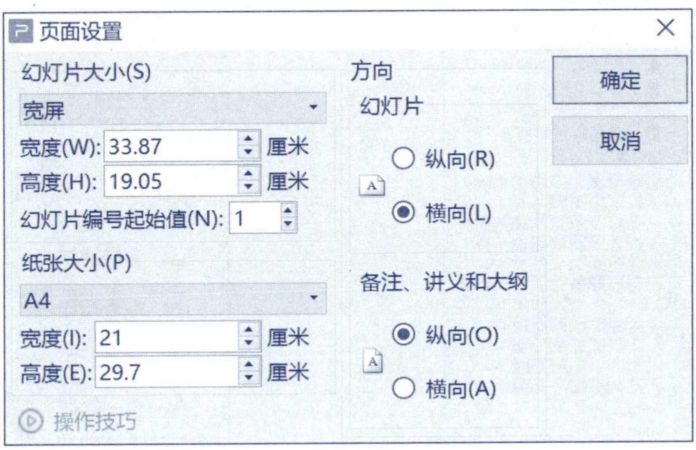

图 4-1-3 “页面设置”对话框

2. 改变 PPT 背景颜色

选择任意一张幻灯片，点击“设计”选项卡的“背景”，弹出“对象属性”，在此即可更改当前幻灯片的背景色，如图 4-1-4 所示。

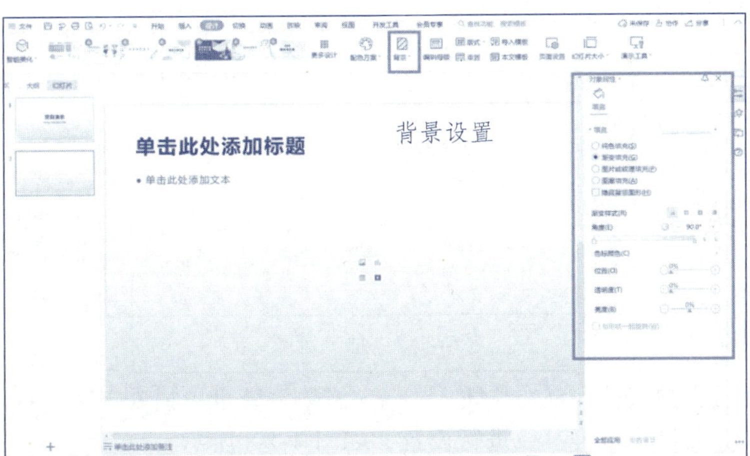

图 4-1-4 背景设置

点击“全部应用”按钮，即可将背景色应用到整个幻灯片。在“配色方案”，可更改当前幻灯片主题的配色，如图 4-1-5 所示。

在“智能美化”中还可更改当前页面的颜色和版式。选择“智能配色”，挑选一种颜色、风格，应用后即可得到想要的模板，如图 4-1-6 所示。

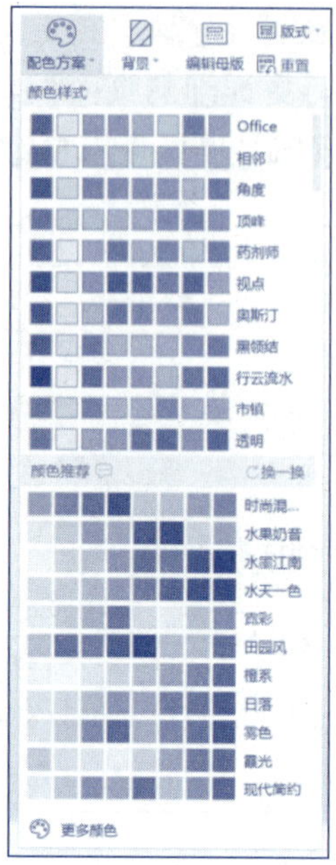

图 4-1-5　配色方案

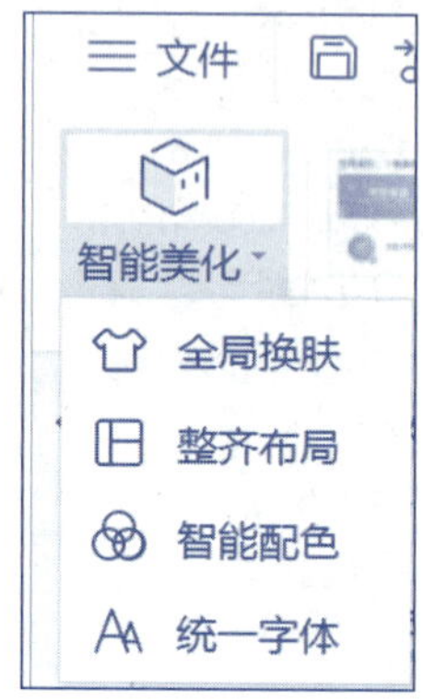

图 4-1-6　智能美化

3. 元素录入

点击菜单栏中的“插入”菜单，就可以插入页面、表格、形状、图表、公式、音频、视频等内容，点击“更多”可以插入更多内容，如图 4-1-7 所示。

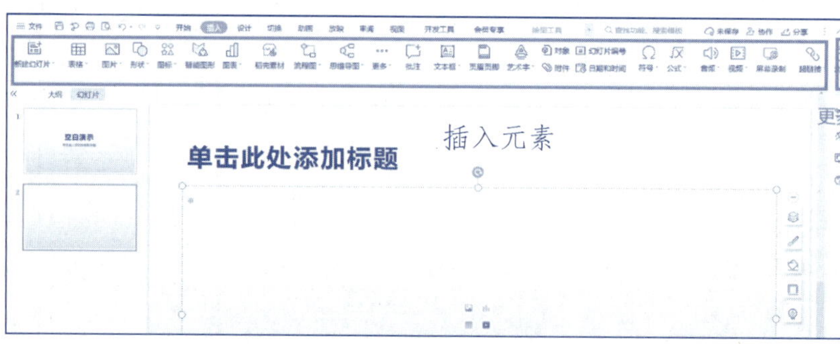

图 4-1-7　插入元素

如果想插入音频文件，点击“插入”→“音频”就可以插入音频文件，插入音频后可以通过音频工具对音量等参数进行设置，如图 4-1-8 所示。

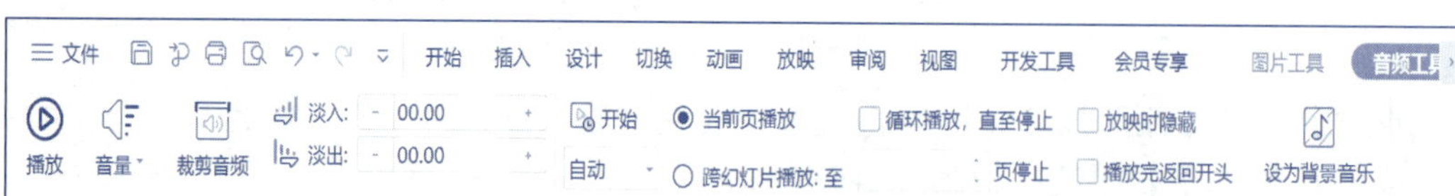

图 4-1-8　音频设置

如果想插入视频文件，可以通过“插入”→“视频”插入视频，插入视频后可以用视频工具对视频进行音量、播放等设置，如图 4-1-9 所示。

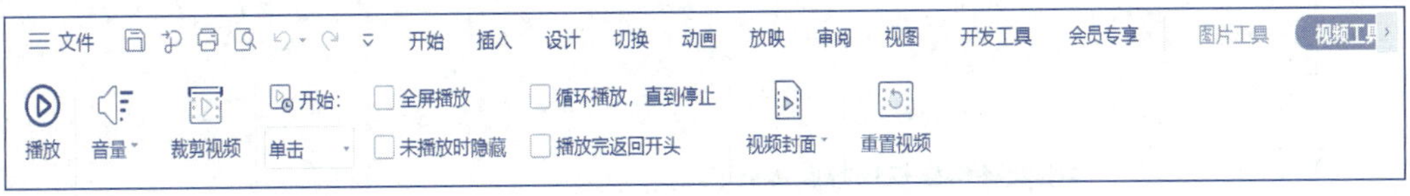

图 4-1-9　视频设置

4. 设置形状效果

选中形状，点击“绘图工具”选项卡，可以设置形状的填充效果。点击“填充”按钮，可以选择系统推荐的颜色，也可以使用取色器设置颜色，或者采用图片、纹理、图案等进行填充。设置完形状的填充效果后，还可以设置形状的轮廓。点击“轮廓”按钮，可以选择系统推荐的轮廓颜色，也可以使用取色器设置颜色。若轮廓要设置成线型，可以在“线型”→“虚线线型”中进行选择。若想了解更多效果设置，可点击“更多设置”。

5. 幻灯片母版设计

母版在幻灯片制作之初就要设置，它决定着幻灯片的“背景”。

点击“设计”→“编辑母版”，可以设置母版，如图 4-1-10 所示。母版分为“主母版”和“版式母版”。

更改主母版，则所有页面都会发生改变。设置主母版的“背景”颜色为白色，这样所有幻灯片背景就变成了白色，如图 4-1-11 所示。点击关闭母版编辑，这时新建幻灯片，出现的空白幻灯片也是白色。

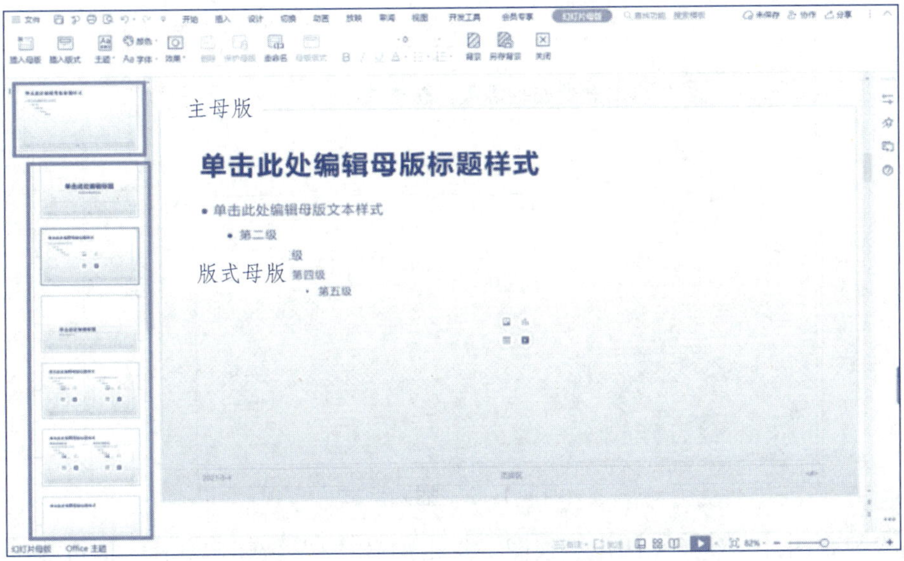

图 4-1-10　主母版和版式母版

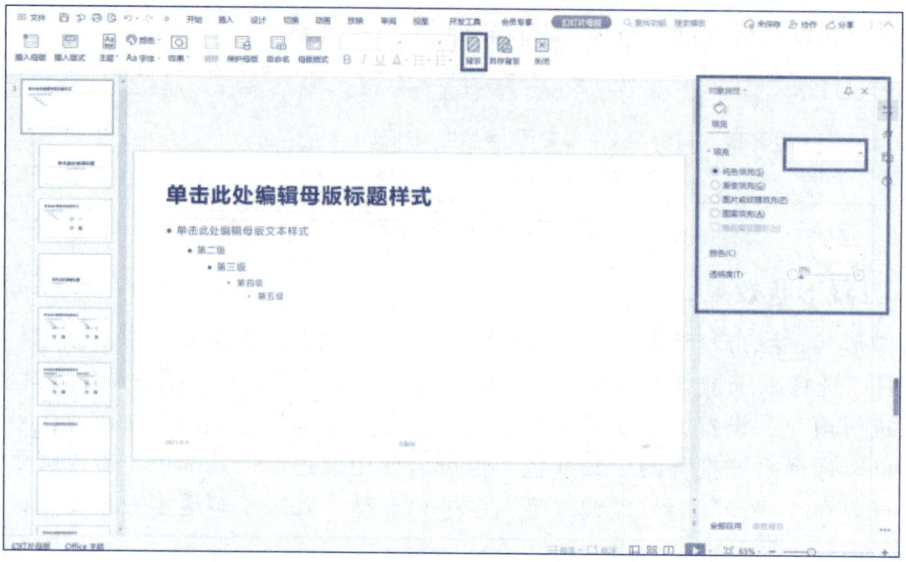

图 4-1-11 设置母版背景

在新建幻灯片时，母版设置还有其他的作用。

若经常要新建一个同样的幻灯片样式，可以在母版内存储这个设计，方便后续新建幻灯片，这相当于制作了一个属于自己的“母版”。点击“设计”→“编辑母版”，然后选择一个合适的位置“插入版式”，这样就新建了一个母版版式，如图 4-1-12 所示。

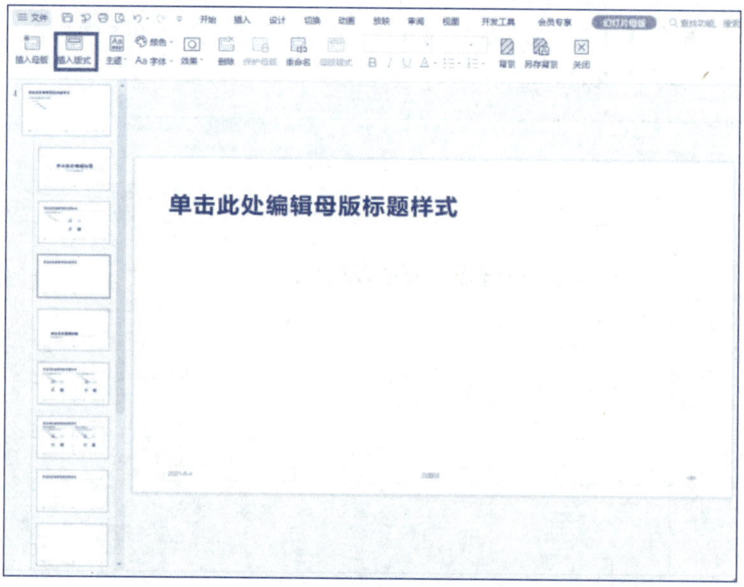

图 4-1-12　插入版式

插入一张图片，然后关闭母版视图。点击加号“+”新建幻灯片，即可在“母版版式”中使用这个背景模板，如图 4-1-13 所示。

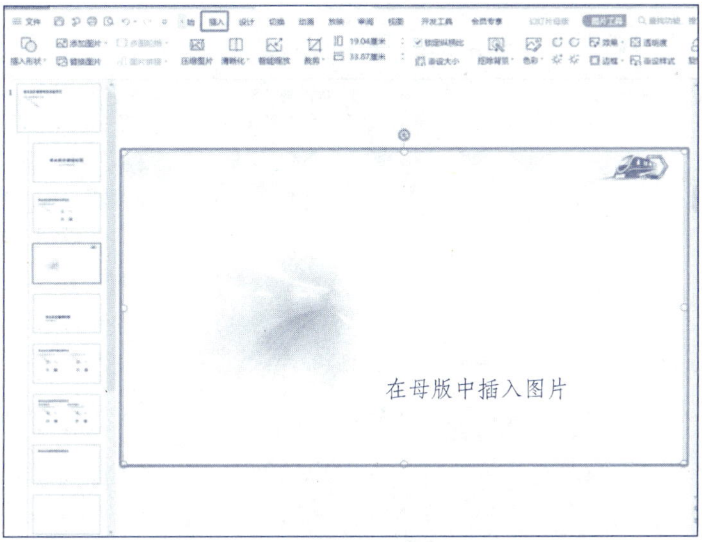

图 4-1-13　在母版中插入图片

任务实施

1. 新建演示文档

点击 WPS Office 的加号“+”新建一个空白演示文稿，如图 4-1-14 所示，点击“保存”按钮，保存名称为“机器学习 Python 基础应用”，如图 4-1-15 所示。

图 4-1-14　新建演示文稿

图 4-1-15　保存演示文稿

2. 设置幻灯片大小

在编辑内容之前我们需要对 PPT 的整体页面大小进行设置。我们要完成的演示文稿大小为宽屏。点击“设计”—“幻灯片大小”就能够打开“页面设置”对话框，如图 4-1-16 所示。设置幻灯片大小为宽屏，宽度：33.87 厘米，高度：19.05 厘米，幻灯片方向为横向。这样，即可完成了幻灯片大小的设置。

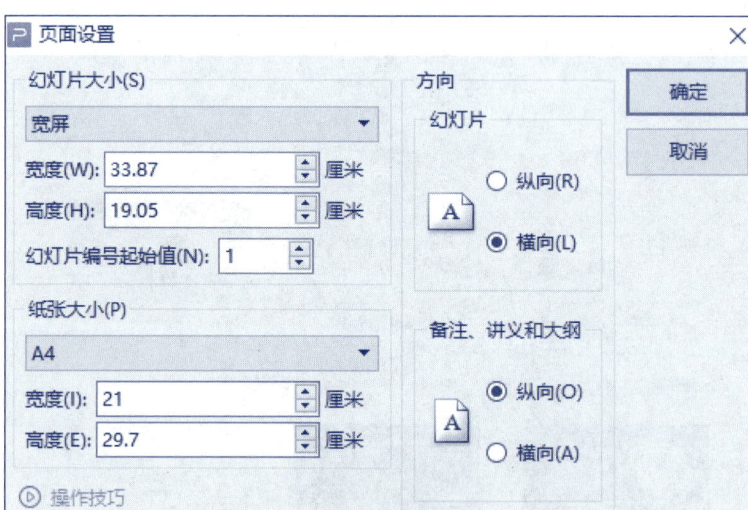

图 4-1-16　“页面设置”对话框

在对幻灯片整体进行设置以后，我们就要正式进行幻灯片内容的编辑，首先是制作封面。

3. 封面制作

一个完整的幻灯片应像一本书一样，有封面、目录、正文、封底。为了能够吸引学生对教学内容产生兴趣，除了内容丰富外，演示文稿的封面也是非常重要的。

图 4-1-17 即为本任务案例幻灯片封面的设计稿。

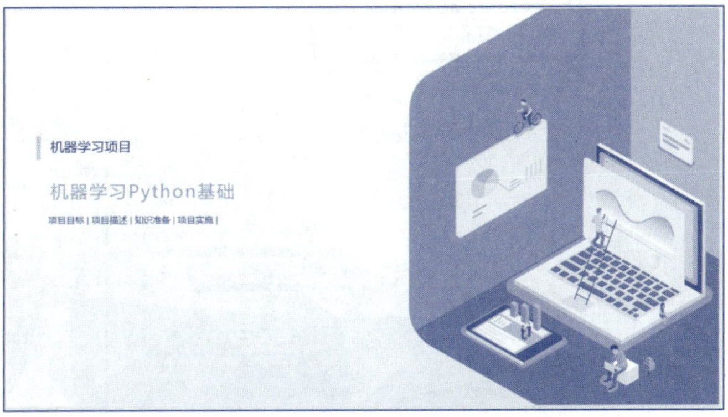

图 4-1-17 教学演示文稿封面

（1）设置封面背景样式

点击“设计”—“背景”—点击最下面的“背景（k）”，在页面右边出现“对象属性”对话框，如图 4-1-18 所示。在填充模块点击“图片或纹理填充”—“图片填充”选择“本地文件”，选择素材图片中的“大背景灰色”，放置方式为“平铺”并且选择“全部应用”完成演示文稿背景设置，如图 4-1-19 所示。

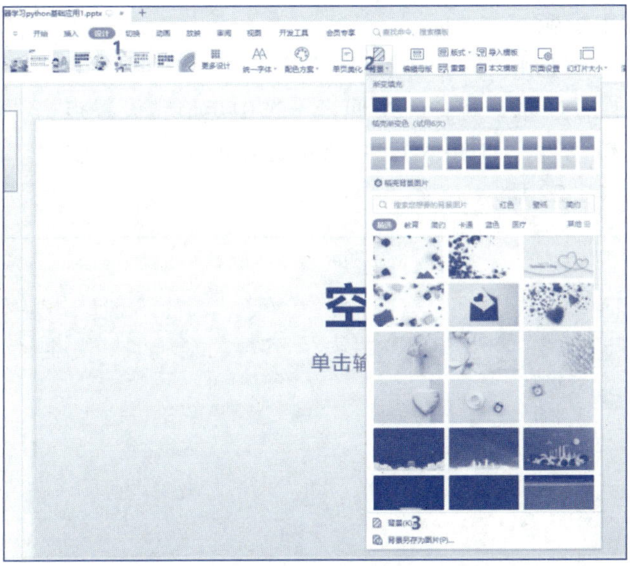

图 4-1-18 “对象属性”对话框

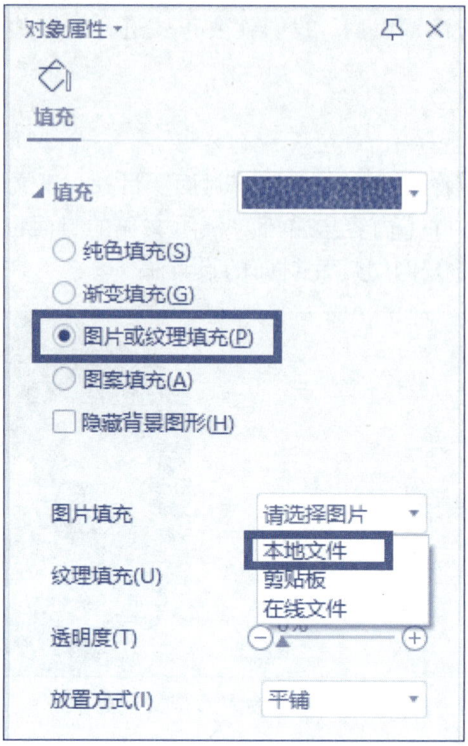

图 4-1-19　文稿背景设置

（2）插入图片

点击“插入”—“图片”—“本地图片”选择素材文件中的“封面图片 1”，设置图片大小为高度：19.05 厘米，宽度：14.73 厘米，并将图片移动到页面右边（参考图 4-1-1 所示的整体效果图）。

（3）插入封面主标题

点击“插入”—“形状”—“矩形”选择第一个矩形，并设置矩形的大小，如图 4-1-20 所示，高：1.16 厘米，宽：0.21 厘米。选中矩形，设置点击“绘图工具”—“填充”选择标准色“橙色”，如图 4-1-21 所示。点击绘图工具中的“轮廓”，选择“无边框颜色”，如图 4-1-22 所示。

图 4-1-20　插入矩形

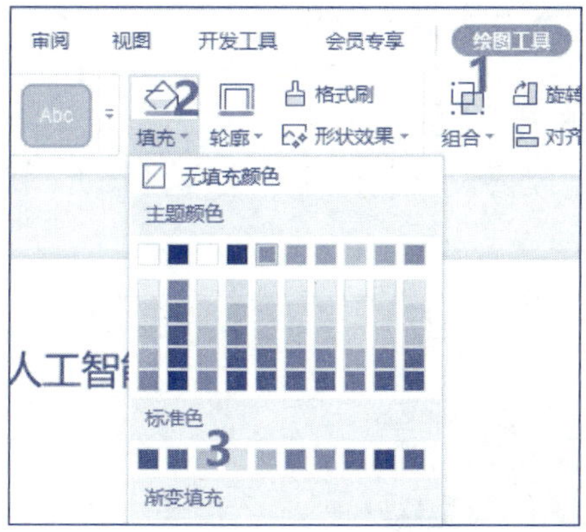

图 4-1-21　填充橙色

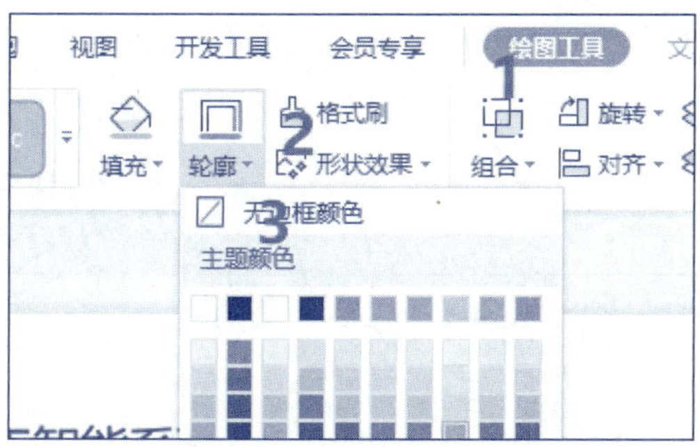

图 4-1-22　设置轮廓

（4）在矩形后面插入文本框

“插入”—“文本框”—“横向文本框”，在页面左中部（参考最终效果）插入一个文本框，如图 4-1-23 所示，并且录入“机器学习项目”，设置文字字体为“微软雅黑”，字号为 22。

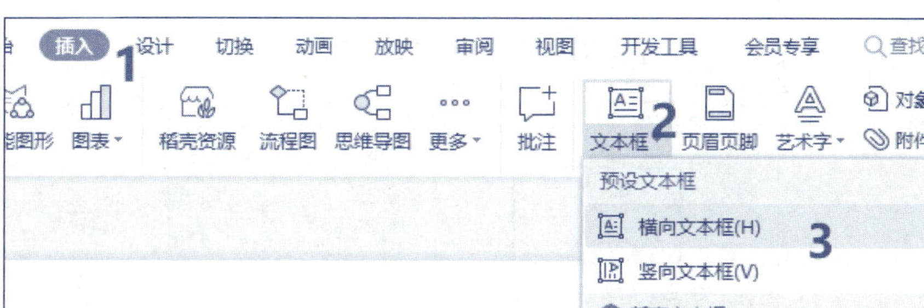

图 4-1-23　插入文本框

点击“插入”—“文本框”—“横向文本框”，在页面左中部（参考图 4-1-1）插入一个文本框，并且录入“机器学习 Python 基础”，设置文字字体为“微软雅黑”，字号为 32，字体颜色为标准色浅蓝，加粗（参考图 4-1-1）。

用同样的方法插入主标题下面内容简介文本框，录入“项目目标 | 项目描述 | 知识准备 | 项目实施 |”并设置文字字体为“微软雅黑”，字号为 12。

删除多余文字完成演示文稿封面的制作。

4. 制作演示文稿目录页

完成演示文稿封面以后就要设计制作演示文稿目录页，目录页最终效果如图 4-1-24 所示。

图 4-1-24　目录页效果

（1）新建幻灯片

点击“开始”—“新建幻灯片”—“新建”—“母版版式”—选择第 3 排第 1 个版式（空白），如图 4-1-25 所示，插入一个新的幻灯片。

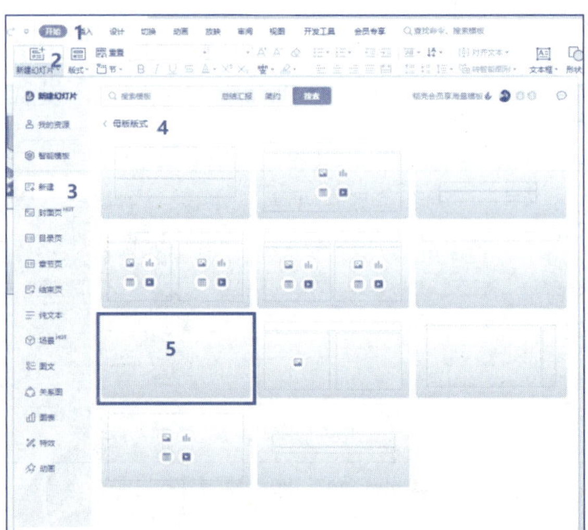

图 4-1-25　新建母版版式

（2）录入目录内容

“插入”—“形状”—“直线”，插入两条直线，分别设置直线的长度为 5.52 厘米和 8.28 厘米，选中直线设置样式为“细微线—深色 1”（第一排第一个样式），如图

4-1-26 所示。

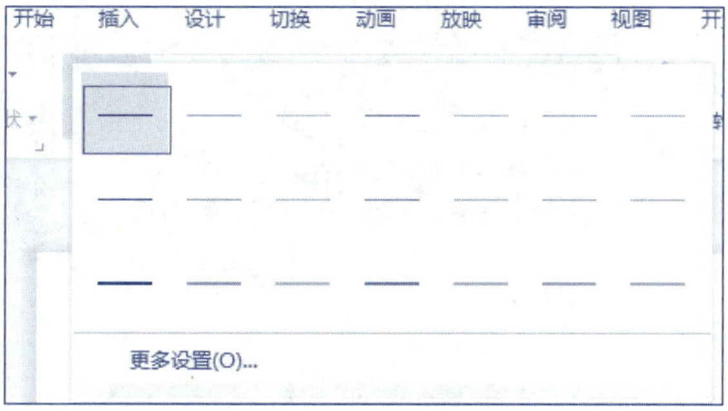

图 4-1-26　设置样式

插入横排文本框（方法见封面制作）添加文字“知识导航”，设置字体为微软雅黑，字号 28，加粗，字体颜色为标准色浅蓝，左对齐。调整直线与文本宽位置，效果如图 4-1-24 所示。

插入横排文本框，输入文字“01.”，字体为“Arial （正文）”，字号为 20，字体颜色为标准色浅蓝，加粗。

插入横排文本框，输入文字“项目目标”，并设置字体为微软雅黑，字号为 16，字体颜色为黑色。

同时选中（按住〔Ctrl〕键）内容为“01.”和“项目目标”的文本框，点击“绘图工具”—“组合”，如图 4-1-27 所示。选中组合复制粘贴 3 次，修改内容，获得其他组合，效果如图 4-1-24 所示。

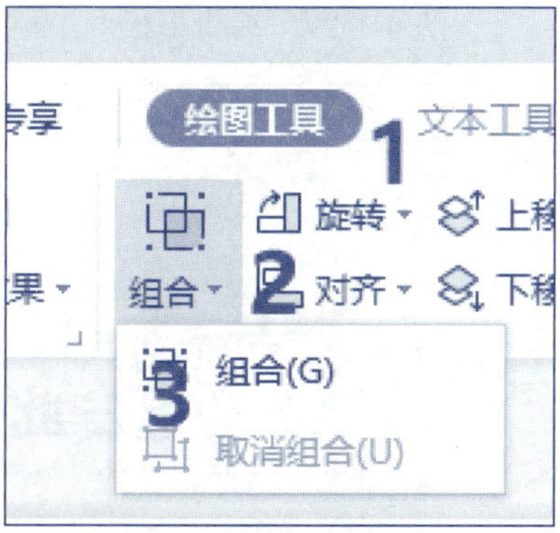

图 4-1-27　绘图组合

插入装饰图。点击“插入”—“图片”—“本地图片”选择“右下角书本女孩”，参照图 4-1-24 移动图片位置。

5. 为知识点分节页设置幻灯片版式

每个知识点的前面我们需要设计一页内容作为分节。最终效果如图 4-1-28 所示。

图 4-1-28　知识点分节页最终效果

（1）新建版式

进入幻灯片母板编辑模式并插入新版式。点击“设计”—“编辑母板”如图 4-1-29 所示，进入幻灯片母板编辑界面，点击“插入版式”，右击新建的版式重命名为“知识点分节页”，如图 4-1-30 所示。

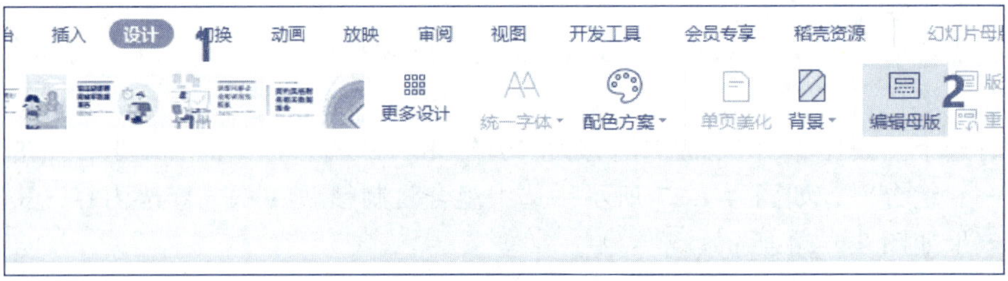

图 4-1-29　编辑母板

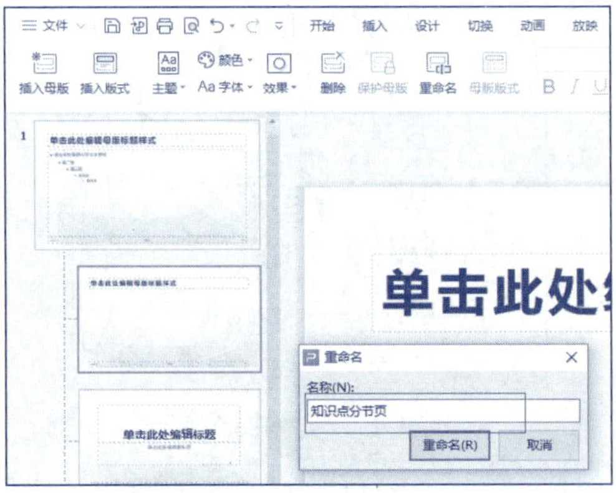

图 4-1-30　重命名

（2）编辑版式

光标放在“知识点分节页”版式的编辑区域。点击“插入”—“形状”—“矩形”选中第一个，如图 4-1-31 所示，在编辑区域拖出一个矩形框，并设置矩形高度为 7.8 厘米，宽度为 30.14 厘米，并设置填充和轮廓均为标准色浅蓝色，如图 4-1-32 所示。

（3）为页面添加装饰图片

点击“插入”—“图片”—“本地图片”选择“文件页面图片”，参照图 4-1-28 调整图片位置。

图 4-1-31　插入矩形

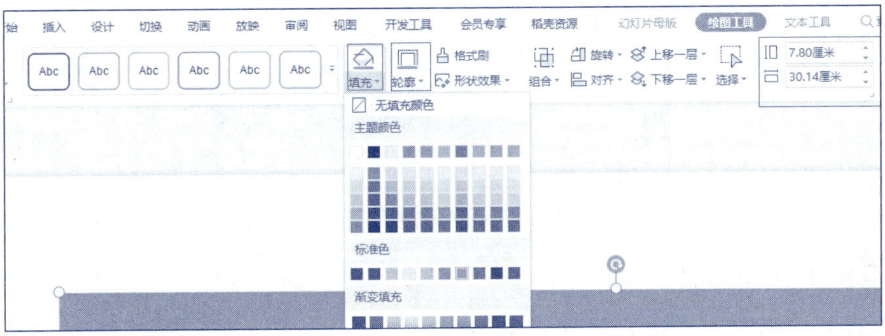

图 4-1-32　设置填充和轮廓

（4）设置标题格式

选中“单击此处编辑母版标题样式”文本框，修改内容为“单击此处编辑幻灯片章节标题”，并设置文字格式字体为微软雅黑，字号 36，加粗，字体颜色为白色。点击“绘图工具”—“上移一层”—“置于顶部”，如图 4-1-33 所示，按照图 4-1-28 最终效果，移动文本框。

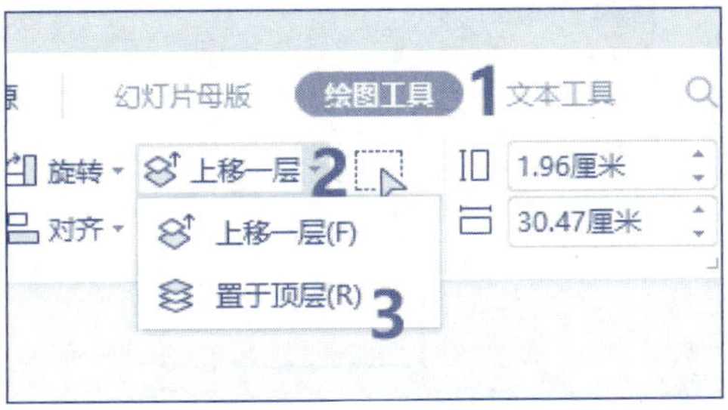

图 4-1-33　置于顶部

（5）关闭幻灯片母版编辑状态

点击“幻灯片母版”—“关闭”，如图 4-1-34 所示，这样就回到幻灯片编辑状态。

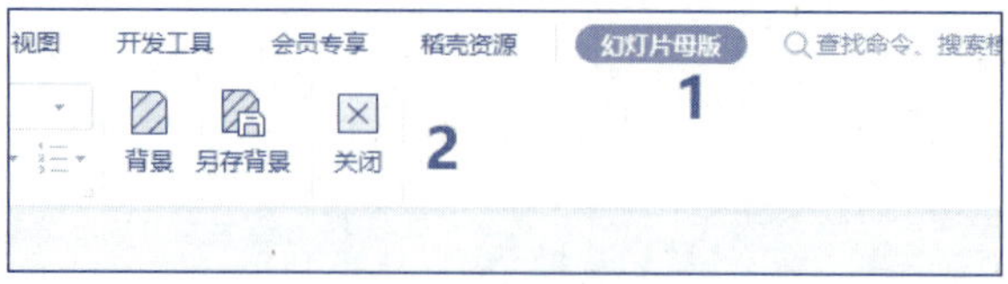

图 4-1-34　关闭幻灯片母版

（6）新建分节页

点击“开始”—“新建幻灯片”—“母版版式”选择“知识点分节页”版式，如图 4-1-35 所示，点击“单击此处编辑幻灯片章节标题”，修改内容为“项目目标”。按照同样的方法完成“项目描述”“知识准备”“项目实施”知识点分节页。

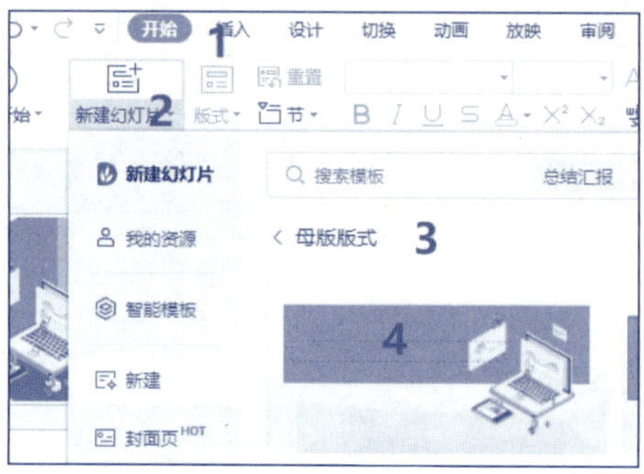

图 4-1-35　新建分节页

6. 编辑正文幻灯片

教学演示文稿知识点都要放到正文幻灯片中。

新建空白页面：点击“开始”—“新建幻灯片”—“母版版式”选择空白版式（第 3 列第 2 个），如图 4-1-36 所示。

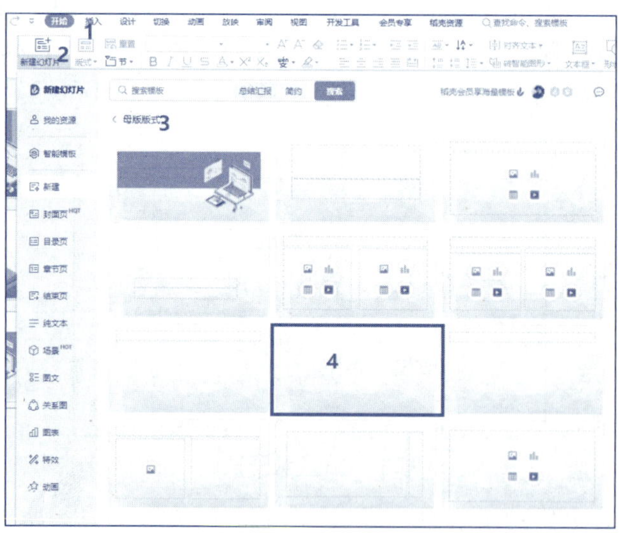

图 4-1-36　新建正文幻灯片

7. 编辑项目目标内容页

（1）插入表格

点击“插入”—“表格”拖动表格为“1 行 4 列”，如图 4-1-37 所示，并且按照效果图 4-1-24 分别录入“知识准备”“项目描述”“知识准备”“项目实施”，并设置字体格式为，微软雅黑，字号 18，加粗，字体颜色为白色。

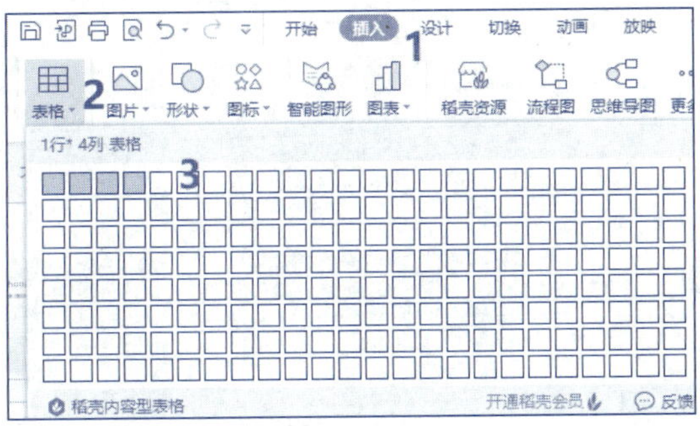

图 4-1-37　插入表格

（2）设置表格内容格式

选中表格，点击“表格工具”—“居中对齐”。

（3）复制幻灯片

复制幻灯片，用于其他知识点正文内容。右击正文幻灯片选择“复制幻灯片”，如图 4-1-38 所示，重复操作 3 次，这样就新增了 3 张幻灯片。

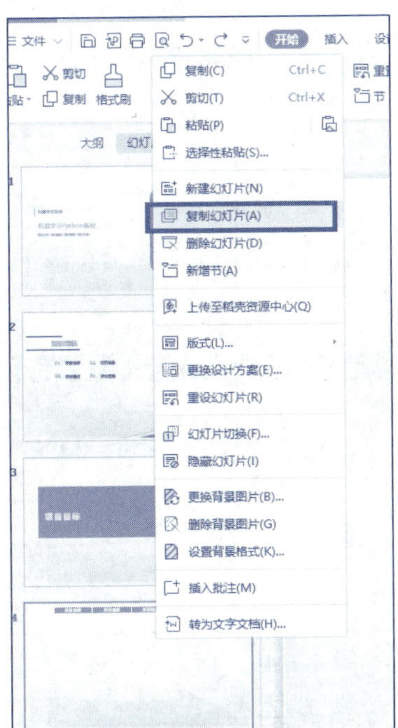

图 4-1-38　复制幻灯片

（4）编辑“项目目标”正文幻灯片

“项目目标”正文幻灯片最终效果如图 4-1-39 所示。

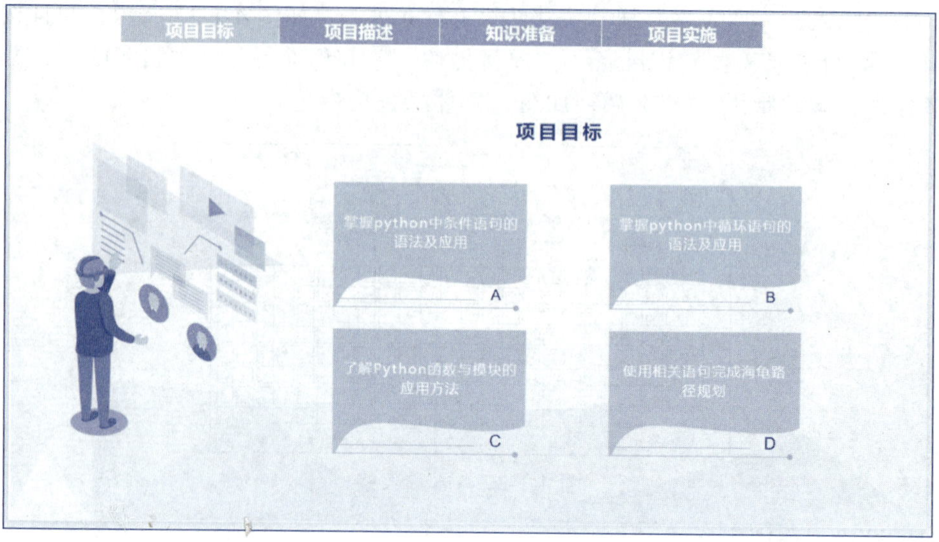

图 4-1-39　“项目目标”正文幻灯片最终效果

选中第 1 张正文幻灯片，选中“项目目标”单元格，点击“表格样式”—“填充”为单元格填充标准色橙色。

插入装饰图片：点击“插入”—“图片”—“本地图片”选择素材文件“项目目标页配图”。

插入智能图形：点击“插入”—“智能图形”—“并列”—“4 项”—“免费”选择第 1 行第 1 个样式如图 4-1-40 插入智能图形。按照图 4-1-39 调整智慧图形的位置及内容。

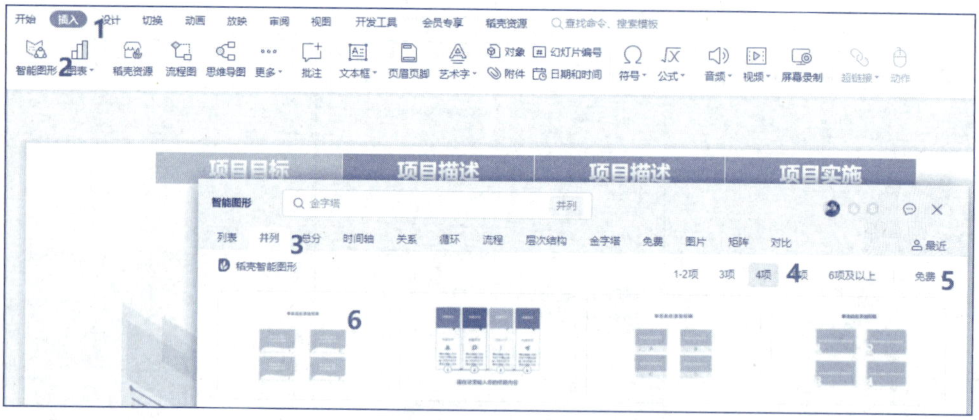

图 4-1-40　插入智能图形

（5）编辑“项目描述”正文幻灯片

“项目描述”正文幻灯片最终效果如图 4-1-41 所示。

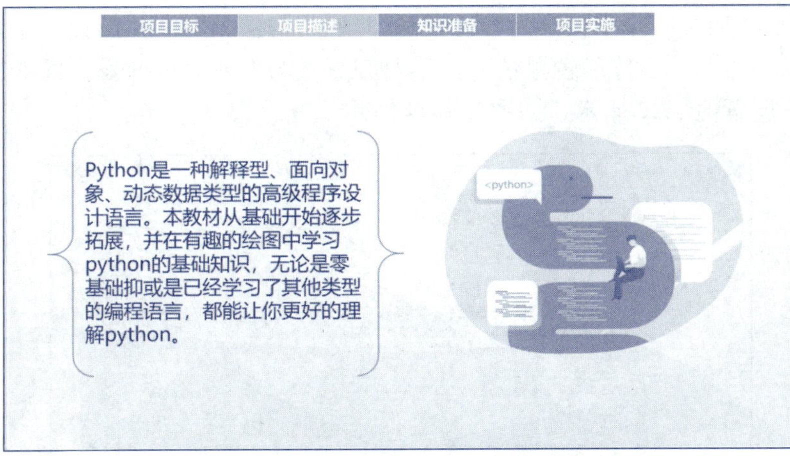

图 4-1-41　“项目描述”正文幻灯片最终效果

选中幻灯片中表格中“项目描述”单元格，填充为标准色橙色。

插入形状。点击“插入”—“形状”选择基本形状中的“双大括号”，如图 4-1-42 所示，并设置形状的格式为“强调色—强调颜色 6”（第 3 排第 7 个），如图 4-1-43 所示，设置形状高度为 10.57 厘米，宽度为 14.86 厘米。

图 4-1-42　插入双大括号

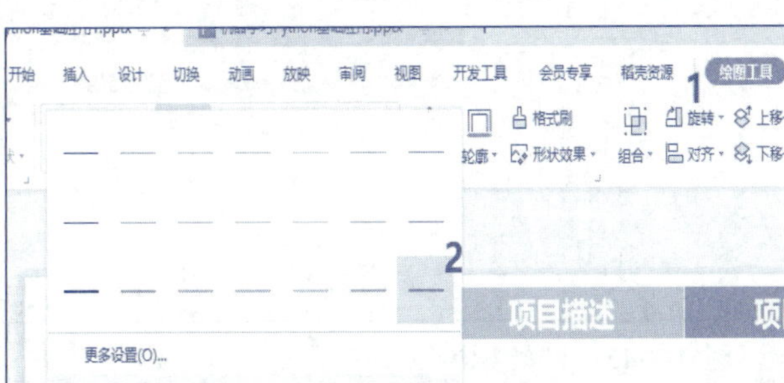

图 4-1-43　插入形状

点击右键添加文字。（文字内容见素材“项目描述.txt”）并设置字体格式为字体微软雅黑，字号 24，字体颜色黑色，段落对齐方式为左对齐，并设置段落特殊格式为“首行缩进”度量值 1.27 厘米，如图 4-1-44 所示。

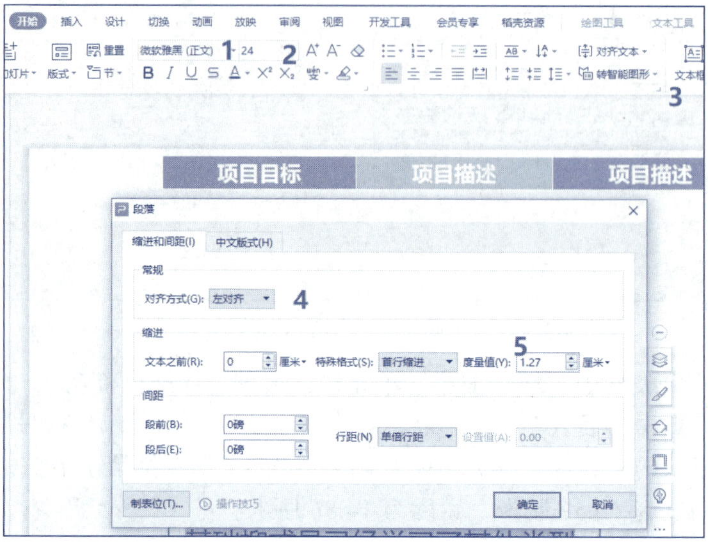

图 4-1-44　添加并设置文字

插入装饰图片。点击“插入”—“图片”—“本地图片”选择“项目描述正文页配图”，根据图 4-1-41 调整图片及形状位置。

（6）编辑“知识准备”正文幻灯片

“知识准备”正文幻灯片最终效果如图 4-1-45 所示。

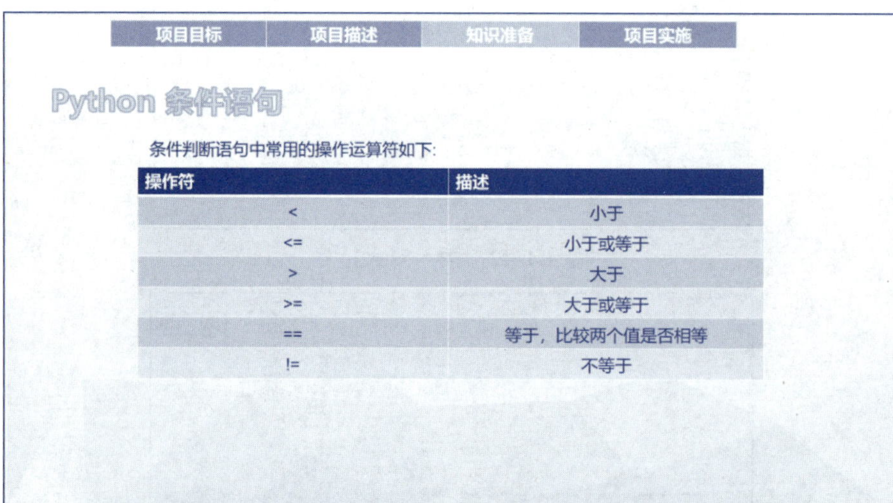

图 4-1-45　“知识准备”正文幻灯片最终效果

选中幻灯片中表格中“知识准备”单元格，填充为标准色橙色。

插入艺术字。点击“插入”—“艺术字”—“预设样式”选择“填充-亮天蓝色，着色 2，轮廓-着色 2”样式（第 1 排，第 1 个）。替换文字为“Python 条件语句”。调整字体为微软雅黑，字体大小为 32，如图 4-1-46 所示。

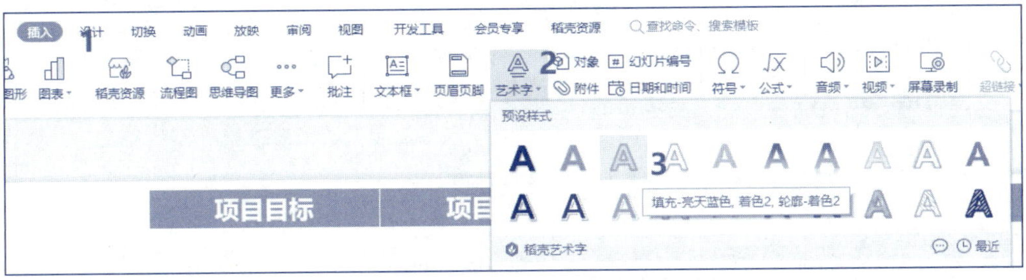

图 4-1-46 插入艺术字

插入文本框。点击“插入”—“文本框”—“横排文本框”，录入文字“条件判断语句中常用的操作运算符如下：”，并设置字体为微软雅黑，字号为 18，按照效果图调整文本框大小及位置。

插入表格。点击“插入”—“表格”—“插入表格”插入一个 2 列 7 行的表格，如图 4-1-47 所示，点击表格样式，为表格应用预设样式中色系“中度样式 2”的表格样式（第 2 排第 4 个），如图 4-1-48 所示，按图 4-1-41 最终效果录入表格内容。

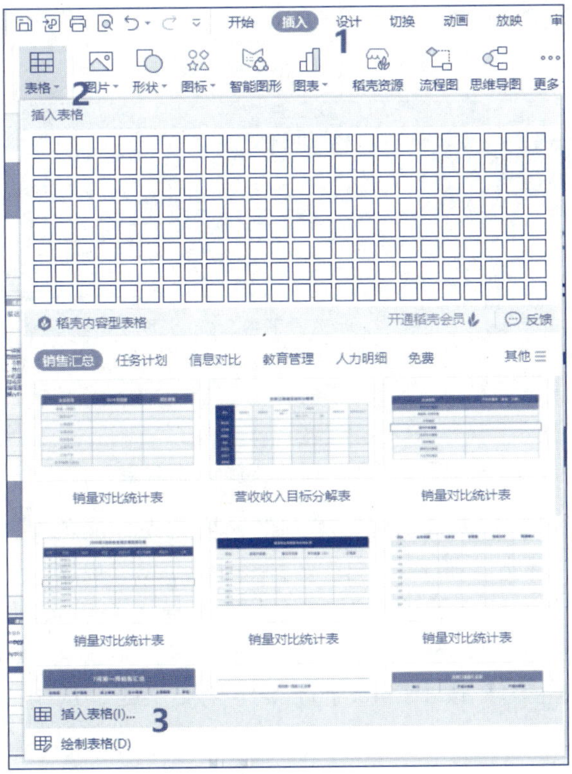

图 4-1-47 插入表格

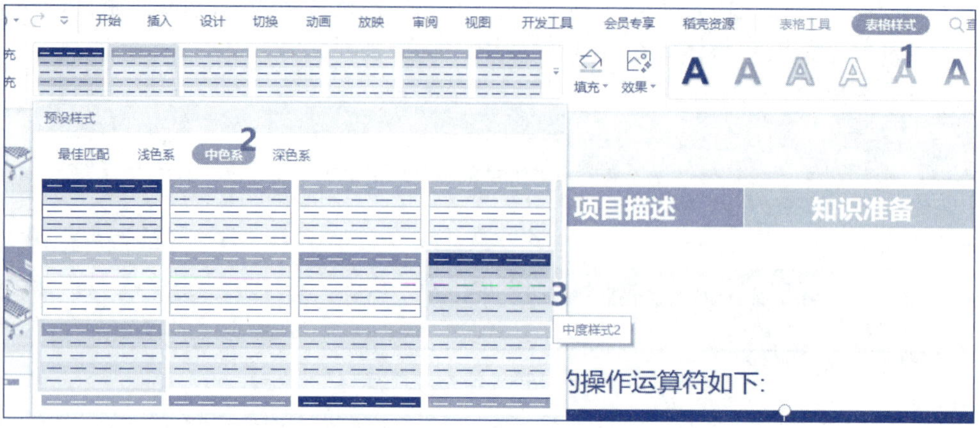

图 4-1-48　表格应用预设样式

（7）编辑“项目实施”正文幻灯片

“项目实施”正文幻灯片最终效果如图 4-1-49 所示。

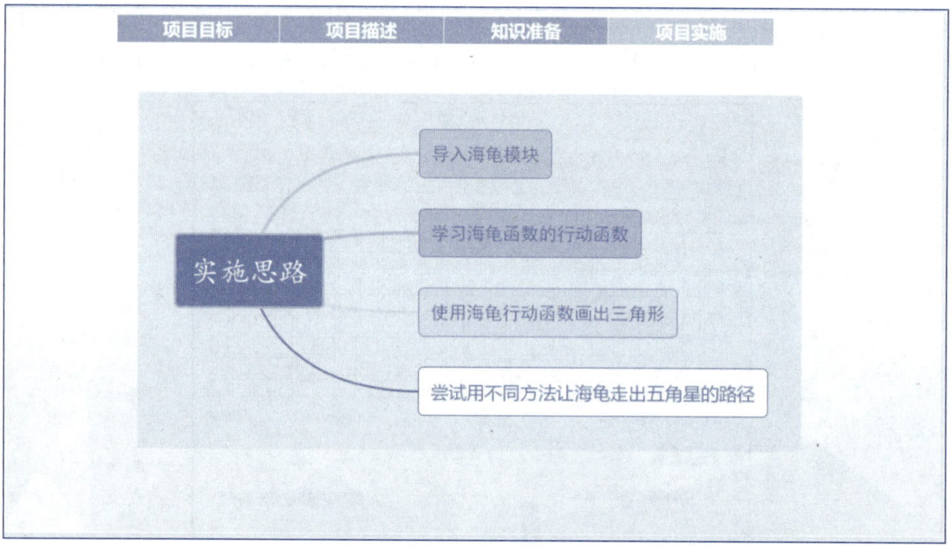

图 4-1-49　项目实施最终效果

选中幻灯片中表格中“项目实施”单元格，填充为标准色橙色。

插入思维导图。点击“插入”—“思维导图”—“更多”—“免费专区”选择“思维导图模板”，点击“立即使用”，进入思维导图编辑页面，如图 4-1-50 所示，按照图 4-1-49 所示最终效果修改思维导图文字内容，如图 4-1-51 所示，双击修改文字内容，点击“分支主题”按【Enter】键新建分支主题，选中“子主题”按[Delete]键删除子主题。

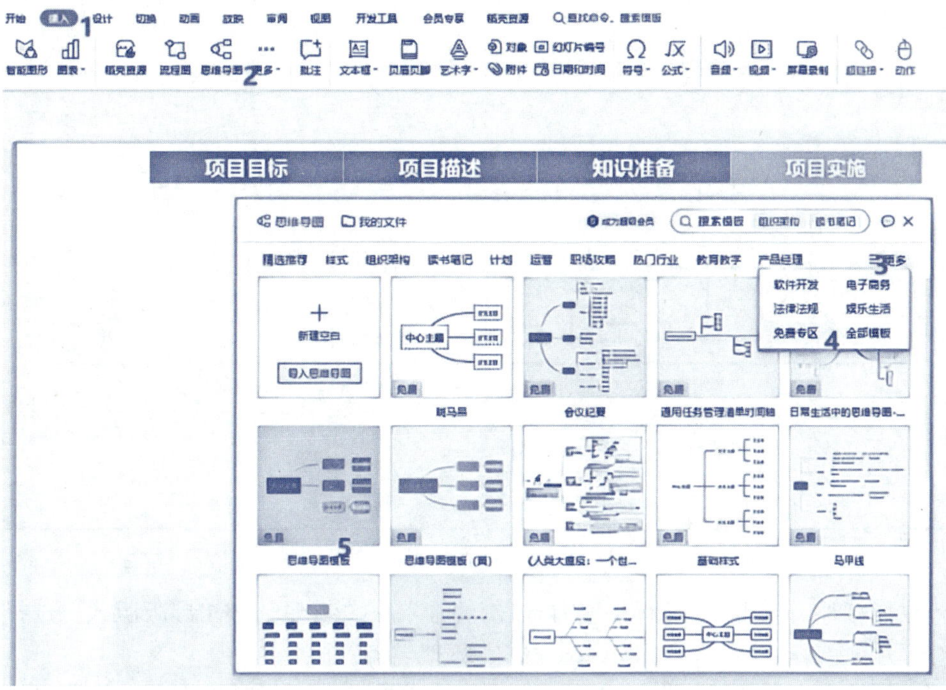

图 4-1-50 插入思维导图

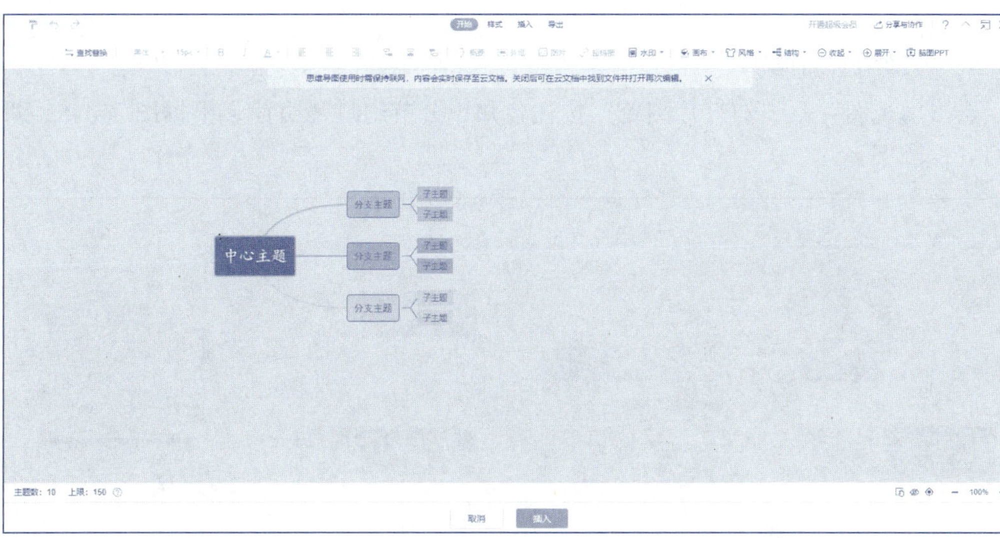

图 4-1-51 修改思维导图文字

8. 制作幻灯片封底

每一个演示文稿都少不了一个结束的幻灯片，通常这个幻灯片称作封底，本演示文稿封底的最终设置效果如图 4-1-52 所示。

图 4-1-52　封底的最终效果

新建幻灯片。点击“开始”—“新建幻灯片”—“新建”—“母版版式”选择空白版式幻灯片。

插入图片。点击“插入”—“图片”—“本地图片”选择封底图片。按照最终效果调整图片位置。

9. 调整幻灯片顺序

点击“视图”—“幻灯片浏览”按住各知识分节幻灯片页面，根据图 4-1-53 调整各幻灯片顺序。

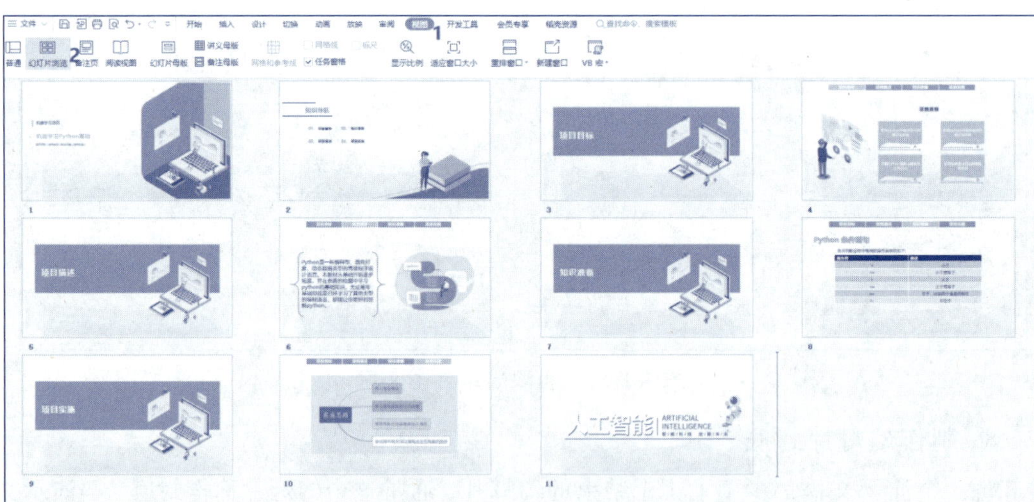

图 4-1-53　各页面最终顺序

实践探索

江国庆是一位大二的学生，在老师的指导下参加了“互联网+”大赛，根据大赛要求需要做份用于路演的演示文稿，请您帮他完成用于路演的演示文稿。

素材下载：“互联网+”路演演示文稿素材

素材下载：实践-“互联网+”演示文稿素材.rar。

演示文稿应当满足以下要求：

（1）演示文稿要有主题鲜明的封面页。

（2）演示文稿要有目录页。

（3）演示文稿正文内容要用分节页面分开。

（4）演示文稿要有正文页。

（5）演示文稿要有封底。

最终效果图如图 4-1-54 所示。

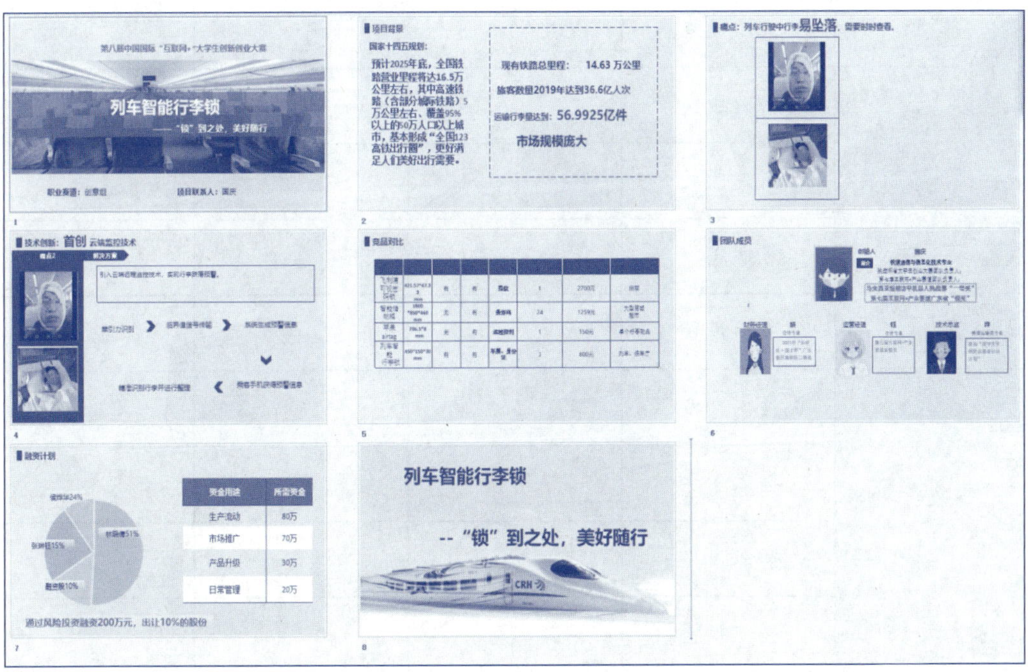

图 4-1-54 实践探索最终效果图

任务小结

制作简单的演示文稿，我们首先要了解演示文稿的制作目的，选择好主题。我们可以利用母板设计好统一的版式，在演示文稿中可以插入非常丰富的元素，包括图片、文字、表格、智慧图形、视频、音频等。

学习成果自查表

要点		掌握程度		
任务点	知识点	未掌握	基本掌握	熟练掌握
封面制作	新建演示文稿			
	演示文稿命名			
	录入文字			
	设置艺术字格式			
设置幻灯片大小	页面设置			
	大小设置			
设置幻灯片版式	修改版式			
	新建版式			
	母版编辑			
设置演示文稿背景格式	页面设置			
插入元素	插入文字			
	插入图片			
	插入表格			
	插入形状			
	插入图表			
	插入思维导图			
	插入页眉页脚			

任务二 美化人工智能技术应用演示文稿

任务目标

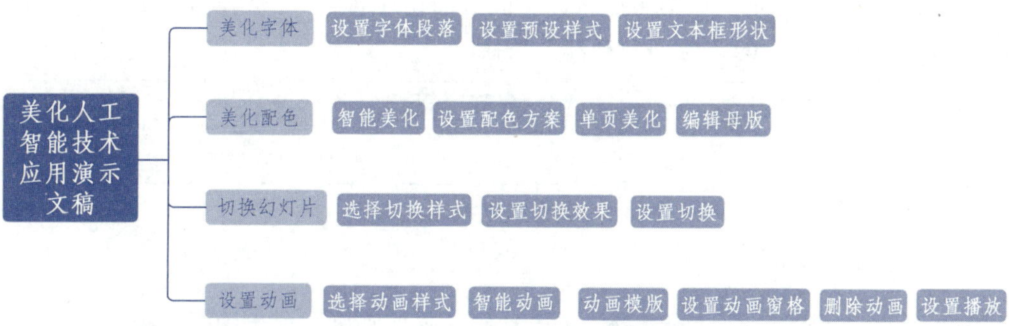

视频：美化人工智能技术应用演示文稿

素材下载：美化人工智能技术应用演示文稿素材

任务描述

神九飞天，蛟龙入海，中国智造，建设智慧城市，这些都和科技强国战略中的人工智能技术密不可分。郭卿是人工智能某设备公司的销售员，为了拓展客户资源，他需要带着自己的产品介绍演示文稿到全国人工智能博览会参加展览。郭卿认为，要想演示文稿能够吸引参观者，需要对做好的文稿做进一步的设置，目的是让演示文稿动起来。动画效果如“任务 2-效果”所示。

知识准备

1. 设置页面切换效果

首先我们要了解如何切换动画，WPS 演示提供了 20 种页面切换效果，包括平滑、淡出、切出、擦除、形状、溶解、新闻快报、轮辐、随机、百叶窗、梳理、抽出、分割、线条、棋盘、推出、插入、立方体、框、飞机、随机。选择幻灯片，在“切换”选项卡中选择一种合适的切换效果，即可为幻灯片添加该切换动画，如图 4-2-1 所示。

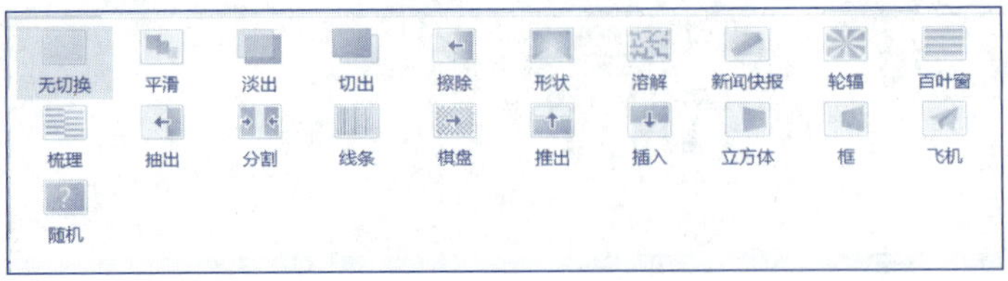

图 4-2-1　页面切换效果

另外，用户可以根据需要设置切换动画的参数。例如，设置切换速度、声音、换片方式等，如图 4-2-2 所示。如果想要将设置的页面切换效果应用到所有幻灯片上，可以单击“切换”选项卡中的“应用到全部”按钮。

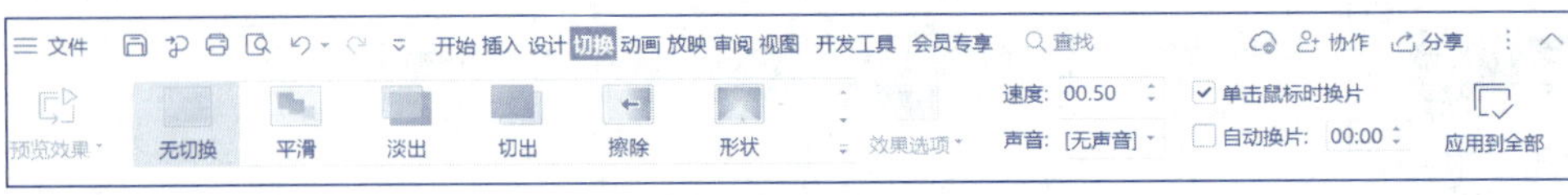

图 4-2-2　设置切换动画参数

2. 设计动画效果

WPS 演示提供了 4 种动画类型：进入动画、强调动画、退出动画、动作路径动画。其中，各动画类型又包含多种动画效果。单击“查看更多”按钮可以查看更多的动画效果，如图 4-2-3 所示。

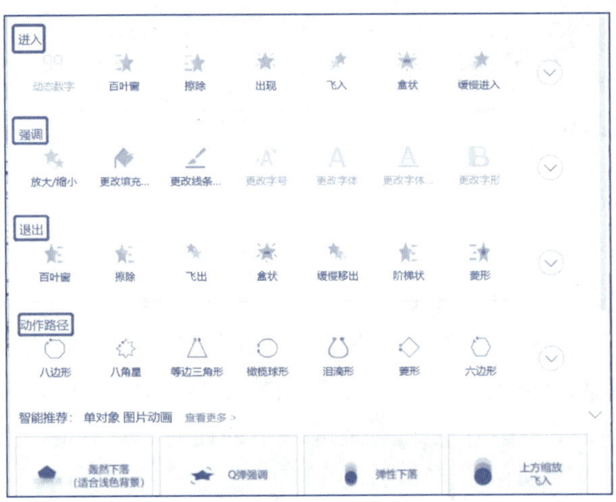

图 4-2-3　设置动画效果

若要为幻灯片中的对象设置动画效果，可以先选择对象，在“动画”选项卡中选择需要的动画效果即可，如图 4-2-4 所示。

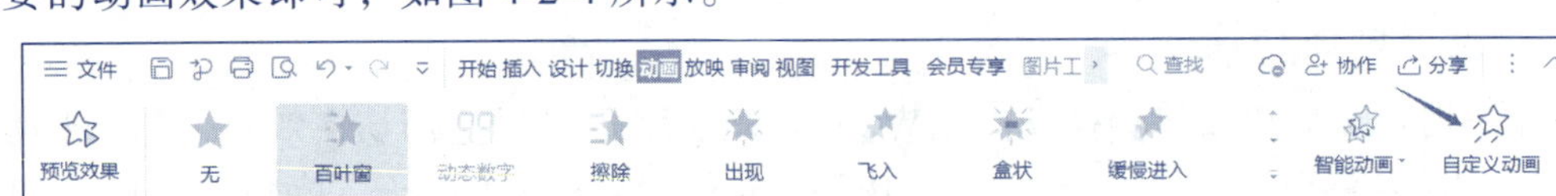

图 4-2-4　为对象设置动画效果

添加动画效果后，在“动画”选项卡中单击“自定义动画”按钮，打开“自定义动画”窗格，在其中可以设置动画的开始方式、方向、速度等，如图 4-2-5 所示。单击“添加效果”下拉按钮，可以继续为对象添加其他的动画效果。

3. 设置交互式页面效果

幻灯片在进行演示时，人们常常要通过链接到文档的其他位置来使演示流畅，那么我们就需要设置交互页面效果。

用户可以为某个对象添加超链接，链接到指定的幻灯片。首先选择需要添加超链接的文本，在“插入”选项卡中单击“超链接”按钮，在打开的“插入超链接”对话框中进行设置即可，如图 4-2-6 所示。

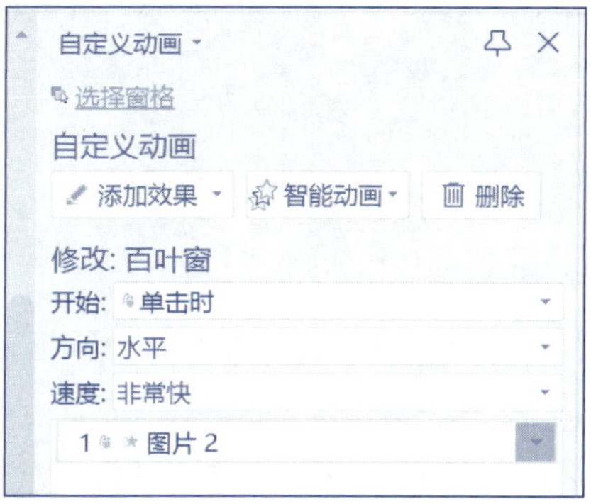

图 4-2-5 自定义动画

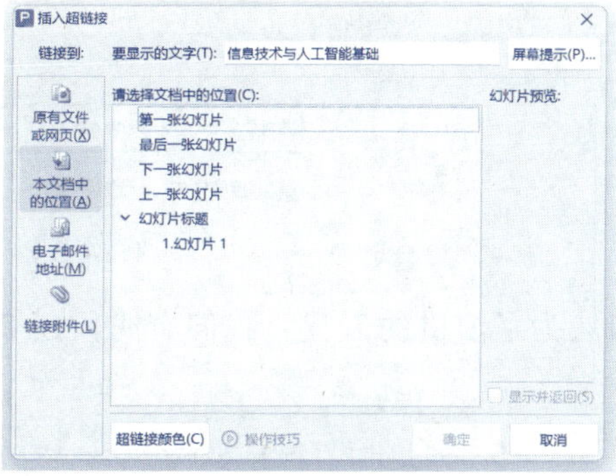

图 4-2-6 插入超链接

在放映幻灯片时，要想单击某个对象而跳转到其他文件，可以为其设置链接到其他文件的超链接。首先选择需要添加超链接的对象，接着打开“插入超链接”对话框，在其中单击“浏览文件”按钮，在“打开文件”对话框中选择相关文件即可，如图 4-2-7 所示。

图 4-2-7 链接文件

为了扩展文稿的信息范围，可以将某个对象链接到网页。只需打开“插入超链接”对话框，在“地址”栏中输入相关网址即可，如图 4-2-8 所示。

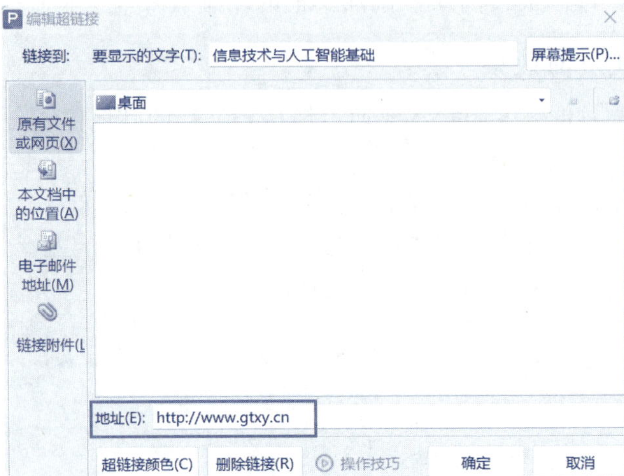

图 4-2-8　链接网址

当然为了演讲的流程，我们有时候还会设置本文档中的位置，如图 4-2-9 所示。

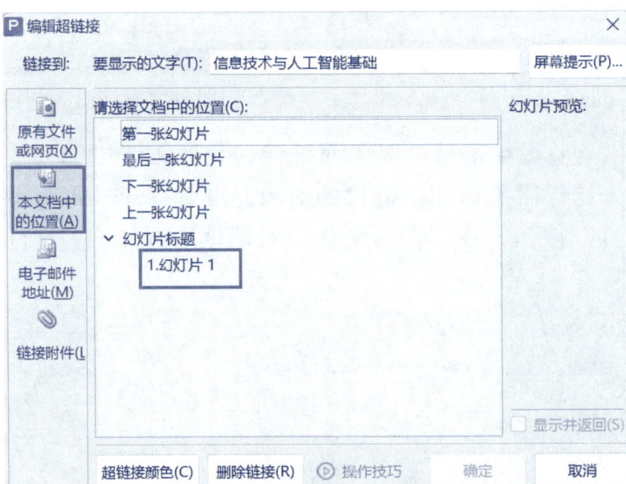

图 4-2-9　设置本文档中的位置

任务实施

打开“任务 2-素材-人工智能技术应用演示文稿—智慧医疗（素材）.PPTx”。

1. 设置页面切换方式

（1）设置封面及目录页页切换效果

在“大纲/幻灯片”选中第 1 ~ 2 张幻灯片（选中第 1 张幻灯片后按住【Ctrl】键同

时点击幻灯片 2），然后点击“切换”，在下面的切换效果中选择“擦除”，动画效果选择“向右”，如图 4-2-10 所示，并设置换片方式为“自动换片”，时间为 00：03，点击应用的全部，如图 4-2-11 所示。

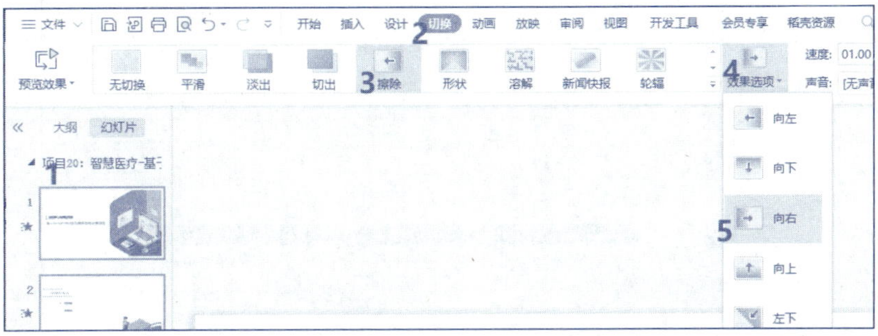

图 4-2-10　封面及目录页页切换效果

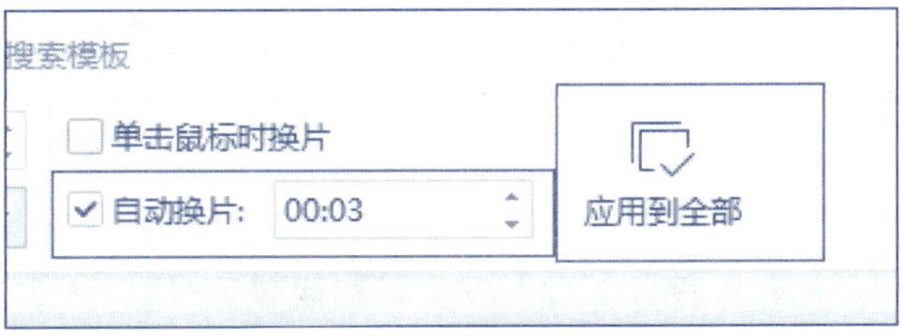

图 4-2-11　自动换片时间

注意：在设置第 1 张幻灯片播放方式后点击应用到全部将会把第一页的换片方式应用到所有的幻灯片，所以点击之后还需要为其他幻灯片单独设置切换类型及效果。

（2）设置正文分节页切换效果

在“大纲/幻灯片”选中第 3 张幻灯片，点击“切换”，在下面的切换效果中选择“立方体”，效果选择“右侧进入”，如图 4-2-12 所示。

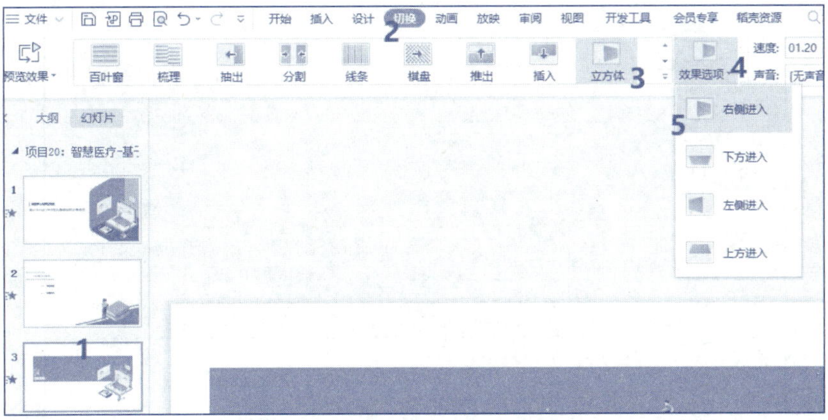

图 4-2-12　设置正文分节切换效果

（3）为正文页设置切换效果

在“大纲/幻灯片”选中第 4～6 张幻灯片（选中第 4 张幻灯片后按住【Shift】键同

时点击幻灯片 6），然后点击“切换”在下面的切换效果中选择“框”，效果为“右侧进入”，如图 4-2-13 所示。

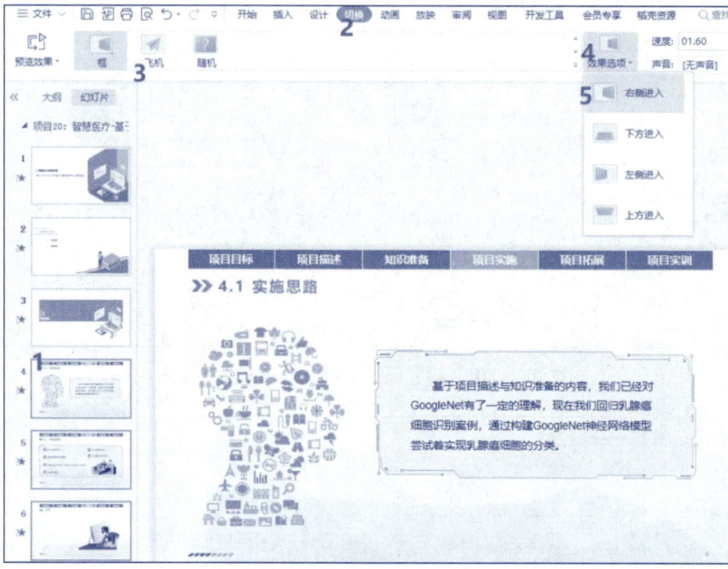

图 4-2-13　正文页切换效果

（4）设置封底页面切换效果

选中第 7 张幻灯片，设置切换效果为“抽出”，效果为“从上”，如图 4-2-14 所示。

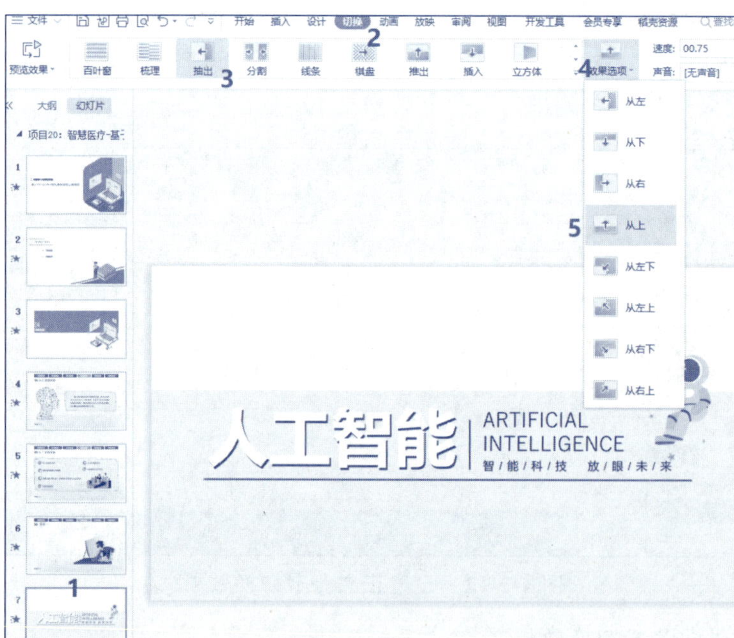

图 4-2-14　封底页面切换效果

"大纲/幻灯片"按【Ctrl+A】键，全选所有幻灯片，取消"单击鼠标时换片"，勾选"自动换片"，时间设置为 05 : 00，点击应用到全部。

2. 设置元素的动画效果

(1) 设置目录页各项目录动画

在编辑区域同时选中第 2 张幻灯片中的文本框（点击 04 文本框后按住【Ctrl】键的同时点击 05 文本框），点击"动画"选择"飞入"，动画属性设置为"自左侧"，如图 4-2-15 所示。

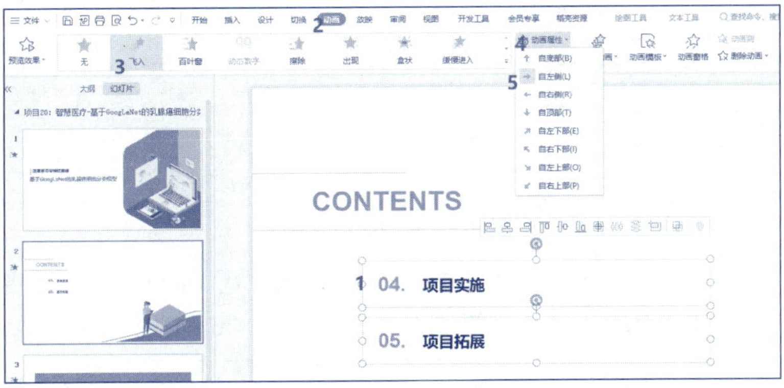

图 4-2-15　文本框动画

(2) 在母版模式中设置动画效果

进入母版编辑模式。点击"设计"—"编辑母版"选择"5_仅标题版式：由幻灯片 4～6 使用，如图 4-2-16 所示。

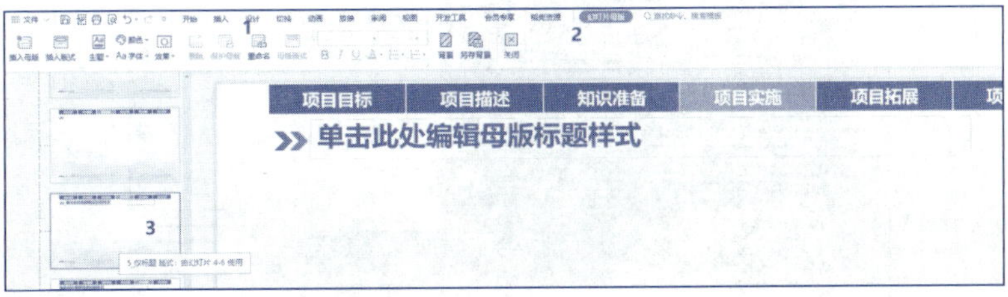

图 4-2-16　选择标题版式

设置动画。选中页面顶部表格，点击动画，选择进入模式为"擦除"，动画属性设置为"自左侧"，如图 4-2-17 所示；设置完成后，关闭幻灯片母版模式。

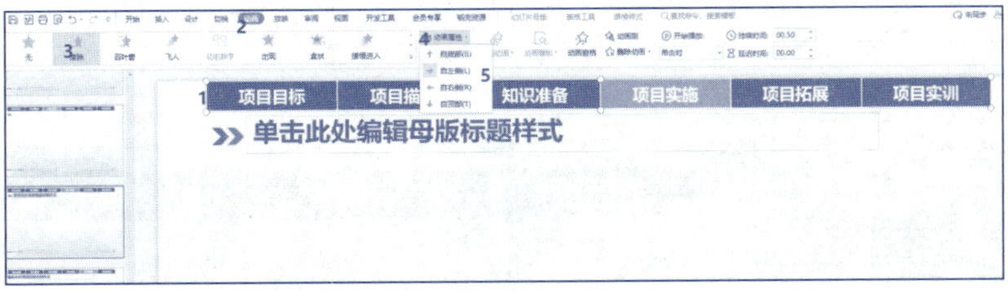

图 4-2-17　设置版式页动画

设置正文内容动画。在编辑区域全选第 4 张幻灯片中所有内容，点击“动画”，选择进入效果为“飞入”，动画属性为“自右侧”。用同样的方法设置第 5～6 张幻灯片各元素进入动画均为“飞入”，动画属性均为“自右侧”。注：动画效果类型不宜太多，太多会让看的人眼花缭乱，影响正文内容的传播。（播放效果见视频微课）

3. 添加视频并设置显示大小及播放方式

点击幻灯片 6，在空白处点击“插入”—“视频”—“嵌入视频”，选择素材文件中“实施.MP4”，如图 4-2-18 所示。

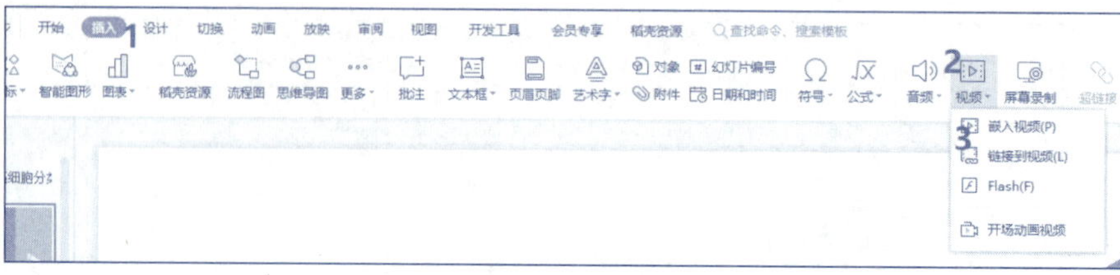

图 4-2-18　插入视频

点击图片工具，设置视频显示大小为高 9.95 厘米，宽 16.34 厘米。设置边框颜色为主题色“深蓝色，着色 1”（第 1 排第 5 个），线型为“6 磅”，如图 4-2-19 所示。

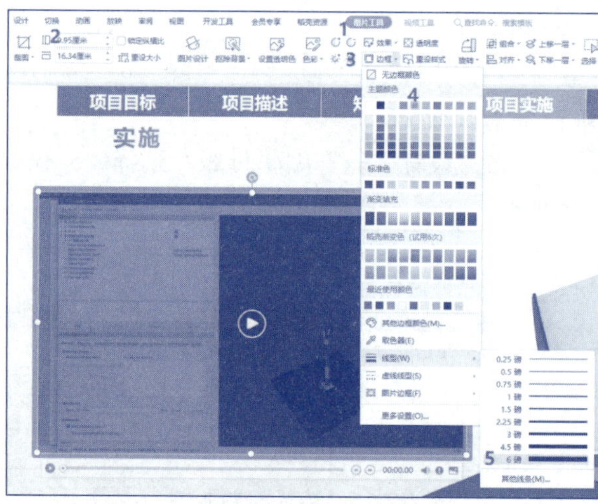

图 4-2-19　设置视频显示大小

4. 设置视频播放

点击“视频工具”，设置“开始”为“自动”，如图 4-2-20 所示。

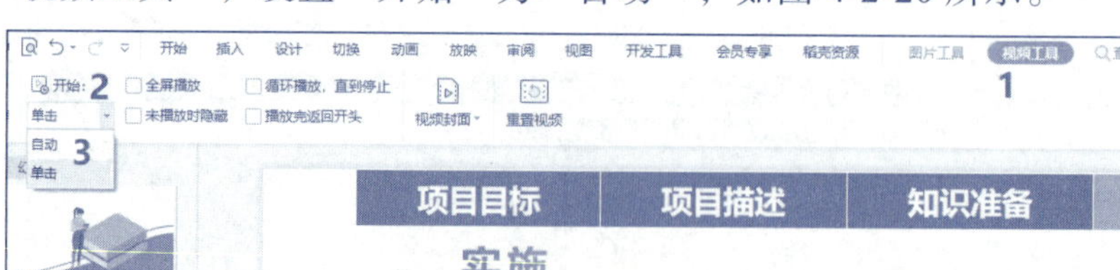

图 4-2-20　设置视频播放

5. 为目录设置文档内部超链接

选中第 2 张幻灯片中“项目实施”文本框，点击“插入”—“超链接”—“本文档的位置”在右边的幻灯片页面中选择“4.4.1 实施思路”，如图 4-2-21 所示。

图 4-2-21　设置超链接

实践探索

江国庆拿着自己的“互联网+”路演文稿到竞赛现场，为了让自己做的演示文稿生动、特别，需要您帮助他美化演示文稿。

打开任务 2-实践素材-互联网+演讲 PPT（素材）。

演示文稿应当满足以下要求：

（1）为所有的页面设置切换样式为“框”，效果选项设置为“自右侧”；

（2）为所有页面元素设置动画效果为“飞入”动画属性为“自左侧”。

素材下载：“互联网+”路演演示文稿素材

任务小结

本任务我们学习设计并制作带动画效果的人工智能应用技术演示文稿。

一个好的演示文稿必须是一个生动的演示文稿，能够让人记忆深刻，耳目一新，这些都可以通过为每个页面设置切换动态，为每个元素设置动画的效果来实现。同时，为了能够流畅地进行整个演讲，我们还可以设置一些互动的页面，使得我们的每一个结论都能链接到具体的支撑材料上去。

请思考：演讲时的动画是不是越多越好？

学习成果自查表

要点		掌握程度		
任务点	知识点	未掌握	基本掌握	熟练掌握
字体美化	字体段落设置			
	预设样式设置			
	文本框形状设置			
配色美化	智能美化			
	配色方案设置			
	单页美化			
	编辑母版			
幻灯片切换	切换样式选择			
	切换效果设置			
	切换时间设置			
动画设置	动画样式选择			
	智能动画			
	动画模板			
	动画窗格设置			

任务三 放映人工智能技术应用演示文稿

任务目标

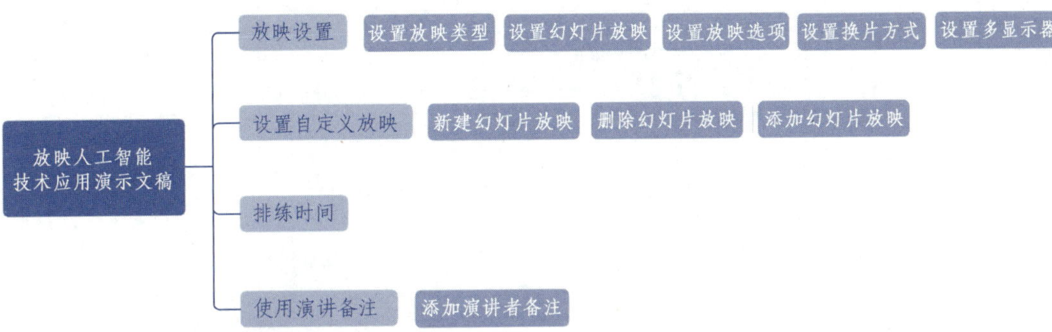

视频：放映人工智能技术与演示文稿

素材下载：放映人工智能教学演示文稿素材

任务描述

郭卿将参加博览会，由于博览会上参观人员流动性较大，展览有多个环节，包括集中讲解环节、资料传递环节、分散参观环节，郭卿决定利用演示文稿针对各环节设置不同的策略，分别是：在集中讲解环节利用演示文稿辅助讲解；在资料传递环节，利用演示文稿导出 PDF 格式文件，固定演示文稿排版，进行文档的打印；对于分散参观环节，将演示文稿放在展位平板电视上循环播放。那么，具体要如何操作呢？

知识准备

1. 了解幻灯片放映类型

幻灯片的放映类型包括演讲者放映（全屏幕）和展台自动循环放映（全屏幕），用户可以根据需要选择合适的放映类型，如图 4-3-1 所示。在演讲场合下，通常选择“演讲者放映（全屏幕）”。

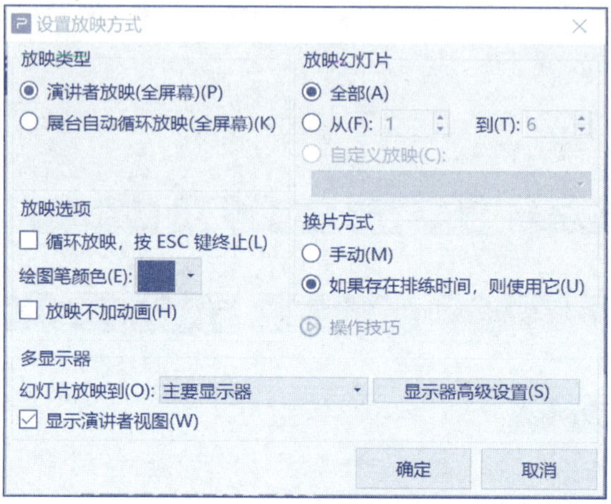

图 4-3-1　设置放映方式

2. 训练演讲过程（排练时间）

为了较好地控制放映节奏，可以为幻灯片设置排练计时。在“幻灯片放映”选项卡中单击“排练计时”下拉按钮，在列表中可以根据需要选择排练全部幻灯片或排练当前幻灯片。进入自动放映模式后，在幻灯片左上角会出现“预演”对话框，可以设置每张幻灯片的播放时间，设置完成后会弹出一个对话框，单击“是”按钮，即可保留幻灯片的排练时间，如图 4-3-2 所示。

图 4-3-2　排练计时

3. 输出演示文稿

放映演示文稿后，用户可以根据需要将幻灯片输出为其他格式，如输出为图片、输出为 PDF 等，如图 4-3-3 所示。

图 4-3-3　输出演示文稿

任务实施

1. 输出演示文稿为 PDF 格式，确保页面版式

将人工智能技术应用演示文稿输出为PDF格式的文件。点击“文件”—“输出为 PDF”，如图 4-3-4 所示，进入“输出为 PDF 格式”对话框，在这里可以选择输出文档的页码为 1 ~ 7 页（全部），如图 4-3-5 所示，选择输出的位置为“源文件夹”，点击“开始输出”即可输出一个 PDF 格式的幻灯片了，如图 4-3-6 所示。

注意：在“输出为 PDF”对话框中可以添加文件合并输出。可以通过“继续添加文件”功能添加其他的演示文稿合并输出（此功能属于会员功能）。

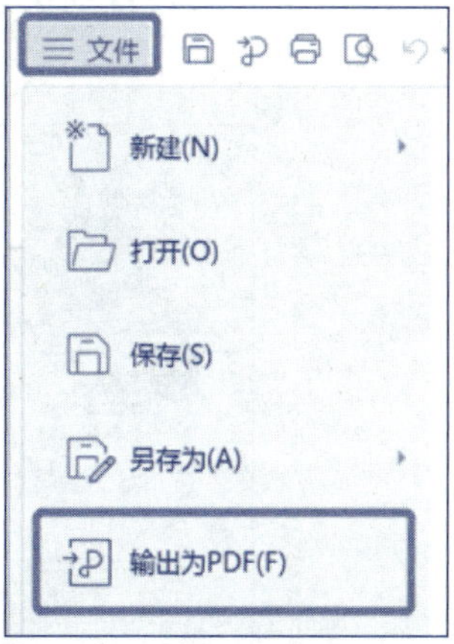

图 4-3-4　演示文稿输出为 PDF

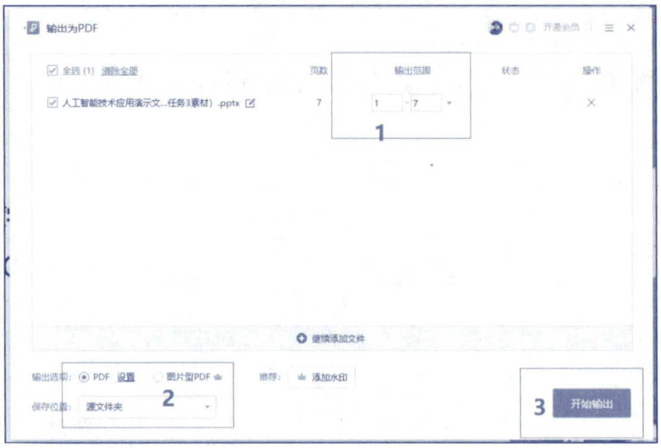

图 4-3-5 选择导出页码

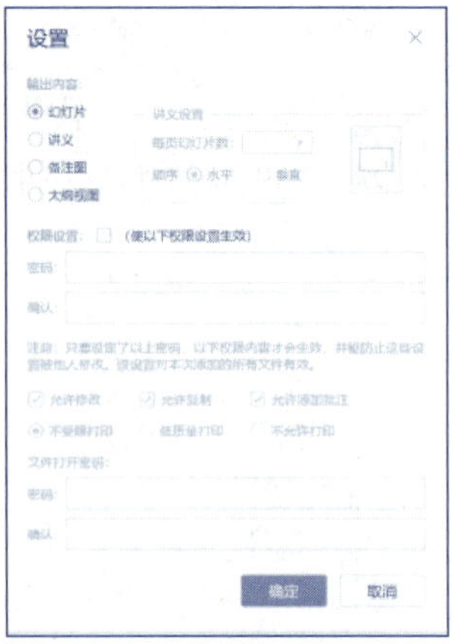

图 4-3-6 设置输出内容

2. 预演并设置排练时间

排练时间记录的是演讲者在模拟演讲时，每一页幻灯片展示的时间。操作方法是，点击“放映”—“排练计时”，此时演示文稿将全屏展示，并且在左上角出现计时器，如图 4-3-7 所示。

图 4-3-7 设置排练时间

在演讲结束后将自动进入“幻灯片浏览”视图，并且在 每页幻灯片下方显示时间，如图 4-3-8 所示。

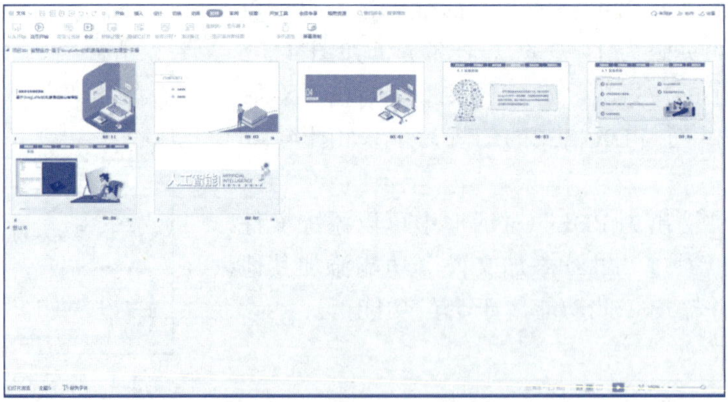

图 4-3-8 排练结束显示时间

3. 设置幻灯片放映方式

点击“放映”—“放映设置”打开设置放映方式对话框，将放映类型设置为“演示者放映（全屏幕），放映幻灯片设置为“全部”，放映选项勾选“循环放映，按 ESC 键终止”，换片方式设置为“如果存在排练时间，则使用它”。多显示器选择“主要显示器”，去掉“显示演讲者视图”前面的勾，如图 4-3-9 所示。

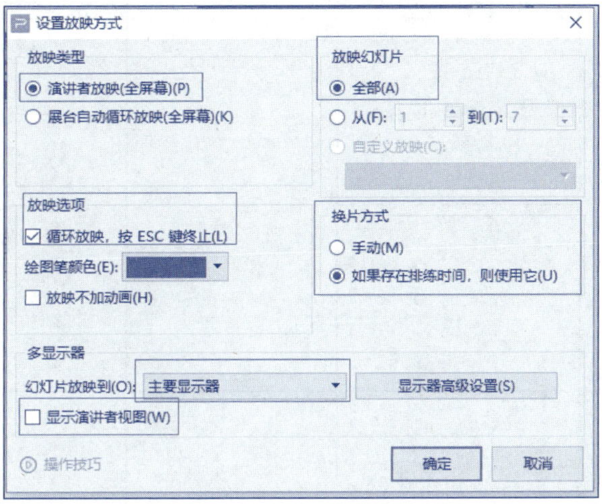

图 4-3-9 放映设置

实践探索

郭卿收到“互联网+”竞赛组通知，每个项目的演示文稿可以放到专门的展示平台中循环展示给流动的评委自行观看。现在需要您帮他设置演示文稿自动循环播放。

下载任务 3-实践素材-互联网+演讲 PPT（任务 3 实践素材）.PPTx。

放映设置要求：

（1）放映类型为“演示者放映（全屏幕）”；

（2）放映幻灯片为“全部”放映选项为“循环放映，按【Esc】键终止”；

（3）换片方式为“如果存在排练时间，则使用它”；

（4）多显示器时选择“主要显示器”；

（5）关闭“显示演讲者视图”。

素材下载：“互联网+”演讲 PPT 素材

任务小结

在实施放映这一任务，我们学会了如何利用排练时间设置每页演示文稿播放停留时间，了解了如何设置演示文稿自动播放。

请思考：本任务所学的自动放映模式可以在什么情况下设置？

学习成果自查表

要点		掌握程度		
任务点	知识点	未掌握	基本掌握	熟练掌握
放映设置	放映类型设置			
	放映选项			
自定义放映设置	新建幻灯片放映			
	大小设置			
排练时间	添加排练时间			
设置演示文稿背景格式	页面设置			
使用演讲备注	添加演讲者备注			

学习总结

<table>
<tr><td>姓名</td><td></td><td>班级</td><td></td><td>学号</td><td></td></tr>
<tr><td colspan="2">模块名称</td><td colspan="4"></td></tr>
<tr><td colspan="2" rowspan="3">学习总结</td><td colspan="4">我学会了：（知识、技能成长）</td></tr>
<tr><td colspan="4">我收获了：（职业认识、协作能力、问题解决能力等发展）</td></tr>
<tr><td colspan="4">在本任务的学习中，我的不足有：（自我反思与评价）</td></tr>
</table>

第二部分　人工智能及其应用

学习导航：

模块五：人工智能基础

模块六：计算机视觉

模块七：自然语言处理入门

模块八：大语言模型应用

模块九：人工智能综合实战

本部分内容注重学生专项能力的培养。

模块五
人工智能基础

思维导图

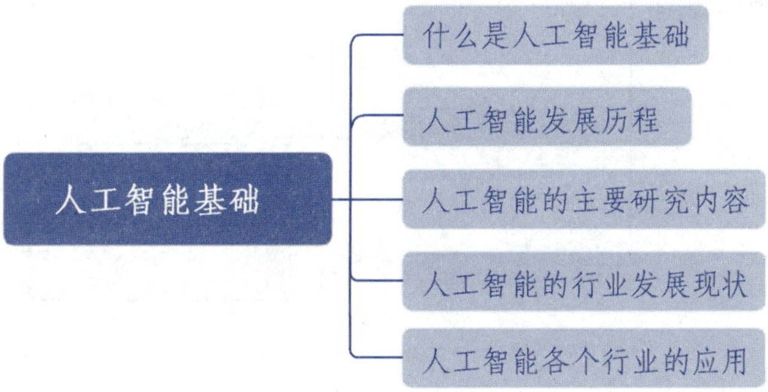

学习收获

在本模块中，您将学会：

- 系统了解人工智能的基本概念、起源、定义和发展；
- 掌握人工智能的基本概念、人工智能发展的三次浪潮；
- 理解人工智能人工智能的主要研究内容、行业发展现状；
- 了解人工智能在各行业具体应用的场景和功能。

任务一　人工智能基础

任务目标

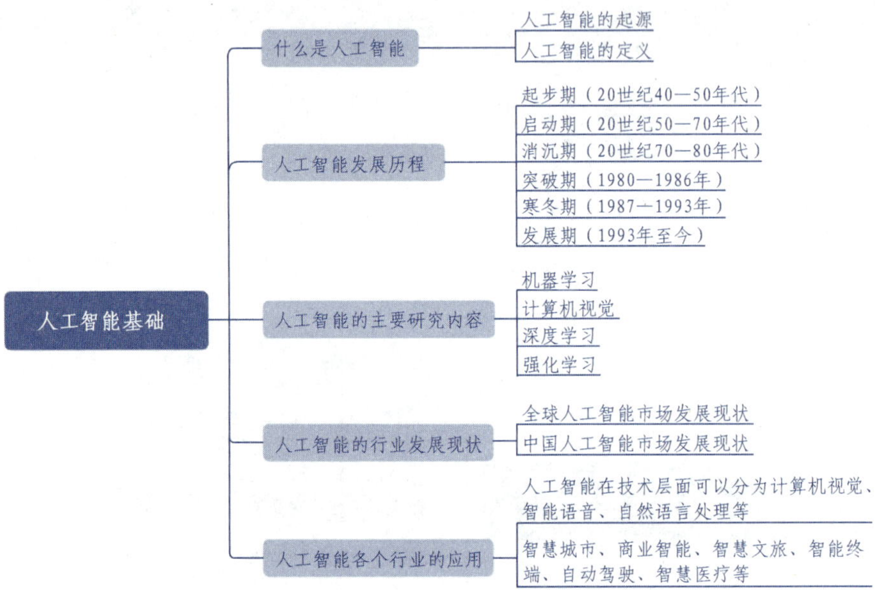

任务描述

人工智能（Artificial Intelligence，AI）是新一轮科技革命和产业变革的核心驱动力，正与工业、商业、金融业等行业全面融合，带动社会经济实体持续增长。人工智能产业正处于高速猛进阶段，正在快速渗透到各个行业，成为推动新一轮科技革命和产业变革的核心驱动力。随着技术的不断进步，特别是人工智能、云计算和大数据的飞速发展，铁路系统面临着前所未有的转型升级机遇。为了抓住这一机遇，提升铁路系统的运营效率、服务质量和安全性，某铁路系统决定进行信息化改造及升级。为了实现这一目标，我们需要深入了解人工智能的人工智能的基本概念、起源、定义、研究内容、发展现状以及其在各行业各具体应用的场景和功能。

微课：人工智能基础知识

知识准备

在当今科技潮流中，人工智能已成为一颗备受瞩目的新星，但对于初学者而言，人工智能似乎仍是一个神秘而遥不可及的领域。2016 年，从 AlphaGo 打败人类围棋冠军开始，人工智能开始步入公众视野，逐渐走进了我们的生活。那么，究竟什么是人工智能呢？它是如何发展起来的，有哪些实际的应用，是谁在推动人工智能的发展呢？本任务将以人工智能在我们日常生活中的简单应用为切入点，用通俗易懂的语言介绍人工智能的基本概念、学习方式，以及目前人工智能领域的研究方向，让同学们更轻松地理解这一神秘的科技领域。

一、人工智能的起源

人工智能的概念最早可以追溯到 20 世纪初。1956 年 8 月 31 日，约翰·麦卡锡(John McCarthy)、马文·李·明斯基（ Marvin Lee Minsky ）等科学家在美国达特茅斯学院开会研讨"如何用机器模拟人插入的智能"，首次提出"人工智能"这一概念，从此就诞生了人工智能学科。

二、人工智能的定义

人工智能指的是研究、开发用于模拟、延伸和扩展人的智能的理论、方法、技术及应用系统的一门新的技术科学。人工智能就是通过计算机来模拟人类大脑的思维方式，从而做出相应的判断和动作，让机器能够模拟和执行人类智能活动的技术和系统。计算机通过机器学习、深度学习、计算机视觉等算法对海量数据进行处理，完成语言识别、图像识别、自然语言处理、人脸识别等操作，最终达到模拟"人"的效果。

通俗易懂地理解，人工智能就是机器模拟人类的听、说、看、触觉、行走等功能(如图 1-1 所示），赋予机器类似人类智慧的一种技术和系统。换种说法，人工智能是通过机器来模拟人类认知能力的技术。举个例子，机器能"看"，可进行图像识别、文字识别、车牌识别等，就像是给机器装上了眼睛，让它能够识别、理解和感知周围的世界。同时，它具备语音合成技术，能够进行自然的人机对话。给机器装上了嘴巴，让它能够与人类进行自由流畅的沟通与交流。此外，人工智能在机器人、自动驾驶汽车、无人机等领域有着广泛的应用，就像是给机器装上了手脚，让它能够自主行动，甚至在一些领域比人类做得更好。更有趣的是，人工智能还能够"思考"，如参与人机对弈、进行定理证明，甚至在医疗方面还能参与病情诊断。

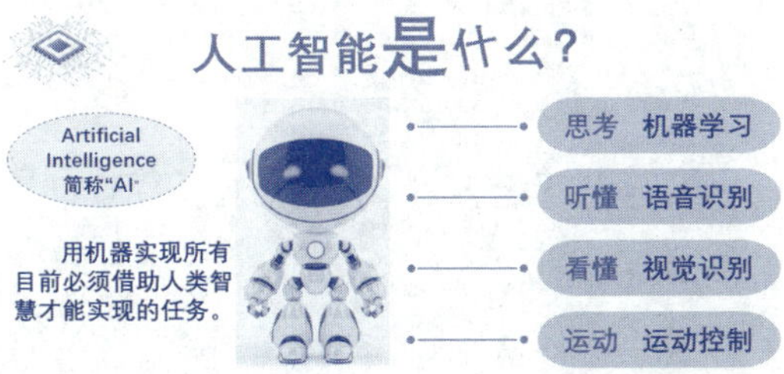

图 5-1-1 人工智能是什么

三、人工智能发展历程

人工智能的发展充满着未知，其探索道路曲折起伏。自 1956 年以来经过几十年的发展，其历程大致可划分为 6 个阶段：起步期、启动期、消沉期、突破期、寒冬期和发展期，如图 5-1-2 所示。

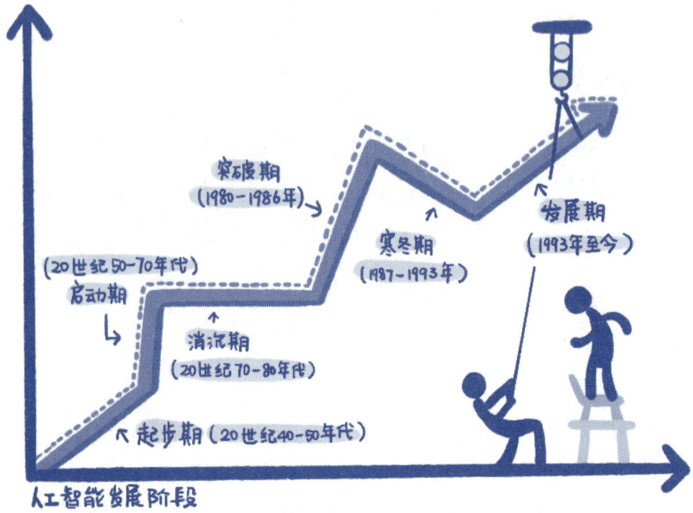

图 5-1-2　人工智能发展阶段

1. 起步期（20 世纪 40—50 年代）

1950 年，英国计算机科学家艾伦 · 麦席森 · 图灵（Alan Mathison Turing）发表论文《计算机器和智能》（《*Computing Machineray and Intelligence*》）。

1954 年，美国发明家乔治 · 戴沃尔（George Devol）设计了世界上第一台可编程工业机器人 Unimate。1956 年，戴沃尔和约瑟夫 · 恩盖尔柏格合作建立了 Unimation 公司，开创了机器人发展的新纪元，如 5-1-3 所示。

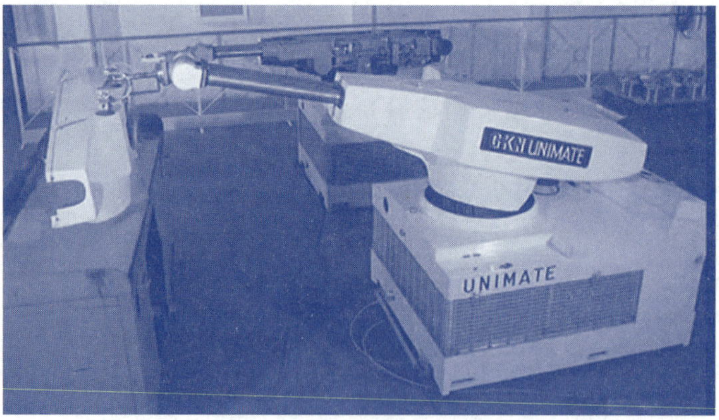

图 5-1-3　乔治 · 戴沃尔的机器人 Unimate

2. 启动期（20 世纪 50—70 年代）

1956 年，约翰·麦卡锡在达特茅斯会议首次提出“人工智能”这一概念，人工智能诞生。

1966—1972 年，由查理·罗森领导的美国国际斯坦福研究所研制出世界上第一台采用人工智能的移动机器人 Shakey。

1966 年，美国麻省理工学院的约瑟夫·魏泽鲍姆发布了世界上第一个聊天机器人 Eliza，如图 5-1-4 所示。

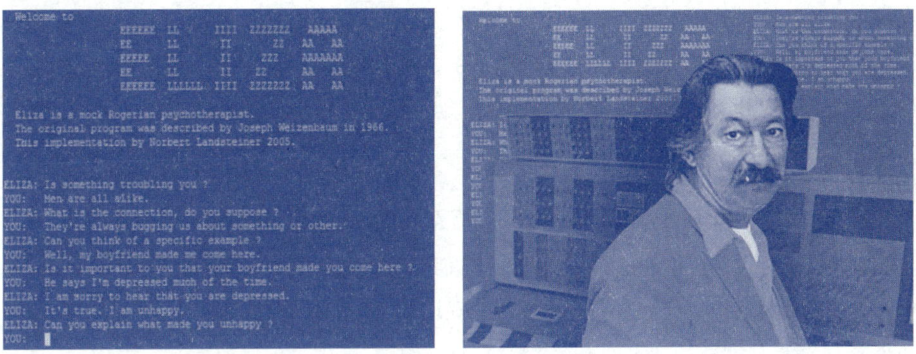

图 5-1-4 Eliza 聊天机器人程序界面

Eliza 是早期的人工智能程序，最初由计算机科学家约瑟夫·魏泽鲍姆（Joseph Weizenbaum）在 1966 年开发。它以模拟心理治疗师与患者之间的对话为特点。图 5-1-5 所示为一段 Eliza（http://eliza.botlibre.com/）和用户的经典对话示例。

图 5-1-5 用户与 Eliza 对话

用户：你好，Eliza。

Eliza：你好，请告诉我，有什么问题或者你想要讨论的事情吗？

用户：我感到很紧张，不知道该怎么办。

Eliza：你为什么感到紧张呢？

用户：我有一个重要的面试，我很担心表现不好。

Eliza：你为什么觉得你会表现不好呢？

用户：我总是在面试时感到紧张，怕自己回答不上问题。

Eliza：你觉得面试对你来说是一种挑战吗？

用户：是的，我总是觉得自己无法很好地回答问题。

Eliza：为什么你认为你无法很好地回答问题呢？

3. 消沉期（20 世纪 70—80 年代）

人工智能在启动期的突破性进展大大提升了人们对人工智能的期望，人们也开始尝试更具挑战性的任务，并提出了一些不切实际的研发目标。当时的计算机有限的内存和处理速度不足以解决任何实际的人工智能问题，接二连三的失败使人工智能的发展走入低谷。

4. 突破期（1980—1986 年）

1981 年，日本启动为期 10 年的“第五代计算机技术开发计划”，英美等国纷纷响应。

1984 年，美国计算机科学家道格拉斯 · 布鲁斯 · 莱纳特启动了大百科全书（Cyc）项目，其目标是使人工智能的应用能够以类似人类推理的方式工作。

1986 年，美国发明家查尔斯 · 赫尔制造出世界上第一台 3D 打印机 SLA-1，如图 5-1-6 所示。

图 5-1-6　3D 打印机

5. 寒冬期（1987—1993 年）

由于桌面电脑的迅速普及，以及研究的成功率较为有限，人们开始对人工智能产生信任危机，资金的投入又面临枯竭，人工智能发展陷入了数年的低谷，理论研究也陷入停滞。

6. 发展期（1993 年至今）

1997 年，国际商业机器公司的深蓝超级计算机战胜了人类国际象棋世界冠军卡斯帕罗夫，成为了第一个在标准比赛时限内击败国际象棋世界冠军的电脑系统。

2012 年，加拿大神经学家团队创造了一个具备简单认知能力、有 250 万个模拟“神经元”的虚拟大脑 Spaun，并通过了较基础的智商测试。

2014 年，在英国皇家学会举行的“2014 图灵测试”大会上，聊天程序尤金・古斯特曼（Eugene Goostman）首次通过了图灵测试。

同年，亚马逊公司正式发布了产品 Echo，如图 5-1-7 所示，这是一款可以通过语音控制家庭电器和提供资信信息的音箱产品。随后各大厂商纷纷效仿，一时间智能音箱产品遍地开花，进入千家万户。

图 5-1-7 智能音箱产品—Echo

2016 年，AlphaGo 战胜围棋世界冠军，再次震惊了整个人工智能领域。

四、人工智能的主要研究内容

随着科技的飞速发展，人工智能（AI）作为一门跨学科的领域，它的研究内容涵盖了多个重要方向，包括机器学习、计算机视觉、自然语言处理、深度学习、强化学习、人机交互、知识表示与推理、智能推荐等领域。

1. 机器学习

机器学习（Machine Learning）是一门研究计算机模拟人类学习行为，以获取新知识或技能的科学。如图 5-1-8 所示，机器学习可以让计算机从数据中自动学习规律和模式，并根据这些规律和模式进行预测和决策。

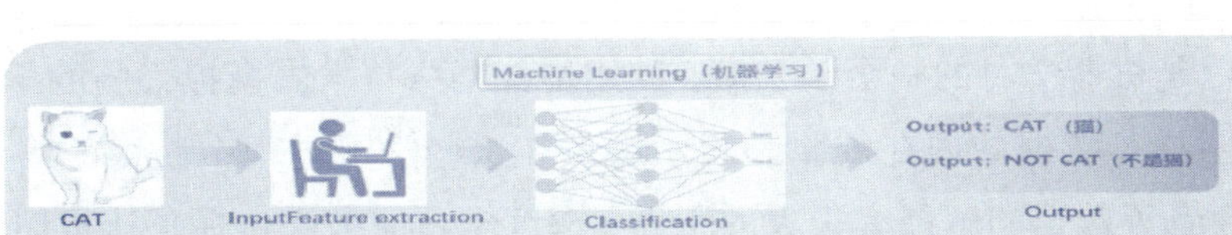

5-1-8 机器学习

接下来我们通过关于小江学习天气情况的案例进一步来了解一下机器学习概念。假设小江同学想要了解每天的天气是如何变化的，并且他有一个记录本，上面记录了过去的天气数据，包括日期、温度、湿度、风速以及天气状况（晴天、雨天、多云等）。小江的目标是，给定一个新的日期和相关的环境数据，预测那一天的天气状况。

数据收集：首先，小江需要收集足够多的天气数据。这些数据应该包含各种不同的天气状况和相应的环境数据。

特征选择：接下来，小江需要确定哪些特征（如温度、湿度、风速等）对于预测天气状况是最重要的。

模型训练：然后，小江可以使用这些数据来训练一个机器学习模型。这个模型会尝试找出环境数据与天气状况之间的关系。例如，模型可能会发现当湿度高且风速低时，下雨的可能性更大。

模型评估：训练完成后，小江需要使用一部分未参与训练的数据来评估模型的性能。这部分数据被称为测试集。通过比较模型对测试集的预测结果与实际天气状况，小江可以了解模型的准确性。

预测与决策：一旦模型被训练并评估为足够准确，小江就可以使用它来预测新的天气状况了。例如，给定一个新的日期和相应的环境数据，模型会输出一个预测的天气状况。基于这个预测，小江可以作出相应的决策，比如决定出门时是否需要带伞。

2. 计算机视觉

计算机视觉是一门研究如何使计算机系统具有人类视觉能力的学科。计算机视觉是人工智能领域的核心研究方向之一，其目标是赋予机器类似人类的“视力”。作为人工智能的分支，计算机视觉的研发目的在于通过电子化的方式来感知和理解影像，让计算机具备和人一样的“眼力”，能够识别、理解周围的世界。实现对周围世界的识别和理解。人脑中接收的 80%信息源自眼睛（即视觉），并且大约 50%的大脑活动与处理视觉信息相关，突显了视觉在信息传递中的重要性和复杂性，如目标检测、图像识别、人脸识别等。计算机视觉的工作原理可以总结为以下步骤：获取图像→预处理→特征提取→模型训练→部署应用。

3. 深度学习

深度学习是机器学习的一个子领域，利用神经网络技术来模拟人脑的学习过程。深度学习是学习样本数据的内在规律和表示层次，这些学习过程中获得的信息对诸如文字、图像和声音等数据的解释有很大的帮助。深度学习的最终目标是让机器能够像人一样具有分析学习能力，能够识别文字、图像和声音等数据。通过构建深度神经网络，深度学习模型能够自动提取特征并进行学习，实现复杂的任务，如图像识别、语音识别和自然语言处理。深度神经网络通过多层次的神经元模拟复杂的特征提取和学习过程，从而实现对图像、语音和文本等复杂数据的高效处理。

如图 5-1-9 所示，我们举一个猫（Cat）识别深度学习的应用案例。

目标：我们要训练一个深度学习模型，使其能够识别图片中是否有猫。

具体实现步骤：

第 1 步 数据收集：收集大量的图片数据，包括含有猫的图片和不含猫的图片。这些数据将用于训练模型。

第 2 步 数据预处理：对图片进行必要的预处理，如调整大小、归一化像素值等，以便模型能够更好地学习图片的特征。

第 3 步 特征提取：利用算法（如卷积神经网络 CNN）自动从图片中提取特征，这些特征可能是边缘、纹理、形状等，有助于区分图片中是否包含猫。

第 4 步 模型训练：使用标记好的数据（包含猫和不含猫的图片）来训练模型。通常，这些数据会被分成训练集和验证集。训练集用于训练模型，而验证集用于在训练过程中评估模型的性能。

第 5 步 模型评估与优化：通过验证集评估模型的准确性、召回率等指标。根据评估结果调整模型的参数和结构，以优化其性能。

第 6 步 测试：使用一个独立的测试集来评估训练好的模型的最终性能。这个测试集应该包含模型在训练过程中没有见过的数据。

第 7 步 部署与应用：将训练好的模型部署到实际应用中，如手机应用、网站等，使其能够自动识别用户上传的图片中是否包含猫。

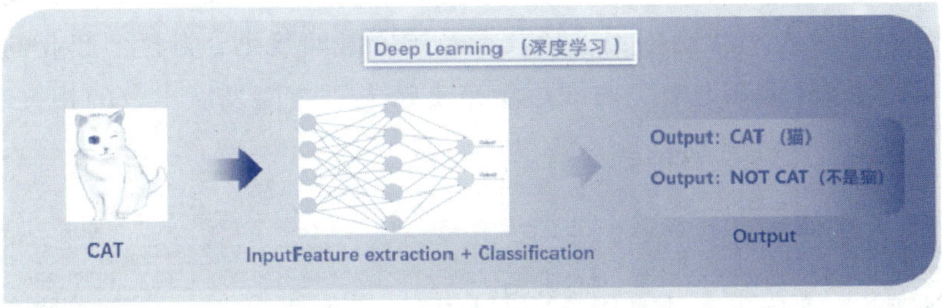

图 5-1-9 深度学习

4. 强化学习

强化学习（Reinforcement Learning, RL），又称再励学习、评价学习或增强学习，是机器学习的范式和方法论之一，用于描述和解决智能体（Agent）在与环境的交互过程中通过学习策略以达成回报最大化或实现特定目标的问题。在强化学习中，智能体通过观察环境状态并采取相应的行动与环境进行交互。每次行动后，环境会给予智能体一个反馈信号，称为奖励（Reward），用来表示该行动的好坏。智能体的目标是通过学习一个策略，即在给定状态下选择最佳行动，以最大化累积奖励。强化学习是一种机器学习方法，它的核心思想是智能体在与环境交互的过程中，通过尝试不同的行为来学习如何最大化获得的回报或实现特定目标。这个过程就像是一个小孩在不断试错中学习如何行走或说话一样。

举一个更贴近日常生活的强化学习例子来理解强化学习的概念。

想象一下，你正在训练一只宠物狗做一些简单的动作，比如“坐下”、“握手”等。开始时，狗狗可能不知道你要它做什么，它会尝试各种行为来回应你的指令。每当它偶然做出正确的动作时，你就会给予它奖励，比如零食或者抚摸，这些奖励让它感到愉悦。随着时间的推移，狗狗会逐渐学会在听到某个指令时做出正确的动作，因为它知道这样做会得到奖励。

这个过程与强化学习非常相似。在这里，狗狗是智能体，你和周围的环境组成了它所处的环境。狗狗通过尝试不同的行为来响应你的指令，并根据你给予的奖励来调整自己的行为。它的目标是学习一个策略，即在听到指令时选择正确的行为，以最大化获得的奖励。

五、人工智能的行业发展现状

1. 全球人工智能市场发展现状

自 2006 年以来，随着信息技术的迅猛发展，人工智能识别准确性大幅提升，人工智能技术快速走向成熟，落地产业应用、赋能实体经济变成现实。在各国政策支持方面，中国、美国、英国、德国、日本等国家都敏锐地意识到人工智能对社会和经济的影响日益凸显，并先后出台人工智能相关支持政策及国家战略规划，为整个产业的发展创造良好的政策环境。图 5-1-10 为中美两国近年来支持人工智能发展出台的相关政策。

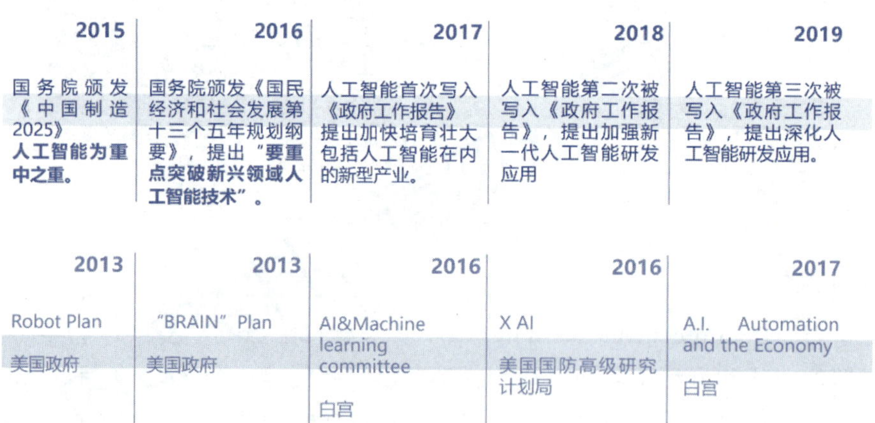

图 5-1-10　中美支持人工智能发展相关政策

2. 中国人工智能市场发展现状

当前，我国人工智能产业加速发展，从基础支撑、核心技术到行业应用的产业链条基本形成，一批创新活跃、特色鲜明的创新企业加速成长，新模式、新业态不断涌现，整体呈现蓬勃发展态势。在政策支持方面，政府加强对人工智能各细分领域的政策支持，采用揭榜行动等方式引导企业专注于核心技术攻关，旨在引导中国人工智能产业突破核心技术瓶颈。根据国际数据公司（IDC）的数据，2019 年，中国人工智能产业规模达到 44.80 亿美元，2023 年中国人工智能市场规模已达到 174.68 亿美元，年复合增长率达到 40.52%，如图 5-1-11 所示。

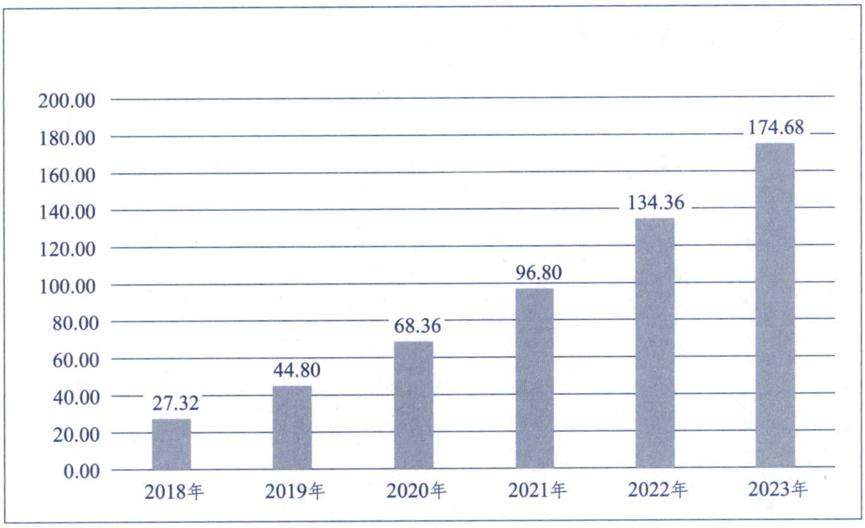

图 5-1-3 中国人工智能市场规模（亿美元）

六、人工智能各个行业应用

人工智能在技术层面可以分为计算机视觉、智能语音、自然语言处理等，各大科技公司针对应用领域开发各种人工智能应用系统：人脸识别系统、安防系统、机器人等，这些人工智能应用需要与服务商对应行业实施落地，同时对应行业合作伙伴关系确保技术与算法得到源源不断地反馈、迭代，获得更智能精确的模型。人工智能具体应用领域包括：智慧城市、商业智能、智慧文旅、智能终端、自动驾驶等，如图 5-1-12 所示。

在金融领域，AI 被广泛应用于风险评估、欺诈检测、客户服务等方面。AI 算法能够快速分析大量的交易数据，识别出潜在的风险点，从而帮助金融机构作出更明智的决策。此外，AI 还能够帮助金融机构提供更加个性化的服务，提高客户的满意度。

在零售领域，AI 被用于智能推荐、库存管理、客户服务等方面。通过分析消费者的购物习惯和偏好，AI 能够为消费者推荐更加符合其需求的商品，提高销售额。同时，AI 还能够预测库存需求，帮助零售商更好地管理库存，减少浪费，节省成本。

在制造业中，AI 被用于自动化生产、质量控制、供应链管理等方面。通过引入智能机器人和传感器，AI 能够实现生产线的自动化和智能化，提高生产效率和质量。此外，AI 还能够预测供应链中的潜在问题，帮助企业及时调整策略，确保生产的顺利进行。

在医疗领域，AI 被用于疾病诊断、药物研发、患者护理等方面。AI 算法能够分析医学图像和病历数据，帮助医生更快速、准确地诊断疾病。同时，AI 还能够辅助药物研发和新疗法的研究，为医学进步做出贡献。

图 5-1-12　人工智能的应用领域

任务实施

微课：人工智能技术及其应用

随着科技的飞速发展和铁路系统的不断升级，乘客对于列车服务的需求也日益增长。为了满足乘客的需求并提供更优质的服务体验，某铁路公司决定利用人工智能（AI）技术对传统的火车上售货方式进行革新。通过实施基于人工智能技术的铁路售货系统水果识别项目，旨在实现售货流程的自动化、智能化，提高服务效率，同时确保水果的品质与安全。因此，某个铁路公司领导要求小江利用已学人工智能技术相关知识决定利用人工智能技术来改进铁路售货系统中的水果识别环节。通过实施这个售货系统水果识别项目，旨在提高售货系统的智能化水平，优化乘客的购物体验，并保障水果的品质与安全。

我们通过商汤平台（https://10.200.220.143/）进入实操环节（进入商汤平台→第一章：计算机视觉→1.5 水果检测识别）实操环境如图 5-1-13 所示。

图 5-1-13

【检测】积木选择栏中的“初始化水果识别语句”积木块、“根据模型__检测图片__中的水果”积木块、“使用__标记__中检测出的水果”积木块、“获取图片__的 HOG 特征”积木块，如图 5-1-14 所示。

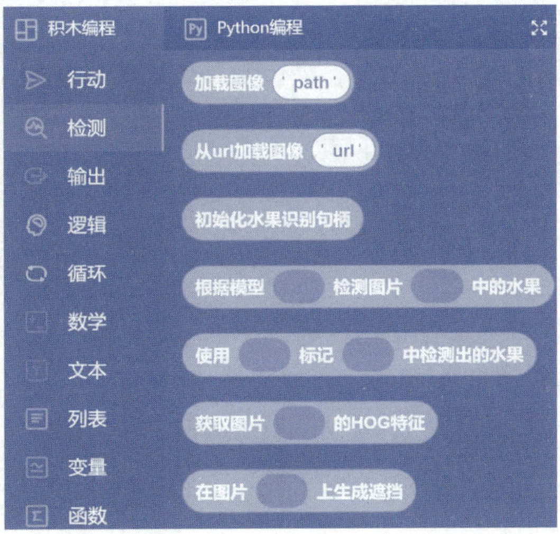

图 5-1-14

（1）“初始化水果识别语句”积木块：包含了不同水果的图像特征；

（2）“根据模型—检测图片—中的水果”积木块：可以根据水果模型检测图片中的内容是什么水果；

（3）“使用—标记—中检测出的水果”积木块：将图片中检测出来的水果进行标记；

（4）“获取图片—的 HOG 特征”积木块：用来获取图片方向梯度直方图特征；

接下来来到基于人工智能技术的铁路售货系统水果识别项目的体验环节。在这个环节中，我们将切身感受和体验到人工智能技术如何进行水果识别。实验步骤如下：

Step01 创建变量 img 积木块，加载平台图像 example1.jpg，显示图像，如图 5-1-15 所示。

图 5-1-15

显示从平台中加载的苹果图像，如图 5-1-16 所示。

图 5-1-16

Step02 创建变量 detector 积木块，拖入“初始化水果识别句柄”积木块，如图 5-1-17 所示。

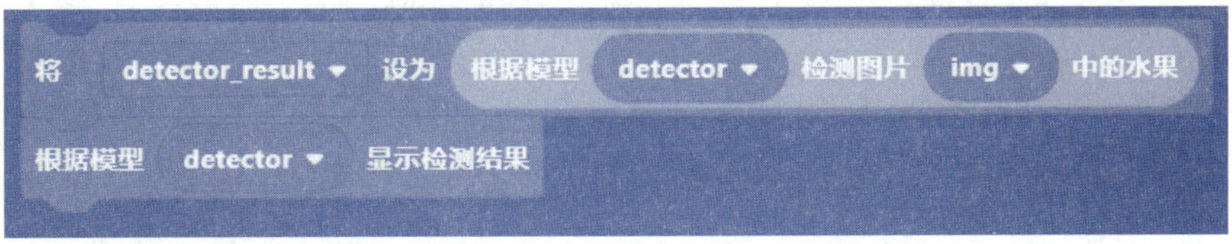

图 5-1-17

Step03 创建变量 detector_result 积木块，使用水果识别模型检测变量 img 图片中的水果，如图 5-1-18 所示。

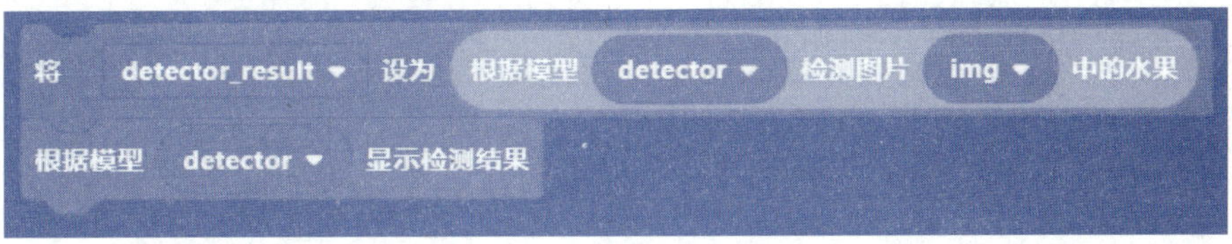

图 5-1-18

检测结果为 apple：苹果。

Step04 创建变量 result_img 积木块，对检测出的水果进行标记，显示标记结果的图像，如图 5-1-19 所示。

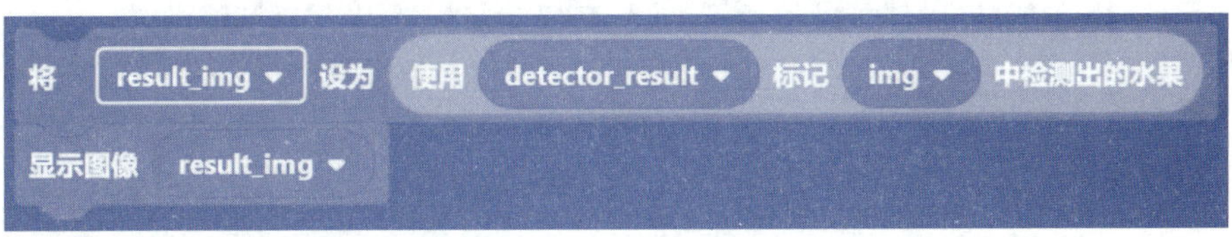

图 5-1-19

用黄色方框标记图片中的水果，如图 5-1-20 所示。

图 5-1-20

通过上面实践，我们已经通过基于人工智能技术的铁路售货系统水果识别项目的体验环节了，接下来我们踏上探索人工智能神秘面纱的旅程，在这一段旅途中，我们将深入了解人工智能的本质、原理和应用，揭开这个科技领域的神秘面纱。

实践探索

某铁路系统需要进行信息化改造及升级，需要加入一些人工智能设备，项目组进行了一些问题讨论：

（1）谈一谈您对人工智能的理解。

（2）简述人工智能发展历程。

（3）请阐述人工智能的核心概念及其在现代技术体系中的作用。并进一步探讨，在实现铁路系统信息化改造及升级的过程中，人工智能具体可以扮演哪些角色？

实战练习

（1）简述什么是人工智能。

（2）简述中国人工智能市场发展现状。

（3）说一说在您的生活中，哪些受到人工智能影响发生了改变。

学习成果自查表

要点		掌握程度		
		未掌握	基本掌握	熟练掌握
人工智能基础	什么是人工智能			
	人工智能的起源			
	人工智能的定义			
	人工智能发展各个时期有哪些关键事件标志			
	什么是机器学习			
	什么是深度学习			
	人工智能发展趋势是什么怎么样			
	人工智能赋能各个行业应用			

学习总结

<table>
<tr><td>姓名</td><td></td><td>班级</td><td></td><td>学号</td><td></td></tr>
<tr><td colspan="2">模块名称</td><td colspan="4"></td></tr>
<tr><td colspan="2" rowspan="3">学习总结</td><td colspan="4">我学会了：（知识、技能成长）</td></tr>
<tr><td colspan="4">我收获了：（职业认识、协作能力、问题解决能力等发展）</td></tr>
<tr><td colspan="4">在本任务的学习中，我的不足有：（自我反思与评价）</td></tr>
</table>

模块六
计算机视觉

思维导图

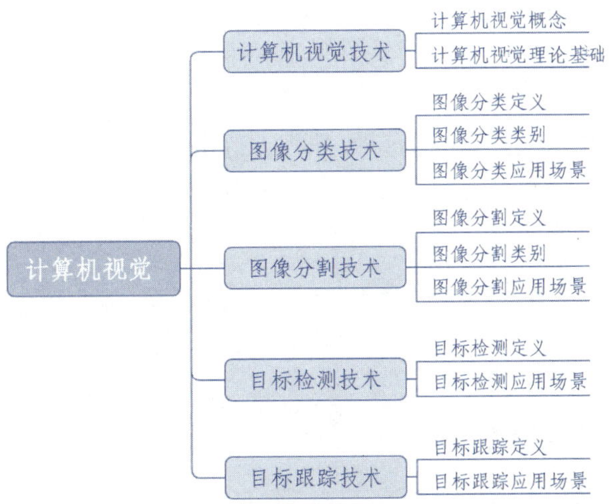

学习收获

在本模块中，您将学会：

- 计算机视觉技术概念及理论基础；
- 图像分类的定义和应用；
- 图像分割的定义和应用；
- 目标检测的定义和应用；
- 目标跟踪的定义和应用。

任务一　计算机视觉技术

任务目标

计算机视觉是人工智能和计算机科学中的一个重要领域，掌握这一技术可以让人具备更强的竞争力。本次任务目的在于掌握计算机视觉的基本概念及其基础理论，理解这一领域的现实应用，为未来的学习和工作打下坚实的基础。

任务描述

小刘作为一名大三学生，某天学校组织去参观××地铁站的运营。该地铁站采用计算机视觉技术实时监控人流情况，自动调整安检设备的运行速度和方向，确保乘客快速通过安检。同时，还能识别异常行为，如徘徊、遗留物品等，并及时发出警报，协助安保人员做出响应。这样神奇的场景让小刘对计算机视觉这一技术充满好奇。那么什么是计算机视觉技术呢？

知识准备

一、什么是计算机视觉？

计算机视觉（Computer Vision，CV）是人工智能的一个重要分支领域，是指让计算机和系统从图像、视频和其他视觉输入数据中获取有意义的信息，并根据该信息采取行动或提供建议。

如果说人工智能赋予计算机思考的能力，那么计算机视觉就是赋予计算机“看”的能力，更进一步地说，是指用机器代替人眼看懂图像里的内容。如图 6-1-1 所示，通过计算机视觉，机器能够智能看懂图像中人脸表情所代表的含义，即人脸表情识别。

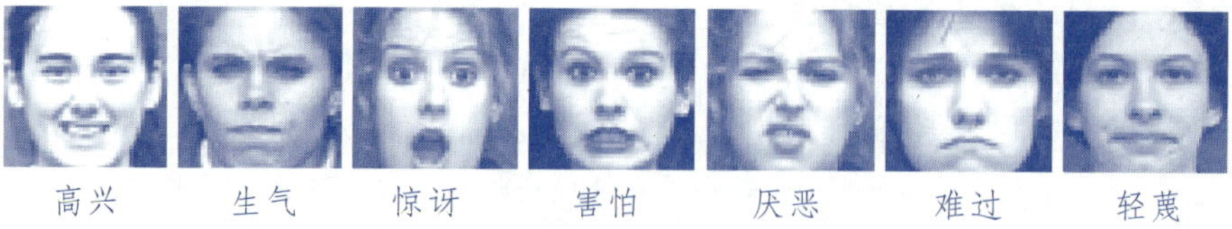

图 6-1-1　计算机视觉应用示例——人脸表情识别

计算机视觉中常见的任务有分类、检测、分割和跟踪等。

（1）“分类”解决的是“是什么？”的问题，即给定一张图像或一段视频，判断其属于哪个类别，示例如图 6-1-2 所示。

狗

图 6-1-2　图像分类示例——图像内容分类为狗

（2）“分割”解决的是“每一个像素属于哪个目标物或场景”的问题，即具体判断图像中每个像素属于哪个类别，分割本质上是像素级别的图像分类，示例如图 6-1-3 所示。

图 6-1-3　图像分割示例——分割出了笔记本和鼠标

（3）“检测”解决的是“是什么？以及在哪里？”的问题，即检测出特定目标在图像上的位置，并判断出该目标属于哪个类别，如图 6-1-4 所示。

图 6-1-4　图像检测示例——检测出图像中集装箱的位置和类别

（4）“跟踪”解决的是“现在在哪里？下一步要去哪”的问题，即检测出特定目标在视频图像上的位置，并判断出该目标下一步的运动轨迹，示例如图 6-1-5 所示。

图 6-1-5　目标跟踪示例——跟踪图像中特定两辆车的运动

计算机视觉有着广泛的细分应用，其中包括医疗领域成像分析、人脸识别、公关安全、安防监控等。

二、计算机视觉的理论基础

计算机视觉是一个融合了多个学科领域的技术，其理论基础涉及数学、物理学、计算机科学、人工智能等领域。以下是计算机视觉的一些重要理论基础。.

1. 图像处理

图像处理一般指数字图像处理。数字图像是计算机视觉技术的原材料。数字图像是由工业相机、摄像机、扫描仪等物理设备拍摄得到，其本质是一个大的数字矩阵，该矩阵的元素称为像素。图像处理是计算机视觉的基础，它涉及对图像进行各种变换和操作，以提取图像中诸如图像特征等信息。图像处理的基本操作包括：滤波、增强、恢复、变换等，它们可以用于改善图像质量、增强图像特征、去除噪声等。

2. 机器学习

机器学习是计算机视觉中的重要理论基础，它涉及通过训练数据自动学习模型参数和特征表示，以实现分类、分割、检测等任务。常见的机器学习算法包括：支持向量机、决策树、随机森林、卷积神经网络等，它们在计算机视觉中得到了广泛应用。

3. 概率论和统计学

概率论和统计学为计算机视觉提供了不确定性和数据建模的理论基础。在计算机视觉中，许多算法都涉及概率模型的建立和推断，如贝叶斯推断、最大后验估计、马尔可夫随机场等。

4. 优化理论

优化理论在计算机视觉中扮演着重要角色，它涉及寻找最优解的问题，如参数优化、能量最小化、最大似然估计等。常见的优化方法包括梯度下降法、牛顿法、拟牛顿法等，它们在计算机视觉中用于求解各种优化问题。

学习成果自查表

<table>
<tr><th colspan="2" rowspan="2">要点</th><th colspan="3">掌握程度</th></tr>
<tr><th>未掌握</th><th>基本掌握</th><th>熟练掌握</th></tr>
<tr><td rowspan="3">计算机视觉技术</td><td>计算机视觉技术概念</td><td></td><td></td><td></td></tr>
<tr><td>常见计算机视觉技术任务（分类、分割、检测、跟踪）的概念</td><td></td><td></td><td></td></tr>
<tr><td>常见计算机视觉技术任务（分类、分割、检测、跟踪）的应用场景</td><td></td><td></td><td></td></tr>
</table>

任务二　图像分类技术

任务目标

图像分类是计算机视觉领域常见的任务之一，本任务目的在于了解图像分类的定义，掌握不同类型图像分类之间的差异。同时通过了解图像分类常见的应用场景，进而启发运用图像分类解决现实工作中遇到的问题。

任务描述

小刘在参观地铁站的过程中看到一台电脑正在自动检查乘客的行李中是否携带违禁物品。电脑通过读取乘客行李的 X 光图，自动判断出行李中包含的物品，无需像以前那样由工作人员盯着 X 光图一个个检查。经过讲解员的介绍，小刘才明白这是通过图像分类的方法实现的。那么图像分类是如何完成这样的任务呢?

知识准备

一、图像分类的定义

图像分类指的是根据图像所反映的不同信息，将不同类别的图像区分开，并能够识别图像中目标属于哪种类别，其中具体可识别类别需要提前定义。图像分类任务是计算机视觉中的基础任务，有了图像分类作为基础，才有后面更为复杂的检测等任务的展开。

图像分类包括单标签分类和多标签分类两种类型。单标签分类即每个图像都有一个标签，如图 6-2-1 所示，单标签的图像分类问题可以分为跨物种语义级图像分类，子类细粒度图像分类，以及实例级图像分类 3 大类别。

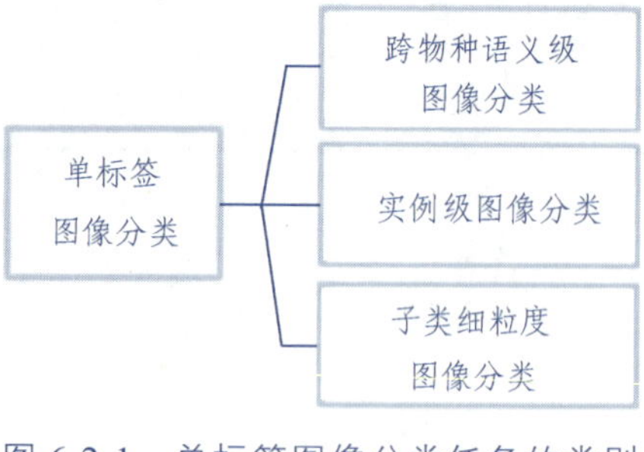

图 6-2-1　单标签图像分类任务的类别

1. 跨物种语义级别图像分类

跨物种语义级别图像分类指的是在不同物种的层次上识别不同类别的对象，简单来说，就是比较粗地区分开完全不同的两个东西。比较常见的包括猫狗分类等。但是，跨物种语义级别图像分类无法进行子类分类，如图 6-2-2 所示，能跨物种分出猫狗类但无法区分具体是哪个品种的猫或狗，即它只能认出某一物种大类。

图 6-2-2 猫狗分类

2. 子类细粒度图像分类

相对于跨物种的分类，子类细粒度的分类就比较精细。它指的是同一个大类中的子类分类，比如不同花卉的分类、不同狗类的分类、不同鸟类的分类等。如图 6-2-3 所示，花的种类又可以细分成铃兰、毛茛、番红花、风铃草等多种子类。但是，子类细粒度图像分类无法分类同一物种中的不同个体，如图 6-2-4 所示，虽是同一物种的花但无法分类不同个体。

图 6-2-3 花卉分类

图 6-2-4 子类细粒度图像分类无法区分个体

3. 实例级图像分类

更为精细的分类便是用于区分不同的个体，其中最典型的任务就是人脸识别，通过实例级图像分类保证物体的独立性。如图 6-2-5 所示，人脸识别可以通过鉴定每个人的身份，从而完成智能人脸考勤等任务。

图 6-2-5　智能人脸识别闸机

多标签分类是指单个图像中包含多个标签，如图 6-2-6 所示，单个图像中包含多个类别。与单标签分类相比，多标签分类任务更复杂。多标签分类任务普遍存在于医学成像领域，在该领域，医生可以通过 X 射线形式的视觉数据诊断出不止一种疾病。

图 6-2-6　多标签分类——图像中包含猫和狗两类目标

二、图像分类的应用

图像分类在实际生产生活中的应用相当广泛，例如异常物品检测、智能花卉识别、智能农作物病虫害识别、海量图像标签分类、拍照识车等，都可以运用图像分类技术。

1. 地铁站异常物品检测

（1）核心诉求

地铁站为了维护公共安全，需要对乘客携带的物品进行安全检查，以排除可能存在危险或违规的物品，如爆炸物、管制刀具、易燃易爆物品、剧毒物品、枪支弹药等，这些物品属于违禁品，严禁携带进入地铁站。

某地铁站每天需要检查行李高达数十万件，而传统的依靠人工肉眼来判断行李中是否含有违禁违规物品效率过低，会导致出现客流拥挤的情况。同时长时间的重复工作易使得工作人员用眼过度，注意力不集中。因此该地铁站急需寻找一种拥有极高准确性且不依赖人工能力的违禁物品检测方案。

（2）解决方案

基于图像分类技术，使用约 1 000 张含有违禁物品的 X 光图像进行训练。获得可以在生产线上使用的“行李异物识别”的图像分类模型，检查行李里面有没有危险品，及时发出预警。

如图 6-2-7 所示，“行李异物识别”模型改变了传统人工肉眼识别的方法，有效地提高了检针地铁站的效率与准确性，大大提高了乘客的满意度。具体流程如下：

Step01 待检行李通过 X 光机，并拍摄其 X 光图像，就像扫描书籍一样；

Step02 将图像传输至系统后台，由“行李异物识别”模型对 X 光图像进行智能识别；

Step03 若模型的分类结果中检测到违禁物品，则及时发出警报通知工作人员。

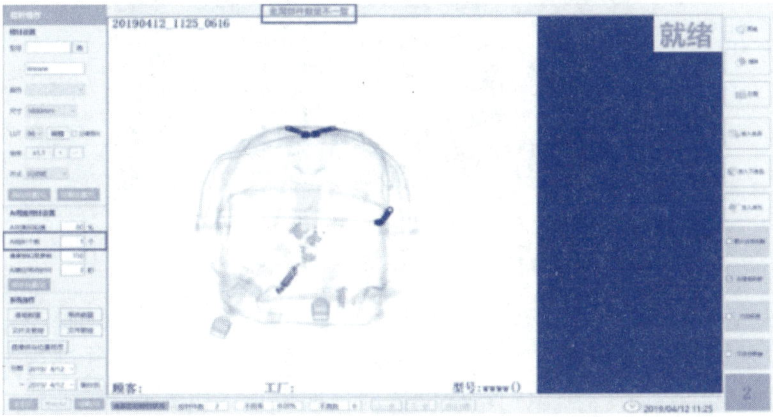

图 6-2-7　通过“行李异物识别”模型判断行李内是否含有违禁物品

2. 工地车辆轮胎清洁度识别

除了将图像分类运用到地铁站行李违禁物品检测之外，在日常其他生产环境中，图像分类同样能够发挥巨大作用。如“工地车辆轮胎清洁度识别”上便能很好地运用图像分类技术。

（1）核心诉求

在工地的生产、制造、施工过程中，总会需要通过车辆运输材料，而这来来往往所扬起的尘土，不仅污浊了空气，还弄脏了道路。车辆为了减少施工污染，国家制定了相关的法规，要求出入车辆必须进行冲洗，加强文明施工。所以，在施工现场大都设置了车辆冲洗设施。然而，由于施工现场分散、工地多、监管困难，施工现场经常存在冲洗时间不够、车辆行驶急速、车辆冲洗不干净等问题，特别是车轮处由于遮挡，不容易冲洗干净，导致车辆仍然经常带泥土上路。因此，通过计算机视觉技术实现对施工现场的高效率监管，对减少施工对环境的污染具有重要意义。

（2）解决方案

某公司基于图像分类等计算机视觉技术，建立了一套工地车辆轮胎清洁度的快速智能识别系统，具体流程如下：

Step01　使用摄像头抓拍工程车辆车轮，采集工地上出入车辆轮胎的图像，建立车辆轮胎清洁度数据集，并将数据集中的图像分类为“车辆轮胎清洁合格”“车辆轮胎冲洗不足”两类，共 7 700 余张，如图 6-2-8 所示。

（a）车辆轮胎清洁合格

（b）车辆轮胎冲洗不足

图 6-2-8　车辆轮胎清洁度数据集示例

Step02　构建车辆轮胎清洁度识别模型，并持续训练，获得最优模型。

Step03　将最优模型部署在工地车辆轮胎清洁度检测系统上，并进行实地测试，测试效果不佳则继续训练，直到识别精确度达到预期为止，如图 6-2-9 所示，得到最终的车辆轮胎清洁度识别模型，模型准确率达 99%以上。

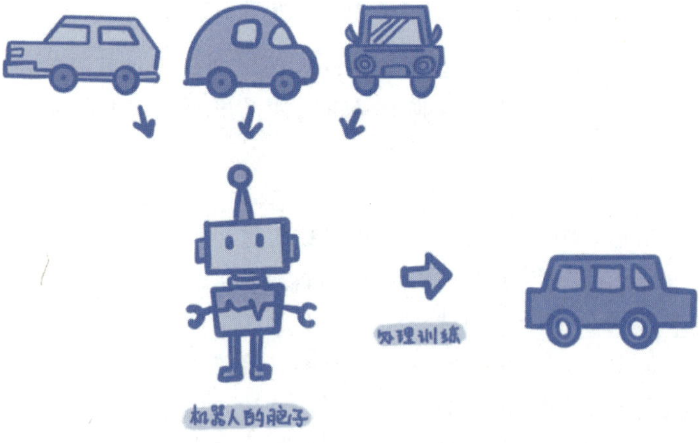

图 6-2-9　车辆轮胎清洁度检测系统的模型训练

Step04 进行现场应用，通过智能检测系统对经过检测区域的车辆进行检测，判断车辆轮胎清洁度是否合格。

Step05 判断合格，则允许车辆经过，否则，禁止车辆通行，并进行指示灯报警，给出车辆清洗指导意见。

工地车辆轮胎清洁度的快速智能识别系统实现了车辆轮胎清洁度的自动识别，提高了识别的效率和准确性，有效地改善了施工环境污染问题。

学习成果自查表

要点		掌握程度		
		未掌握	基本掌握	熟练掌握
图像分类技术	图像分类的定义			
	图像分类的应用场景			
	图像分类的几种类型			
	图像分类的实现流程			

任务三 图像分割技术

任务目标

图像分割是将图像划分为多个具有特定性质的区域的过程，它在多个领域都有广泛的应用。本任务目的在于学习图像分割的定义，理解这一技术的基本原理和分割过程，并通过学习图像分割的应用场景，了解如何应用这一技术解决实际问题。

任务描述

参观结束之后，小刘与老师乘坐着出租车返回学校。路上，细心的小刘发现所乘坐出租车居然能够实时检测出当前车辆行走的道路区域并将其显示在屏幕上。旁边的老师也借此向小刘介绍其中所使用的计算机视觉技术——图像分割。那么什么是图像分割呢？

知识准备

图像分割技术是计算机视觉领域重要的研究方向，其本质上是像素上的图像分类。接下来，我们将会学习图像分割的定义，以及图像分割在智能交通中的应用。

一、图像分割的定义

“图像分割是把图像分成若干个特定的、具有独特性质的区域，并提出感兴趣目标的技术和过程，是图像处理到图像分析的关键步骤。图像分割将数字图像划分为互不相交的区域。”

更准确地讲，图像分割是将图像中的每一个像素进行打标签的过程，把属于同一区域的像素赋予相同的编号。如图 6-3-1 所示，图片中每个像素点都被分割并识别标记为某一类别（天空、公路、山等）。

图 6-3-1 图像分割图

图像分割的类型被划分为语义分割和实例分割。那是什么决定了它的分类呢？那就是——图像分割的粒度级别。

语义分割和实例分割都可以对图像中的物体和背景等进行像素级别的分割。但是，在同一张图像中，语义分割只能将相同类别的像素进行统一标记，但实例分割会在语义分割的基础上，将图像中同一类别的不同实例进行分割。

简单来说，实例分割会将图像划分的更为细致一些。

1. 语义分割

“语义”，在图像领域中，指的是图像的内容，对图片意思的理解，如图 6-3-2 所示，原始图像的语义就是四只猫。而“分割”，是从像素的角度将图像中不同的对象进行分割，即对图像中的每个像素进行标注。但是语义分割只能够将同种类别的物体分割为同一个标签。

（a）原始图像　　（b）语义分割

图 6-3-2 语义分割效果

2. 实例分割

要想标注区分四只猫，则需要使用实例分割来实现。实例分割可以理解为目标检测与语义分割的结合。与目标检测的边界框相比，实例分割可以精确到物体的边缘；与语义分割相比，实例分割需要将图像中同一类别的不同个体进行单独编号。如图 6-3-3 所示，这就是在语义分割的基础上，将原始图像中的每一只猫进行单独区分。

（a）原始图像　　（b）语义分割

图 6-3-3　实例分割效果

二、图像分割在智能交通中的应用

作为全球人口密度最大和最为拥堵的国家之一，2023 年，中国国内大约有 28%的城市在通勤高峰时段处于拥堵状态。自动驾驶技术——一种能使车辆实现自动出行功能的技术，恰恰能提升驾驶安全，提高整个交通系统的效率，为用户节省时间，其中使用的最主要技术之一就是图像分割。

下面以“汽车自动驾驶”为例，讲解图像分割技术在智能交通中的实际应用。

如图 6-3-4 所示，在汽车的自动驾驶领域中，主要使用图像分割技术来将道路中的其他机动车、非机动车、行人、车道线和道路等进行划分，通过定位不同对象在图像中的位置，从而计算其他对象与本车辆的距离，实现自动避障和自动导航的功能，最终达到自动驾驶的目的。

图 6-3-4　智能交通

如图 6-3-5 所示，图像分割技术在无人车自动驾驶中的应用大致可分为以下 4 个步骤：

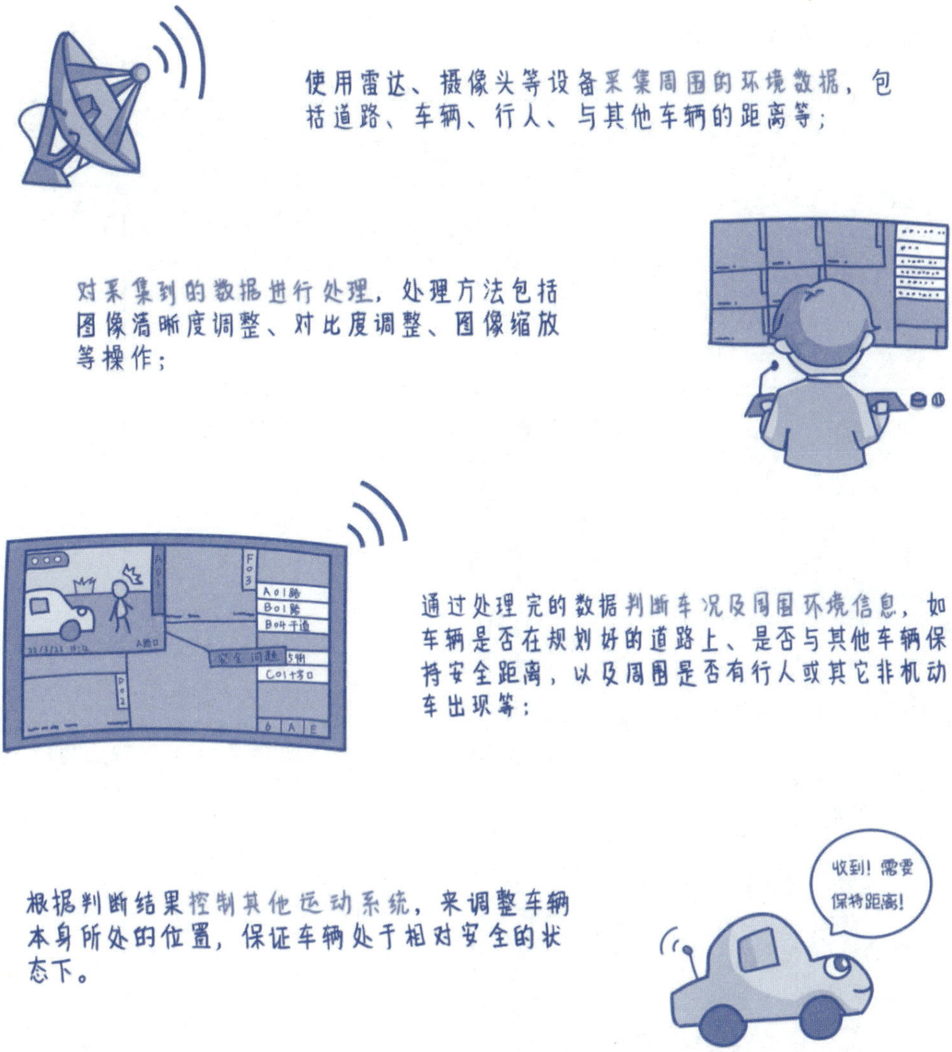

图 6-3-5　图像分割在无人自动驾驶技术应用过程

学习成果自查表

<table>
<tr><th colspan="2" rowspan="2">要点</th><th colspan="3">掌握程度</th></tr>
<tr><th>未掌握</th><th>基本掌握</th><th>熟练掌握</th></tr>
<tr><td rowspan="4">图像分类技术</td><td>图像分类的定义</td><td></td><td></td><td></td></tr>
<tr><td>图像分类的应用场景</td><td></td><td></td><td></td></tr>
<tr><td>图像分类的几种类型</td><td></td><td></td><td></td></tr>
<tr><td>图像分类的实现流程</td><td></td><td></td><td></td></tr>
</table>

任务四 目标检测技术

任务目标

目标检测是计算机视觉中的一项核心任务，旨在从图像中识别出感兴趣的目标，并确定它们的类别和位置。通过本次任务，了解目标检测的定义，理解其基本原理技术特点。同时通过其在现实场景中的应用案例，掌握如何根据应用需求分析并设计出相应的解决方案。

任务描述

小刘为了巩固一天所学习到的内容，老师将最近正在实施的一个项目交给小刘与其他同学让他们讨论如何解决这个问题。该项目是希望采用计算机视觉的方法来解决喷油器阀座瑕疵的检测问题。同时老师也提示小刘可以采用目标检测作为解决方案。那么什么是目标检测？小刘他们又该如何解决这样的项目需求呢？

知识准备

一、目标检测的定义

不同于图像分类和图像分割，目标检测同时要解决分类和定位两个问题。

如图 6-4-1 所示，图像分类帮助我们识别出图像中有两只小狗和两只小猫。而检测则帮助我们检测出两只狗和两只毛分别在图像中的位置，其中两只狗在画面的中间，两只猫分别在画面的两边，并分别用矩形框框出检测到的目标，矩形框四个顶点的坐标就是对其进行了定位。对检测的目标分别打上类别标签，即对其进行分类。

图 6-4-1 猫狗目标检测

二、目标检测的应用

近年来，目标检测技术突飞猛进，在实际生产生活中得到了较为广泛的应用，常见的应用场景有智能交通监控、智能图像审核等，如图 6-4-2 所示。

图 6-4-2 智能交通监控

除此之外，目标检测也被广泛运用在工业生产检测之中。如图 6-4-3 所示。列举了目标检测在工业生产检测中的一些运用。其中便有老师交给小刘的任务——喷油器阀座瑕疵检测。

图 6-4-3　目标检测的实际应用细分

如图 6-4-4 所示，人工流水线上检查零部件是否有瑕疵，这往往需要耗费大量的人力物力，效率也较低。在噪声超过耳膜承受频率的车间，工人们的耳朵久而久之会受到非常严重的损伤，甚至造成耳聋。

图 6-4-4　车间质检流水线工作

目标检测技术能够更加精准地把关产品质量，还可以 24 小时不间断地工作，降低生产成本，一台机器检查的零件数量相当于人工检查的两倍。甚至能够在各种恶劣生产环境下实现高速在线检测，为工厂解决了不少难题。那么就让我们来看看该如何使用目标检测的方法来检测喷油器阀座瑕疵检测。

1. 喷油器阀座瑕疵检测

（1）核心诉求

某公司是研发和制造喷油器的高新技术企业。该公司每日需要对 4 000 ~ 6 000 件喷油器阀座进行瑕疵检测，高峰时期需要检测 12 000 件。

然而，目前仅能依靠人工肉眼来进行判断，效率太低了，工人效率远远无法达到企业检测的日数量标准。所以，该公司希望尽早借助人工智能技术释放一部分人力，以便提升质检的审核效率。

（2）解决方案

依托智能开发平台训练得到基于目标检测技术的“喷油嘴识别”模型，实现零件瑕疵判读的无人化。通过人工智能解决方案，节约了该公司近 50 万元/年的人力成本，并将检验效率整体提高 30%。具体检测流程如下：

Step01 根据质检目标，筛选标准的样品集合；

Step02 通过反复训练识别得到模型；

Step03 制定自动化方案；

Step04 软硬件实施部署，完成自动化方案；

Step05 用户通过自动化系统上传所采集的待测样品图像，接着通过“喷油嘴识别”模型进行判定并返回相应的处理结果，最后由自动化系统将样品进行分类流转。

如图 6-4-6 所示，通过上述自动化检测方案能够识别出喷油嘴阀座的相关问题，包括黑点（Black）、瑕疵（Defect）、划痕（Scratch）等。

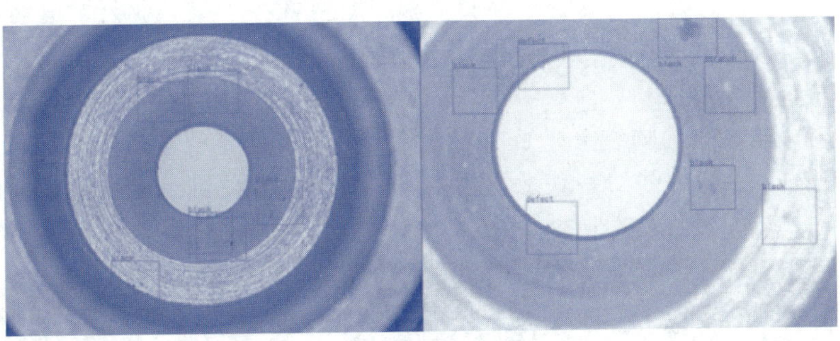

图 6-4-5 喷油器阀座瑕疵检测效果

目标检测能够很好地运用于喷油器阀座瑕疵检测，可显著提高工业生产的效率，还可避免工人身体长期受生产环境的影响。此外在日常生产中，除了需要注重生产样品检测之外，为了更好地保护工人的身体健康，还需要对工人的生产行为进行监测。例如，某皮革公司的一位女员工在上夜班的过程中，犯困打起了瞌睡，大拇指一不小心卷进了机器中，可没有人听到她的呼救，最终导致手指截肢的惨状后果。

近年来发生了一些重大生产安全事故，其中主要一个原因在于企业安全意识不够强，而除了进行安全意识的素质培养，提升个人的安全意识外，我们是否能够通过技术手段，进行智能监控和安防检测，预防事故的发生呢？

在工地的智能安防监控场景中，能够对视频进行周界检测与异常行为分析，能够判断工作者是否在禁区内长时间徘徊、停留等，能够监测人员奔跑、打斗等异常行为。

2. 矿业公司安防监控

下面我们以某矿业公司、某供电局的智能化安全生产监控案例为例，了解目标检测技术在安防监控方面的应用。

（1）核心诉求

如图 6-4-6 所示，某矿业公司的矿区面积达 9 平方千米，经营范围包括金矿、银矿的下开采、金银矿石浮选、冶炼、矿产品购销等业务，职工达百余人。

图 6-4-6　矿业工作基地

受限于纯人工巡查的方式，无法对选矿厂各区域进行全天全时的监控，诸如人员着装不合规、机器空转、巡检人员脱岗等安全隐患时有发生。该矿业公司迫切希望建立一套能够全面覆盖主要生产风险点的智能化安全生产风险监控系统。

（2）解决方案

出现在检测屏幕中的脑袋上是否有安全帽，传送带是否稳定运转，岗位上是否还有人在值班等问题，一切都能清楚获悉。这些都归功于定制化训练专项目标检测模型，如图 6-4-7 所示，其包含“传送带空转检测”模型、“佩戴安全绳检测”模型等。

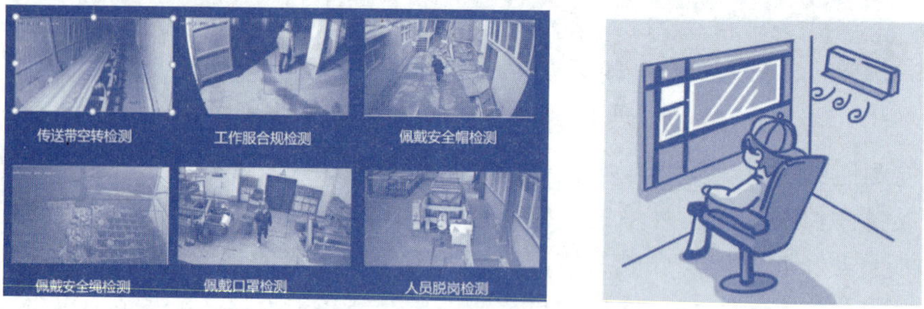

图 6-4-7　AI 智能化安全生产风险监控系统检测效果

实时监控以上事件，可对员工的违规行为及生产安全潜在事故进行实时预警，如图 6-4-8 所示，机器可发出“未佩戴安全帽”的风险预警，并及时反馈给相关负责人，有效预测风险事件的发送，提升了选矿厂的生产效率及管理能力。

图 6-4-8 对生产安全潜在事故进行预警提示

3. 供电局安防监控

下面以供电局监测电线安全为例，来进一步展示目标检测的更大应用。我们知道供电局的职能之一是电力供应和电网经营，这意味着供电局需要管理着大量的电线，确保这些供电设施没有损坏，避免电力供应受到影响以及伤害到路过行人。因此这些电线的日常监测成为供电局繁重的工作任务，引入目标检测就能高效地解决问题。

（1）核心诉求

高铁动车运行途中，一排排整齐的电线杆和高压线错落有致，这些就是供电装置。在某供电局管辖范围内，输电线路约 4 500 千米，基杆塔单元 16 000 余个，线路附近易发生外力破坏的施工点有 300 余处。为了确保输电线不被破坏，该供电局除了进行人工进场检查外，还在线路附近安装了百余套在线监测设备，对线路附近环境进行安全生产监控。

但是这样下来，每日积累的现场图片约 5 万张，人工审核的工作量极其庞大，极易出现因工人过度疲劳而漏看的情况。所以人工现场检查和人工审核监控图像，都难以达到实时监控的目的，非常需要一项能实时识别大型机车等外部安全隐患的图像技术。

（2）解决方案

该供电局输电管理所提供 1000 张输电线正下方存在大型机车的图像，最终获得“输电线路外部隐患识别”模型，如图 6-4-9 所示。该模型可以识别出输电线路中存在的吊车、挖掘机等外部隐患，识别准确率达到 80%，并且以 2 ~ 3 周一次的频率持续训练、更新模型，模型的识别准确率在不断提升。最后将出现安全隐患的图像进行排查，辅助以人工现场检查，确保输电线路安全运行。

（a）单物体识别效果　　（b）多物体识别效果

图 6-4-12 “输电线路外部隐患识别”模型实现效果

学习成果自查表

要点		掌握程度		
		未掌握	基本掌握	熟练掌握
目标检测技术	目标检测的定义			
	目标检测的应用场景			
	瑕疵检测的流程			
	安防监控的目标检测应用			

任务五 目标跟踪技术

任务目标

目标跟踪技术在多个领域都有广泛的应用，如智能视频监控、无人驾驶、机器人技术、医疗诊断、军事应用等。本任务目标在于学习了解目标跟踪算法流程及对应的研究内容，了解目标跟踪在视频分析任务的意义以及其在智能交通场景中的运用方法。

任务描述

经过一系列的接触见证计算机视觉技术的魅力之后，小刘已经被这项技术深深吸引了。小刘也开始思考日常生活中，哪些场景能够使用计算机视觉来达到更好的效果。有一天小刘走在路上，看着路上车水马龙，小刘不禁思考起来计算机视觉在交通中是否还有其他的运用场景呢？答案是肯定的，其中一项能够运用的技术便是目标跟踪。

知识准备

一、目标跟踪的定义

目标跟踪任务就是在给定的视频序列中，初始化帧的目标大小与位置，并预测后续帧中该目标的大小与位置，如图 6-5-1 所示。通俗来说，就是找找你现在在哪儿，和预制你接下来要去哪儿。

宏观上来说，目标跟踪通常包含单目标跟踪和多目标跟踪，两者除了跟踪目标数量有区别之外，还与其对于目标是否已知有关。

单目标跟踪算法可以处理任意类别的物体，也就是说，它不知道任何关于目标的信息，只要跟着即可。

多目标跟踪通常限定在目标类别已知的场景中，如多行人、多车辆的视觉跟踪。

根据目标跟踪的描述，可将目标跟踪分为以下 5 个步骤进行。

Step01 输入初始化目标框；

Step02 在下一帧中生成众多的候选框；

Step03 提取第 2 步中候选框的特征；

Step04　对候选框进行评分；

Step05　挑选评分最高的候选框为预测目标，或者对多个预测值进行融合，得到更优的预测目标。

图 6-5-1　多目标跟踪技术跟踪小猫位置

根据目标跟踪的 5 个步骤，又可以将目标跟踪划分为以下 5 项研究内容。

（1）运动模型：如何产生众多的候选样本。

（2）特征提取：利用何种特征表示目标。

（3）观测模型：如何为众多候选样本进行评分。

（4）模型更新：如何更新观测模型使其适应目标的变化。

（5）集成方法：如何融合多个决策获得一个更优的决策结果。

二、目标跟踪在智能交通中的应用

在完成上面一系列的操作后，映入眼中的视频画面不再只是一片色彩，而是一个又一个的模型，和一条又一条的评分——视频结构化。

应用完成视频结构化且目标在经过跟踪算法后，会得到一个唯一标识和它对应的运动轨迹，可以利用这两个数据做一些后续工作，如测速（交通类应用场景）、计数（交通类应用场景、安防类应用场景）以及行为检测（交通类应用场景、安防类应用场景）。

随着深度模型如卷积神经网络（Convolutional Neural Network，CNN）等的应用，以及 GPU 设备带来的计算效率的巨大跃升，目标跟踪技术已经在速度和精度方面渐渐接近了人们在实际生活中的应用需求。

如图 6-5-2 所示，视频目标跟踪作为一个中低层的视觉分析任务，像打好了一个地基，对众多其他视频任务具有良好的辅助作用，如协助视频目标检测、视频目标分割、视频行人重识别等。

图 6-5-2　视频分析任务的分类

下面以“车辆目标跟踪”和“交通流量计数”为例，介绍目标跟踪技术在智能交通中的实际应用。

1. 车辆目标跟踪

如图 6-5-3 所示，车辆目标跟踪主要通过摄像头或视频，使用目标跟踪技术对画面中的车辆进行实时跟踪检测，同时可根据车辆的运动方向，预测下一时刻所出现的位置，也可以对画面中的多辆车进行多目标跟踪，并对不同的车辆进行编号。

图 6-5-3　车辆目标跟踪应用

2. **交通流量计数**

交通流量计数是根据视频抓拍图片序列，进行车辆检测和计数，识别各类车辆，包括小汽车、卡车、巴士、摩托车、三轮车，在指定区域内的驶入、驶出数量，实现动态车流统计，如图 6-5-4 所示。

图 6-5-4　交通流量计数应用

实战练习

（1）简述计算机视觉常见的任务有哪些。

（2）简述图像分类的类型有哪些以及这些类型彼此之间的区别。

（3）简述目标跟踪的步骤。

学习成果自查表

<table>
<tr><th colspan="2" rowspan="2">要点</th><th colspan="3">掌握程度</th></tr>
<tr><th>未掌握</th><th>基本掌握</th><th>熟练掌握</th></tr>
<tr><td rowspan="4">目标跟踪技术</td><td>目标跟踪的定义</td><td></td><td></td><td></td></tr>
<tr><td>目标跟踪的应用场景</td><td></td><td></td><td></td></tr>
<tr><td>目标跟踪的步骤</td><td></td><td></td><td></td></tr>
<tr><td>目标跟踪的研究内容</td><td></td><td></td><td></td></tr>
</table>

学习总结

<table>
<tr><td>姓名</td><td></td><td>班级</td><td></td><td>学号</td><td></td></tr>
<tr><td colspan="2">模块名称</td><td colspan="4"></td></tr>
<tr><td colspan="2" rowspan="3">学习总结</td><td colspan="4">我学会了：（知识、技能成长）</td></tr>
<tr><td colspan="4">我收获了：（职业认识、协作能力、问题解决能力等发展）</td></tr>
<tr><td colspan="4">在本任务的学习中，我的不足有：（自我反思与评价）</td></tr>
</table>

模块七
自然语言处理入门

思维导图

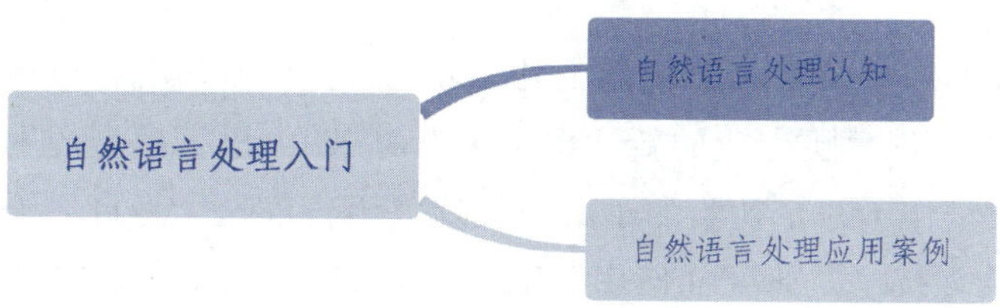

学习收获

在本模块中，您将学会：

- 了解自然语言处理的概念；
- 掌握自然语言处理的核心任务；
- 了解自然语言理解；
- 了解自然语言生成。

任务一 自然语言处理认知

任务目标

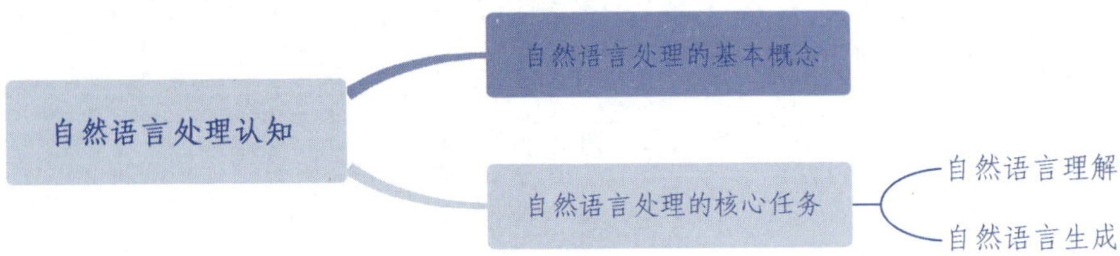

任务描述

近年来，ChatGPT、文心一言等国内外 AI 大语言模型的崛起对各行各业的冲击力都非常大。作为大一计算机专业的新学生，小王对 AI 大语言模型产生了浓厚的兴趣。他对 AI 大语言模型作了一个初步的了解，发现“语言模型”是自然语言处理技术的一种，而自然语言处理技术是研究如何用人工智能的方式来处理文本内容。大语言模型同样是采用“语言模型”的方式训练模型，所不同的是语言模型的规模可大可小，规模大的称作“大语言模型”。

因此，自然语言处理技术是大语言模型的基础技术之一，在学习大语言模型，需要掌握自然语言处理技术的基础知识。

知识准备

一、自然语言处理的基本概念

在人工智能出现之前，机器智能处理的数据通常为结构化的数据，如 Excel 数据和 CSV 数据等。但是网络中大部分的数据都是非结构化的，如文章、图片、音频和视频等，其中文本的数据量是最多的，其占用空间相对图片或视频比较小，但信息量是最大的。为了能够分析和利用这些文本信息，就需要利用自然语言处理应用技术，让机器理解这些文本信息，并加以利用。

自然语言处理（Natural Language Processing，NPL）是一门研究使用计算机处理在人际交际或人机交际中的自然语言问题的学科，主要研究表示语言能力和语言应用的模型，建立计算框架来实现并不断完善语言模型，接着根据语言模型设计各种实用系统，并研究各种实用系统的评测方法。计算机对自然语言的研究和处理，一般需要经过以下流程：

Step01　把需要研究的问题在语言学上加以形式化，使其能以一定的数学形式，严密而规整地表示出来；

Step02　把这种严密而规整的数学形式表示为算法，使其在计算上形式化；

Step03　根据算法编写计算机程序，使其在计算机上实现；

Step04　对所建立的自然语言处理系统进行评测，使其不断地改进质量和性能，以满足应用的要求。

二、自然语言处理的核心任务

自然语言处理是机器语言和人类语言之间沟通的桥梁，以达到人机交流的目的。自然语言处理中的两大核心任务分别为自然语言理解和自然语言生成。其中，自然语言理解旨在让机器人具备像人类一样的语言理解能力，而自然语言生成则是让机器人将非语言格式的数据转换为人类可理解的语言格式。以下具体讲解自然语言处理的两大核心任务。

1. 自然语言理解

自然语言理解（Natural Language Understanding，NLU）是计算机对自然语言文本进行分析和处理，从而理解该文本的过程、技术和方法。简单来说，自然语言理解是将语言信息转化为计算机可读、可理解的语言，变得能够像人类一样对语言进行理解。自然语言理解目前还面临着以下 5 大难点。

（1）语言的多样性。

（2）语言的歧义性。

（3）语言的鲁棒性。

（4）语言的知识依赖。

（5）语言的上下文。

通过了解自然语言理解面临的 5 大难点后，明确了自然语言理解主要解决的是识别人类所讲的语言，即对自然语言进行意图识别和实体提取。接下来通过一个具体的案例，对比基于规则与基于自然语言理解对语言的意图判断，来深入地了解自然语言理解。

在日常生活中，如果想要订机票，人们可以有很多种表达方式，如“我想订张机票”、“有去北京的航班吗？”、“看看航班信息，下周二出发去上海的”、“要出差，帮我查下机票”等等。可以看到，自然语言可以有无穷多种的组合在表达“订机票”这个意图。而要理解如此多种不同的语言表达，对于使用传统的规则来判断是非常困难的。以往计算机只能处理结构化数据，也就是说用户必须输入精确的指令，才能经过计算机中一系列判断得出最终的结果。因此，无论是“我要出差”还是“查看航班信息”，只要字符中没有包含提前设定好的关键词“订机票”，计算机都无法处理。而且，出现了关键词，系统也不一定会正确理解语言中的意图，如“我要退订机票”也可能会被计算机理解为用户想要订机票，如图 7-1-1 所示。

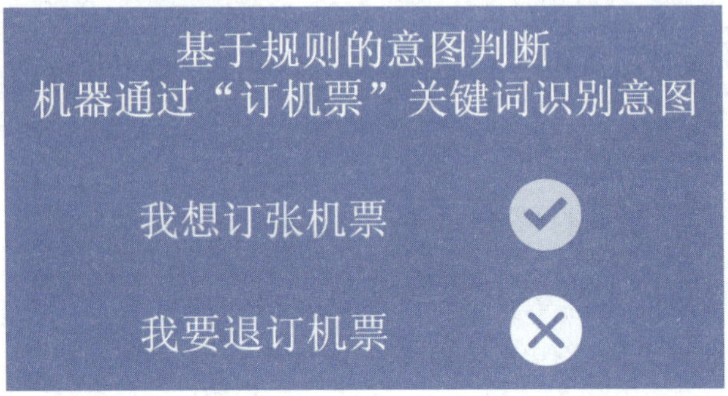

图 7-1-1　基于规则的“订机票”意图判断

自然语言理解技术出现后，可以让计算机从各种自然语言的表达中提取出对应的意图，而不再依赖一系列提前设定好的关键词来进行判断。如经过训练后的计算机就能够识别“帮我推荐一家附近的西餐厅”不属于“订机票”意图的表达，并且还能够在句子中自动提取出对应的实体，如图 7-1-2 所示，当用户需要订机票时，只需要发出“看看航班，下周二出发去北京”的指令，计算机就能自动提取出“意图”为“订机票”，“时间”为“下周二”和“目的地”为“北京”。

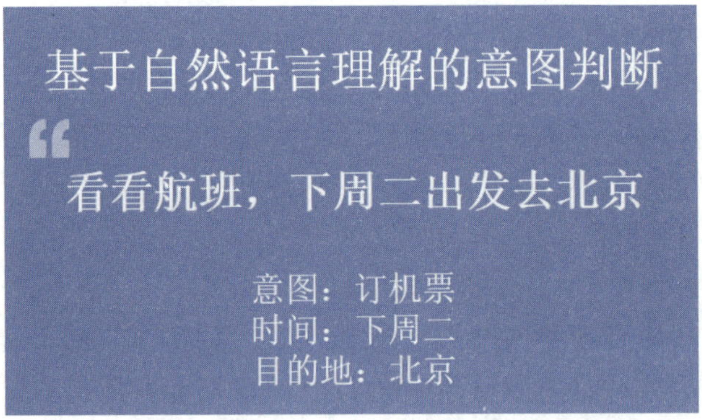

图 7-1-2　基于自然语言理解的“订机票”意图判断

2. 自然语言生成

自然语言生成（Natural Language Generation，NLG）是在研究自然语言的机制和实现过程的基础上，用计算机把要表达的意思从非语言形式的输入构造成自然语言输出，并以口语或书面语的形式表达出来。以智能音箱为例，自然语言理解技术用于判断用户的意图，而自然语言生成技术是将识别意图后答复进行语音输出。自然语言生成的过程是从语言的意义映射到口语语音或书面语文本，主要目的是降低人类与机器之间的沟通障碍，将非语言格式的数据转为人类可理解的语言格式，如文章、报告等。自然语言生成可以分为以下 6 个步骤。

Step01　内容确定。作为第一步，自然语言生成系统需要决定哪些信息应该包含在正在构建的文本中，哪些不应该包含。通常数据中包含的信息比最终传达的信息要多。

Step02　文本结构。确定需要传达哪些信息后，自然语言生成系统需要合理的组织文本的顺序。例如在报道一场篮球比赛时，会优先表达“什么时间”、“什么地点”、“哪 2 支球队”，接着再表达“比赛的概况”，最后表达“比赛的结局”。

Step03　句子聚合。不是每一条信息都需要一个独立的句子来表达，将多个信息合并到一个句子里表达可能会更加流畅，也更易于阅读。

Step04　语法化。当每一句的内容确定下来后，就可以将这些信息组织成自然语言。这个步骤会在各种信息之间加一些连接词，看起来更像是一个完整的句子。

Step05　参考表达式生成。这个步骤与语法化相似，都是选择一些单词和短语来构成一个完整的句子。不过参考表达式生成与语法化的本质区别在于前者需要识别出内容的领域，并使用该领域的词汇。

Step06　语言实现。最后，当所有相关的单词和短语都已经确定时，需要将它们组合起来形成一个结构良好的完整句子。

自然语言生成的应用的主要目的都离不开“能够大规模产生个性化内容”、“帮助人类洞察数据，让数据更容易理解”和“加速内容生产”，接下来将基于这 3 个目标讲解自然语言生成中的 3 个典型应用。

（1）典型应用 1——自动写新闻

在日常阅读大量的新闻中，其中很大一部分有可能是机器通过自然语言生成技术来编写的。某些领域的新闻编写是有比较明显的规则的，比如体育新闻等。目前很多新闻已经借助自然语言生成来完成。通过自然语言生成技术与数据挖掘、知识图谱、机器学习等其它技术的结合，可以让机器自动完成写稿、配图、排版、编辑视频等功能，协助记者快速完成高质量的新闻稿件。

（2）典型应用——聊天机器人

生活中常见的智能语音助手有小度、小艺、小爱等，以及最近几年出现的智能音箱等，这类聊天机器人所使用的核心技术都是自然语言生成技术。除了上述常见的领域，客服工作也逐渐被机器人替代，如酒店客服机器人、银行客服机器人、快递客服机器人等等，通过识别用户对话中的意图，结合自然语言生成技术，给用户提供更加精确优质的服务。

（3）典型应用 3——BI 报告生成

几乎各行各业都有专属的数据统计和分析工具。这些工具可以产生各式各样的图表，但是结论和观点还是需要依赖人进行输出。而自然语言生成就可以帮助人类解决这个问题，通过对数据的解读，自动的输出结论和观点。

实践探索

智能问答等自然语言处理技术可以应用在诸多领域中，但随着近几年电商行业地不断发展。例如，智能问答在电商行业中也发挥着重要的作用。结合日常生活实际，谈谈自然语言处理技术对你的生活提供了什么便利？

任务小结

通过本任务，小王同学掌握了自然语言处理的基本概念和核心任务，了解了自然语言处理的 5 大难点和自然语言成成的 6 个步骤，了解了自然语言生成中的 3 个典型应用。

学习成果自查表

要点		掌握程度		
		未掌握	基本掌握	熟练掌握
自然语言处理的基本概念	自然语言处理的基本概念			
自然语言处理的核心任务	自然语言理解			
	自然语言生成			

学习总结

<table>
<tr><td>姓名</td><td></td><td>班级</td><td></td><td>学号</td><td></td></tr>
<tr><td colspan="3">模块名称</td><td colspan="3"></td></tr>
<tr><td colspan="3" rowspan="3">学习总结</td><td colspan="3">我学会了：（知识、技能成长）</td></tr>
<tr><td colspan="3">我收获了：（职业认识、协作能力、问题解决能力等发展）</td></tr>
<tr><td colspan="3">在本任务的学习中，我的不足有：（自我反思与评价）</td></tr>
</table>

模 块 八
大语言模型应用

思维导图

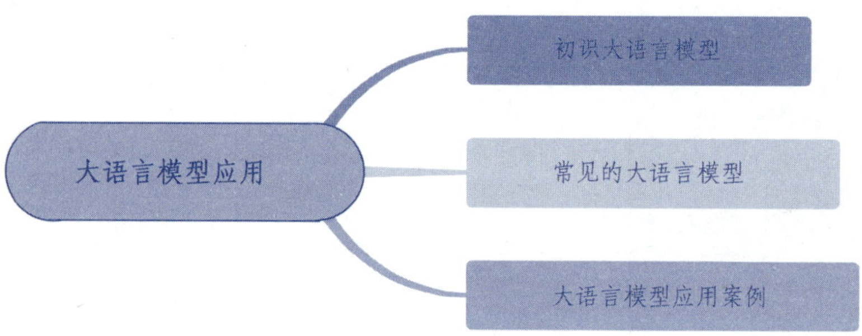

学习收获

在本模块中，您将学会：

- 了解什么是大语言模型；
- 了解 GPT 为什么强大；
- 了解 GPT 是如何生成回答的；
- 了解国内外典型的大语言模型；
- 掌握大语言模型的基本用法；
- 掌握大语言模型写作的基本方法；
- 掌握利用大语言模型查找资料的方法。

任务一 初识大语言模型

任务目标

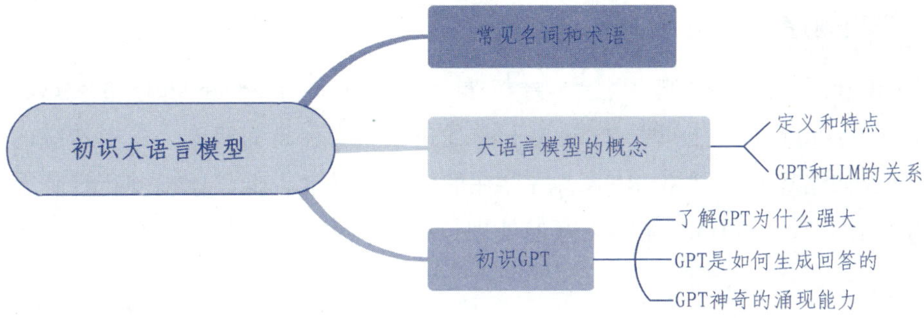

任务描述

小张是大一计算机专业的新学生，AI 浪潮的袭来让他对大语言模型的应用非常感兴趣，并计划加入学校的人工智能协会。在加入协会之前，他迫切希望深入了解大语言模型的应用领域，以便为协会的项目和活动提供的支持。

小张通过与学姐的交流得知，加入协会需要参加面试选拔。为了在面试中脱颖而出，他意识到需要在人工智能，尤其是目前火热的大语言模型方面进行深入学习，并通过实践来加强自己的理解和技能。

知识准备

一、常见名词和术语

在介绍大语言模型的过程中，我们经常会遇到一些相关领域的专业名词和术语，例如 AIGC、Transformer、GPT 等等。因此，在介绍大语言模型的相关概念几应用之前，我们先了解一些相关的名词和术语。

1. 人工通用智能（AGI）

AGI 是 Artificial General Intelligence 的缩写，即人工通用智能，也称为强人工智能。它是一种可以执行复杂任务的人工智能，能够完全模仿人类智能的行为，能够执行任何人类智能活动的计算机系统。与目前的人工智能系统相比，AGI 具有更广泛的适用性和更高的智能水平，能够处理各种复杂的任务和问题，并能够持续地自我学习和进化，从而实现真正的人类水平智能。目前还没有任何一个人工智能模型能够达到真正的 AGI 水平。

2. 序列到序列模型（Transformer）

Transformer 是一种基于注意力机制（Attention mechanism）的序列到序列（Sequence-to-sequence）模型。Transformer 通过引入自注意力机制来解决传统的序列到序列模型（如循环神经网络 RNN）所存在的信息传递效率低、难以并行计算等问题。与 RNN 相比，Transformer 能够更好地处理长序列，并且可以使用并行计算来提高训练速度。

3. 注意力机制（Attention mechanism）

注意力机制是一种用于机器学习和自然语言处理的技术，它可以根据输入的信息动态地将注意力集中在不同的位置，从而使得模型能够更好地理解和处理输入的序列数据。

4. 序列到序列（Sequence-to-sequence）

序列到序列是一种常见的神经网络架构，用于将一个序列映射到另一个序列。它由两个主要组件组成：编码器和解码器。编码器将输入序列转换为一个向量表示，解码器则将这个向量解码成目标序列。在这个过程中，模型会学习到输入序列和输出序列之间的对应关系，从而实现转换。

5. 人工智能生成内容（AIGC）

AIGC 是 Artificial Intelligence Generated Content 的缩写，即人工智能生成内容，也叫生成式人工智能。这是利用人工智能技术进行内容创作的一种方式。通过学习和分析大量数据，AIGC 可以自动生成各种类型的文本、图像、音频、视频等内容。它的核心理念是利用人工智能模型，根据给定的主题、关键词、格式、风格等条件，自动生成相应的内容。AI 写作、AI 绘画等均属于 AIGC 的应用范畴。

6. GPT

GPT 是 Generative Pre-trained Transformer 的缩写，是一种基于 Transformer 架构的大型语言模型。

GPT 模型采用了预训练的方法，首先在大规模文本语料库上进行训练，学习语言的模式和结构。之后，该模型可以在各种任务上进行微调，使其适应特定的应用领域。这种预训练的方式使得 GPT 在理解和生成自然语言上表现出色，可以用于文本生成、问答系统、翻译等多种自然语言处理任务。

7. Prompt

Prompt，也叫“提示词”，是一种基于自然语言生成模型的输入提示机制，可以在一定程度上指导模型的生成结果。通过 Prompt，我们可以给模型提供一些提示、条件或者上下文信息，以期望模型能够生成更为准确、更能符合预期的输出结果。

二、大语言模型的概念

1. 大语言模型的定义和特点

大语言模型（Large Language Model，LLM）是语言模型（Language Model）的一种。LLM 通常指的是具有大量参数的自然语言处理模型，其中一个典型的例子就是由 OpenAI 公司开发的 GPT 系列模型。大语言模型在大规模文本数据上进行预训练，以学习语言的模式、语法结构、上下文关系和丰富的语义信息。预训练之后，这些模型可以通过微调应用于各种具体的自然语言处理任务，如 AI 问答、文本生成等。大语言模型主要特点如下：

（1）巨大的参数量：大语言模型通常有数十亿到数百亿的参数。这使得它们能够捕捉极其复杂的语言结构和上下文信息。

（2）预训练和微调：这类模型通过在大规模文本语料库上进行预训练来学习通用的语言表示。之后，可以通过在特定任务上进行微调，使其适应具体的应用领域。

（3）上下文理解：大语言模型能够理解上下文，不仅仅关注当前词汇，还考虑前后文的关系，使其在生成和理解文本时表现更为准确。

（4）多领域适用：由于其通用性，大语言模型在多种自然语言处理任务中表现出色，包括文本生成、问答、机器翻译、情感分析等。

（5）生成性能：大语言模型在文本生成方面表现出色，能够生成具有语法正确性和语义连贯性的文本。

（6）迁移学习：通过预训练和微调的方式，大语言模型可以在各种不同任务上取得良好的表现，展示了强大的迁移学习能力。

（7）语言多样性：由于在大量文本中进行训练，大语言模型能够处理多种语言、方言和文体，具有较强的语言多样性。

2. GPT 和 LLM 的关系

GPT 是实现 LLM 大规模语言模型的技术之一。GPT 出现之前，LLM 并没有作为一个独立的概念被广泛讨论和使用。

三、初识 GPT

1. GPT 强大的原因

GPT 之所以强大，主要有以下几个因素：

（1）大规模数据集：GPT 在巨大的文本语料库上进行预训练，使得模型能够学到更广泛、更深层次的语言表示；

（2）大量参数：GPT 的模型参数数量庞大，允许模型更好地捕捉复杂的语言结构和上下文信息；

（3）迁移学习：GPT 通过迁移学习将通用的语言表示应用于特定任务，使其在各种自然语言处理任务上都表现出色。

2. GPT 的训练

GPT 的训练主要包含两个关键阶段：预训练和微调。这一训练路径使得 GPT 在理解和生成自然语言上表现出色，其强大之处源于大规模数据和庞大模型参数的结合使用。

预训练的目标是首先在大规模的文本语料库上对 GPT 进行预训练，但并不针对特定任务。这个过程的目标是通过学习语言的模式和结构来获取通用的语言表示。

微调则是在预训练完成后，GPT 可以通过微调来适应特定任务，例如问答、文本生成或其他自然语言处理任务。

GPT 可以通过微调在特定任务上的表现，展示了强大的迁移学习能力，即它可以在未见过的任务上表现良好，因为它已经在大量通用语料上进行了预训练。

3. GPT 生成回答的过程

GPT 生成回答的过程主要依赖于其深度学习和自然语言处理的能力。总的来说，GPT 生成回答的过程是一个复杂的深度学习过程，涉及输入处理、编码、解码和输出处理等多个步骤。

具体而言，当 GPT 接收到一个问题或输入时，它会通过以下步骤生成回答：

Step01 输入处理。GPT 首先将输入的文本转换成模型可以理解的数据格式。这通常涉及将文本转换为数字向量或矩阵，以便模型可以处理。

Step02　编码。接下来，GPT 使用预先训练的编码技术（如 Transformer 模型）将输入的文本转换成系统可以理解的数据格式。在这个过程中，模型会捕捉输入序列中不同位1置单词之间的依赖关系，以理解文本的含义和上下文。

Step03　解码。在编码完成后，GPT 开始解码过程。它使用一系列权重来表示输入的文本的特征，并使用这些权重来计算输出的文本的特征。这个过程涉及预测文本序列中的下一个单词，并逐步生成新的单词，直到完成整个文本序列。GPT 的自回归特性使其能够逐个单词地处理输入序列，并预测下一个单词的概率分布。

Step04　输出处理。最后，GPT 将编码后得到的数据转换成文本格式，以便进行自然语言回答。这个过程可能涉及将数字向量或矩阵转换回可读的文本。

4. GPT 高超的涌现能力

涌现使 GPT 模型可以自动生成具有语言上下文和逻辑关系的连贯文本，这些文本在预训练时并没有直接指定，而是通过模型自身的学习和推理得到的。

在 GPT-3 中，我们观察到了上下文理解能力的显著提升以及一定的泛化能力。这使得模型在处理新的数据时无需重新训练即可理解。具体而言，在处理文本时，GPT-3 不仅仅考虑到文本自身的含义和语法结构，还同时考虑到该文本所处的上下文环境，包括前面的文本内容、所属的领域、用户身份等。这使得模型更好地理解文本的含义和目的，并在生成相应回应时更加准确地表达自己的意思。

任务实施

根据前面所学知识，我们完成如下任务。

子任务 1　谈谈大语言模型的出现和普及，将会如何冲击各行各业？

常规性的脑力工作很可能被算法替代。这类工作包括金融法律服务、软件外包和传媒等白领职位。这些工作涉及大量基于语言的数据和信息的收集、分析和解释，往往包含大量重复性知识劳动。由于大型语言模型具有强大的文本理解、生成和逻辑推理能力，因此生成式 AI 的影响可能会显著。

非常规性的脑力工作相对难以被算法替代。与白领工作相比，科研领域如新药开发需要更高层次的认知和创造力，而且工作内容变化多样，难以被算法所替代。因此，生成式 AI 对这类工作的影响相对较小。

常规性的体力劳动容易被自动化技术替代。在零售、制造等行业，尽管涉及的工作较少涉及语言相关内容，但由于任务较为标准化和重复性较高，这些工作容易被机器人等自动化技术替代。因此，生成式 AI 的影响在这些领域可能较小。

非常规性的体力劳动受到较小影响。建筑、餐饮旅游、交通运输和采矿等行业虽然包含较多体力劳动，但由于涉及的长尾场景难以被自动化，因此目前看来，生成式 AI 和机器人技术对这些领域的影响相对较小。

子任务 2　谈谈大语言模型的优点与缺点。

大型语言模型作为深度学习的分支，在自然语言处理领域具有广泛的应用。让我们一起认识一下它的优点与缺点。

1. 大语言模型的优点

（1）通用性：大语言模型可以处理多种任务，如文本分类、问答、文档总结和文本生成。这使得它们在不同领域都能发挥作用。

（2）微调成本低：相对于训练，微调阶段通常只需要较小的领域特定数据。这使得大语言模型在数据稀缺的领域中也能表现出色。

（3）性能持续提升：通过训练更大的模型和使用更多的数据，可以获得更好的性能。

2. 大语言模型的缺点

（1）计算资源需求高：大语言模型的训练需要大量计算资源，对于个人和微型公司来说可能难以承受。

（2）潜在偏见：模型可能生成一些不准确或有偏见的信息。

（3）基于统计而非真正理解：大语言模型的理解能力是基于统计的，而非真正的理解。

总之，大语言模型在解答问题、生成文本等方面具有巨大潜力，但我们需要谨慎评估和验证其输出，以确保其有效性和可靠性。

实践探索

某些同学认为，有了大语言模型，只需要学会怎么使用大语言模型，就再也不用自己自己动手写材料了。您觉得这样的想法可取吗？谈谈您的看法。

任务小结

通过本任务，小张同学了解了大语言模型的相关概念，了解了大语言模型的特点；初识了 GPT，学习了 GPT 的原因强大、GPT 的训练路径、GPT 生成回答的过程以及 GPT 高超的涌现能力。

学习成果自查表

要点		掌握程度		
		未掌握	基本掌握	熟练掌握
常见名词	AGI			
	Transformer			
	注意力机制			
	序列到序列			
	AIGC			
	GPT			
	Prompt			
大语言模型的概念	LLM 的定义和特点			
	GPT 和 LLM 的关系			
初识 GPT	GPT 强大的原因			
	GPT 的训练路径			
	GPT 生成回答的过程			
	GPT 高超的涌现能力			

任务二 常用的大语言模型

任务目标

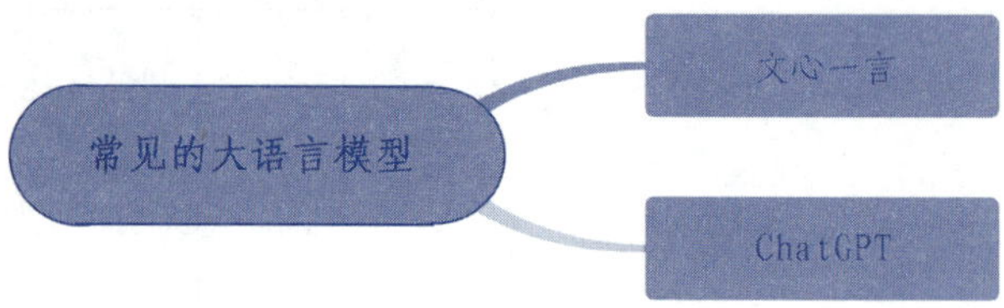

任务描述

通过上一任务的学习，小张在协会面试中表现出色，成功加入了学校的人工智能协会。接下来他需要扩充自己的知识和提升技能，为协会即将举办的“带你走进大语言模型世界”活动做准备。因此，他需要了解目前国内外常用的大语言模型。

知识准备

近年来，OpenAI 的 GPT 系列模型在全球范围内引起了广泛的关注和应用，在国内外，许多科技公司和研究机构都在积极探索和研究基于 ChatGPT 技术的对话生成模型。例如谷歌、百度、阿里等科技公司也在推出自己的类 ChatGPT 产品，以提升其在智能问答、对话系统等领域的技术实力和应用能力。这些模型的发展将进一步推动自然语言处理技术的进步，为人类拥有更智能、更便捷的交互方式提供可能。

一、国内的大语言模型

以下是部分国内的大语言模型：

（1）百度文心一言，是国内较早推出的大语言模型产品之一，提供了基于 GPT 模型的智能问答功能。用户可以通过输入问题，获取到与其相关的知识和答案。百度文心一言还支持自定义问答模板，满足了个性化需求。

（2）阿里通义千问，是阿里巴巴推出的一款智能问答产品，使用了 GPT 模型，可以根据用户输入的问题自动生成回答，并进行多轮对话。

（3）讯飞星火，是科大讯飞基于 GPT 模型推出的智能聊天机器人产品，可以通过语音识别、自然语言理解和生成等技术实现人机对话。讯飞星火支持多个领域和行业的应用，如金融、教育、医疗、客服等。

（4）360 智脑，是 360 公司推出的一款大模型产品，具备跨模态、跨语言的深度语义理解与生成能力。360 智脑能够与人对话互动，回答问题，协助创作，高效便捷地帮助人们获取信息、知识和灵感。

二、国外的大语言模型

以下是部分国外的大语言模型：

（1）OpenAI 的 GPT 系列包括 GPT-1、GPT-2、GPT-3、GPT-3.5 和 GPT-4 等。这个系列在自然语言处理能力、对话质量和应用领域上不断取得突破，吸引了全球范围内的开发者和企业的关注。

（2）Google 的 Bard，是 Google 的一个实验项目，于 2022 年首次出现，是谷歌人工智能创造的一个大型语言模型。Bard 旨在将世界知识的广度与其力量、智能和创造力相结合，并尝试将世界知识的广度与其深度相结合。

（3）Anthropic 的 Claude，是一个智能对话助手，由人工智能公司 Anthropic 推出。它使用自然语言理解和生成技术，可以与用户进行流畅的交互，并提供各种服务和信息。

三、文心一言

本任务将以文心一言和 ChatGPT 为例，介绍国内外的大语言模型。

1. 文心一言及其特性

文心一言（ERNIE Bot）是百度公司开发的人工智能语言模型，它基于百度文心大模型技术推出，能够与人对话互动，回答问题，协助创作，高效便捷地帮助人们获取信息、知识和灵感。

文心一言是在文心大模型 ERNIE 的基础上，利用跨模态、跨语言的深度语义理解与生成能力而开发的一款大语言模型。该模型具备知识增强、检索增强和对话增强的技术特色，能够理解用户需求和意图，并提升与用户之间的交互体验。

文心一言的应用场景包括客服、智能助手、业务智能化提升等多个领域，提高工作效率和用户体验。同时，文心一言也可以协助创作者进行文学创作、广告设计、视频剪辑等领域的工作。

文心一言的主要特性如下：

（1）知识增强：文心一言从数万亿数据和数千亿知识中融合学习，得到预训练大模型，从而具备了强大的知识库和语义理解能力。这使得它能够更准确地理解用户的问题和意图，并提供相关的知识和信息。

（2）检索增强：文心一言采用了先进的检索技术，能够快速地从海量的数据中检索出与用户问题相关的信息，从而提高了回答问题的准确性和效率。

（3）对话增强：文心一言具备强大的自然语言处理能力，能够与用户进行自然、流畅的对话，理解用户的意图和需求，并提供相应的回答和建议。

（4）多语言支持：文心一言支持多种语言，包括中文、英文、日文、韩文等，可以满足不同国家和地区的用户需求。

（5）文学创作能力：文心一言具备文学创作能力，可以根据用户提供的主题、情节或关键词等信息，自动生成小说、散文、诗歌等不同类型和风格的原创作品。

（6）商业文案创作能力：文心一言可以根据用户提供的产品或服务信息，自动生成适合不同场景和目标客户群体的广告语、口号、标语等吸引眼球并促进销售转化的内容。

（7）数理逻辑推算能力：文心一言可以根据用户提供的数学或逻辑问题，自动生成正确的答案和解题过程，并且还能够进行检验和评估。

2. 文心一言的常用功能

以下是文心一言的常用功能：

（1）对话互动：文心一言能够与用户进行自然、流畅的对话，理解用户的意图和需求，并提供相应的回答和建议。无论是闲聊、问答还是任务执行，文心一言都能够提供智能、高效、便捷的交互体验。

（2）知识问答：文心一言具备强大的知识库和语义理解能力，能够准确回答用户提出的问题。无论是事实查询、定义解释还是推理判断，文心一言都能够提供准确、全面的答案。

（3）文本创作：文心一言可以协助用户进行文本创作，如小说、散文、诗歌、新闻稿等。用户只需提供主题或关键词，文心一言就能够自动生成符合要求的文本内容，提高创作效率和质量。

（4）智能推荐：文心一言可以根据用户的兴趣和需求，智能推荐相关的内容、商品或服务。这可以帮助用户快速找到感兴趣的内容，提升用户体验和满意度。

（5）情感分析：文心一言能够分析文本中的情感倾向和情感表达，帮助用户了解文本所表达的情感和态度。这对于舆情监控、情感分析等领域非常有用。

（6）语言翻译：文心一言支持多种语言之间的翻译，包括中文、英文、日文、韩文等。这可以帮助用户快速翻译不同语言的文本内容，促进跨语言交流和理解。

（7）智能客服：文心一言可以作为智能客服系统的一部分，帮助企业快速响应客户的问题和需求，提供优质的客户服务。这可以提高客户满意度和忠诚度，增强企业的竞争力。

这些功能使得文心一言在多个应用领域都有很大的灵活性，可以用于处理各种自然语言处理任务。然而，需要注意的是，它可能在某些任务上受到上下文理解和领域专业知识的限制。

3. 文心一言的使用方法

文心一言支持网页端访问（https://yiyan.baidu.com/），如图 8-2-1 所示，用户只需注册账号并登录，即可使用文心一言。

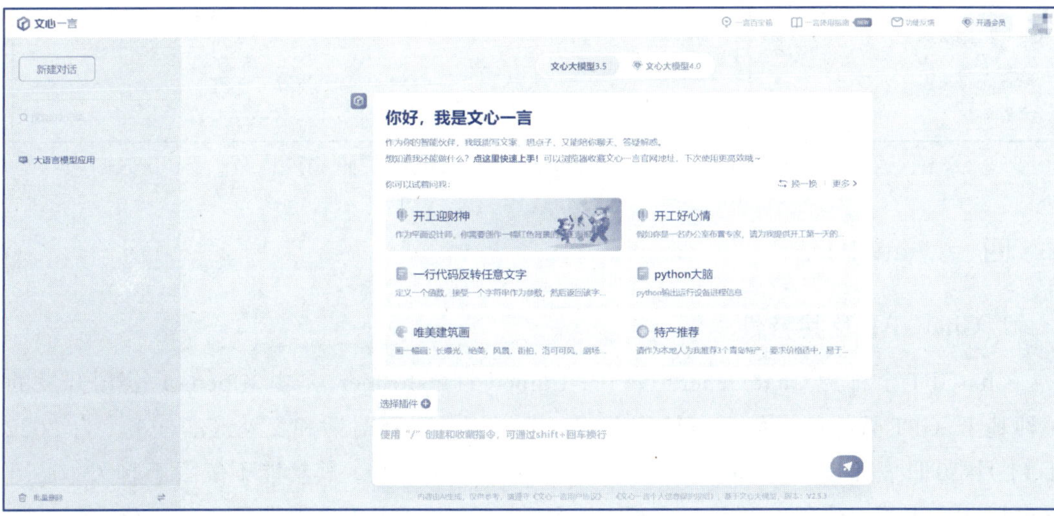

图 8-2-1　文心一言主界面

文心一言主页右上角的“一言百宝箱”集成了多种实用功能和工具，在里面可以找到文心一言的各种常用功能。“一言使用指南”给用户提供了文心一言的简介和简单的使用方法。

在主界面的左上方有一个“新建对话”按钮，鼠标左键点击该按钮，即可启动新的对话。左侧中部是历史对话列表，储存了用户与文心一言的对话记录。用户只需左键点击某个条目，即可查阅与文心一言在该主题下的对话内容。

目前，文心一言有 3.5 和 4.0 两个版本供用户选择。其中，文心大模型 3.5 免费向所有用户开放，而文心大模型 4.0 则向文心一言会员开放。在文心一言主界面中上部有一个“文心大模型 3.5”字样的标签，意思是目前用户使用的是文心大模型 3.5 版本，如果用户为文心一言会员，则可以点击文心大模型 4.0 标签，将版本更换为文心大模型 4.0，体验更加强大的功能。

界面中部为对话栏，显示用户与文心一言的的交互记录，相当于社交软件上的“聊天记录”。文心一言可以理解交互记录中的上下文内容，本根据上下文内容回答用户的问题。

界面底部为输入框，用户可以在此输入想要问的问题或提示词来给 ChatGPT 布置任务。输入框左上方有“选择插件”按钮，点击该按钮可以选择文心一言支持的插件。点击插件选择界面右上角的“插件商城”按钮，可以找到更多插件，如图 8-2-2 所示。

图 8-2-2　选择插件及插件商城界面

四、ChatGPT

1. ChatGPT 及其特性

ChatGPT 全称为 Chat Generative Pre-trained Transformer，是由 OpenAI 公司开发的一种基于 GPT 架构的自然语言处理模型，专门用于进行对话和交互式的任务。自 2022 年 11 月 30 日发布以来，ChatGPT 在社交媒体上迅速走红，其功能不仅限于聊天，还可以进行文本生成、代码编写等多项任务。然而，其广泛应用也引发了一些争议，包括数据泄露、程序漏洞、网络诈骗等。

目前，ChatGPT 有 3.5 和 4.0 两个版本供用户选择。其中 ChatGPT 3.5 免费向所有用户开放，而 ChatGPT 4.0 则向 ChatGPT Plus 服务订阅用户开放。在 ChatGPT 主界面中上部有一个“ChatGPT 3.5”字样的标签，意思是目前用户使用的是 ChatGPT 3.5 版本，如果用户为 ChatGPT Plus 服务订阅用户，则可以点击该标签，将版本更换为更加先进、功能更强大的 ChatGPT 4.0。

ChatGPT 的主要特性如下：

（1）大模型：ChatGPT 是一个巨大的模型，拥有 1.3 万亿个参数。这使得它能够处理更复杂的语言任务和生成更自然的文本。

（2）上下文理解：ChatGPT 能够理解对话中的先前对话内容。

（3）多领域适用：由于其大规模的训练数据和参数量，ChatGPT 在多个领域都表现出色，可以用于各种自然语言处理任务，如问答、对话生成、文本摘要等。

（4）开放培训数据：模型是通过大规模的开放培训数据进行训练的，包括来自互联网上丰富的文本资源。这有助于模型更好地理解和生成自然语言。

（5）对话式交互：ChatGPT 专注于支持对话式交互，能够处理用户提出的问题、请求，并生成相应的回复。

（6）通用性：模型是通用性的，可以适用于多种应用领域，包括助手系统、客服对话、编程辅助等。

（7）自适应能力：ChatGPT 能够自适应不同类型的任务和对话，使其具有较强的灵活性。

这些特性使得 ChatGPT 成为了一种强大的语言生成模型，其规模、训练数据和多领域适用性使其成为处理自然语言处理任务的有力工具。

ChatGPT 大语言模型的功能基本相似，在介绍文心一言的部分已经简要说明，在此不作赘述。

2. ChatGPT 的使用方法

ChatGPT 支持网页端访问，用户只需注册账号并登录，即可使用 ChatGPT。

ChatGPT 的主页界面如图 8-2-3 所示。

在主界面中鼠标左键点击左上方的“New chat”（新对话）按钮，即可启动新的对话。左侧中部是历史对话列表，储存了用户与 ChatGPT 的对话记录。用户只需左键点击某个条目，即可查阅与 ChatGPT 在该主题下的对话内容。

界面中部为对话栏，显示用户与 ChatGPT 的交互记录。ChatGPT 可以理解交互记录中的上下文内容，本根据上下文内容回答用户的问题。

界面底部为输入框，用户可以在此输入想要问的问题或提示词来给 ChatGPT 布置任务。

图 8-2-3　ChatGPT 主界面

实践探索

大语言模型的“Hello World!”

编程初学者写的第一行代码通常都是“Hello World!”。经过本次任务的学习，我们也来尝试我们与大语言模型的第一次对话吧！登录文心一言的网站 https://yiyan.baidu.com/，按步骤注册并登录账号，与文心一言说声“你好”吧！

任务小结

在这个任务中，我们通过了解了目前国内外常用的大语言模型文心一言和 ChatGPT，掌握了它们的特性和功能。

学习成果自查表

要点		掌握程度		
		未掌握	基本掌握	熟练掌握
国内外的大语言模型	国内外的大语言模型有哪些			
文心一言	文心一言及其特性			
	文心一言的功能			
	文心一言的使用方法			
ChatGPT	ChatGPT 及其特性			
	ChatGPT 的使用方法			

任务三 大语言模型的应用案例

任务目标

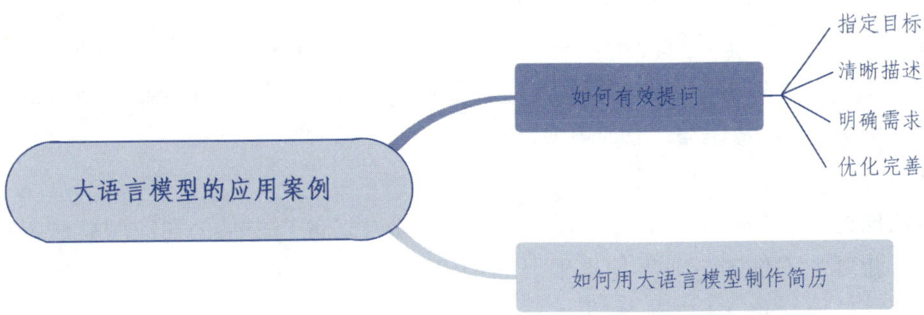

任务描述

小张所在的人工智能协会即将举办“带你走进大语言模型世界”专题活动。除了需要给的同学们介绍什么事大语言模型以外，还需要展示大语言模型的应用，例如智能搜索、AI 写作等。因此，他需要了解目前常见的大语言模型的应用案例。

知识准备

一、如何有效提问

制定目标：目标是你想达到的目的，比如撰写方案。要使用好大语言模型（称之为 AI 工具），就要提出好的问题。提问前要制定明确的目标。

清晰描述：清晰地描述你所希望 AI 工具知道的信息。想要 AI 工具回答好你的问题，前提是你要告诉它你到底需要什么。

明确需求：明确你希望 AI 工具帮你做到什么。例如你想输出的文本格式、细节要求、甚至文字表达的口吻等等。

优化完善：AI 工具可以进行连续对话，可以根据前面对话的内容回答你当前的问题。因此，当 AI 工具的输出结果并不理想的时候，你可以进一步与 AI 工具沟通，告诉它哪些方面需要进一步优化完善，重新输出结果。这一步可以反复进行，直到得到满意的结果为止。

下面结合实际案例说明如何一步步与 AI 工具沟通，得到想要的结果。

二、如何用大语言模型制作简历

简历是求职的“敲门砖”，简历的好坏往往决定了求职者能否得到一次面试机会。现在找工作越来越难，在激烈的求职竞争中，一份好的简历很可能成为决定成败的关键。

下面我们来看如何让 AI 工具帮我们写一份简历。

小李是某大学人工智能专业的毕业生，他想去某公司应聘算法工程师的岗位，月薪要求不低于行业平均水平。下面我们根据“制定目标-清晰描述-明确需求-优化完善”四个步骤，用 AI 工具帮他写一份简历吧。

目标：帮小李写一份简历。

问题描述：小李是某大学人工智能专业的毕业生，他想去某公司应聘算法工程师的岗位，月薪要求不低于行业平均水平。他希望能写一份求职简历。

需求：输出一页 A4 纸的简历。

以下是 AI 工具的输出结果：

个人信息

姓名：小李。

性别：男。

出生年月：××××年××月。

联系电话：×××-××××-××××。

电子邮箱：mailto:××××@××××.com。

教育背景

××××年××月—××××年××月，××大学 人工智能专业 本科。

主修课程：机器学习、深度学习、自然语言处理、计算机视觉、数据挖掘等。

技能与证书

- 熟练掌握 Python、C++等编程语言。
- 熟悉 TensorFlow、PyTorch 等深度学习框架。
- 掌握 Linux 操作系统，了解 Shell 脚本编程。
- 持有全国大学生数学建模竞赛×等奖。
- 持有全国大学生程序设计竞赛×等奖。

实习经历

××××年××月—××××年××月，某科技公司算法实习生。

- 参与公司推荐算法的研发与优化，提高了推荐系统的准确率。
- 协助完成数据挖掘项目，为公司业务提供了有价值的分析报告。
- 参与团队技术分享会，与同事交流学习，提升了自己的技术水平。

项目经历

（1）基于深度学习的图像分类项目

- 使用卷积神经网络（CNN）实现了图像分类任务，取得了较高的准确率。
- 进行了模型优化，提高了模型的运行速度和稳定性。

（2）自然语言处理（NLP）情感分析项目

- 利用循环神经网络（RNN）和注意力机制实现了文本情感分析。
- 对数据集进行了预处理和特征提取，提高了模型的性能。

自我评价

本人热爱人工智能领域，具备扎实的理论基础和实践能力。在实习和项目经历中，积累了丰富的算法研发和优化经验。希望能够加入贵公司，为公司的业务发展贡献自己的力量。

求职意向

岗位：算法工程师。

月薪要求：不低于行业平均水平。

工作地点：××市。

附加信息

- 具备良好的沟通能力和团队合作精神。
- 具备较强的学习能力和自我驱动力。
- 熟悉常用办公软件，如 Word、Excel、PowerPoint 等。

小李只需把简历中的×××部分补全，再根据自己的实际情况稍作调整，即可得到一份简历。例如，他想补充他的技能证书信息。

优化完善：请添加我的计算机二级证书信息。

以下是更新后的技能与证书部分：

技能与证书

- 熟练掌握 Python、C++等编程语言。
- 熟悉 TensorFlow、PyTorch 等深度学习框架。
- 掌握 Linux 操作系统，了解 Shell 脚本编程。
- 持有全国大学生数学建模竞赛 × 等奖。
- 持有全国大学生程序设计竞赛 × 等奖。
- 持有计算机二级证书（具体科目）。

这样一份求职简历初稿就完成了。小李可以根据自身的情况继续让 AI 工具完善他的简历，直到满意为止。

任务小结

通过本任务，小张同学了解了如何有效提问，掌握了大语言模型的应用场景——简历制作。

学习成果自查表

要点		掌握程度		
		未掌握	基本掌握	熟练掌握
如何有效提问	制定目标			
	清晰描述			
	明确需求			
	优化完善			
如何用大语言模型制作简历	利用大语言模型制作简历的一般步骤			

学习总结

姓名		班级		学号	
模块名称					
学习总结	我学会了：（知识、技能成长）				
	我收获了：（职业认识、协作能力、问题解决能力等发展）				
	在本任务的学习中，我的不足有：（自我反思与评价）				

模块九 人工智能综合实战

思维导图

视频：人工智能综合实践

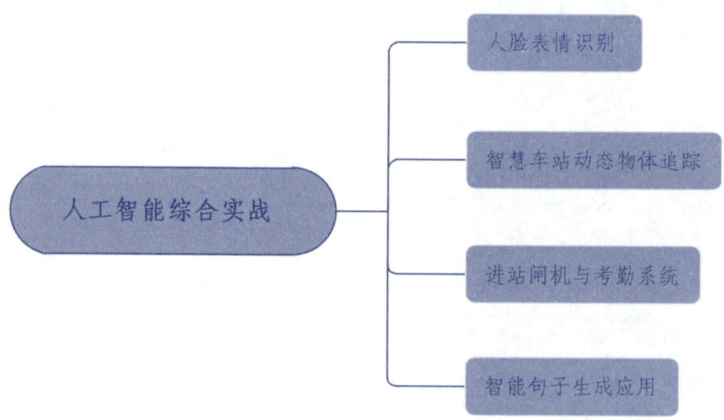

学习收获

在本模块中，您将学会：

- 理解人脸表情识别的工作原理；
- 能够用 SenseStudy 平台对人脸进行高兴、生气、厌恶等表情识别；
- 掌握了智慧车站动态物体追踪技术；
- 理解目标跟踪和检测背后隐藏什么样控制技术；
- 掌握了目标跟踪技术在现实生活中应用领域；
- 掌握自动签到系统的必备核心功能、自动签到系统的搭建；
- 理解人脸采集、预处理、特征提取、特征比对、识别等模块流程；
- 掌握自然语言处理实现原理；
- 了解计算机生成一个合理准确的句子需要考虑上下文的关系技术；
- 了解智能句子生成流程及方式。

任务一　人脸表情识别

任务目标

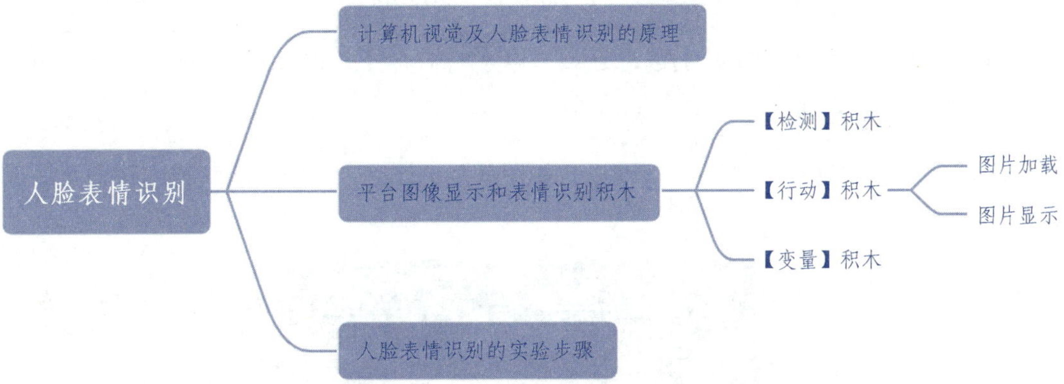

任务描述

车站的旅客表情各异，有的焦灼，有的温情，有的激动又带着无限神往。车站就像是一位送我们抵达故乡或者异乡的信使，她善解人意，洞悉人心，能够读懂每一位旅客的心事。小李是某车站的监控人员，需要对经过车站的每一位旅客，通过图像识别技术识别人脸的表情，找出情绪异常人员。

知识准备

一、计算机视觉及人脸表情识别的原理

计算机视觉系统可以通过比对提取到的特征与已知模型的特征，来检测和识别图像中的目标物体。这可以是人脸、车辆、物体等。

人脸表情识别是指从人脸的图像或视频流中识别出人物表情状态，从而确定人物的情绪与心理变化。人脸表情识别分析检测到人脸的情绪，并返回置信度分数，目前市面上的产品可识别高兴、生气、惊讶、害怕、厌恶、难过和轻蔑等多种表情。

图 9-1-1　典型表情类型（来自 Extended Cohn-Kanada 数据集）

人脸表情识别是一项复杂的任务，仅使用图像进行识别时更是如此。因为对于我们人类而言，对人物面部表情的正确识别除了依赖表情变化，通常还需要结合情感产生和表达的环境。

二、SenseStudy 平台图像显示和表情识别积木

SenseStudy 平台将功能积木进行分类，以下将对本任务中使用到的积木进行说明。

1. 【检测】积木

在选择栏中选择读取图像的积木块，如图 9-1-2 所示，单击或拖动积木块即可将其放入编程区。

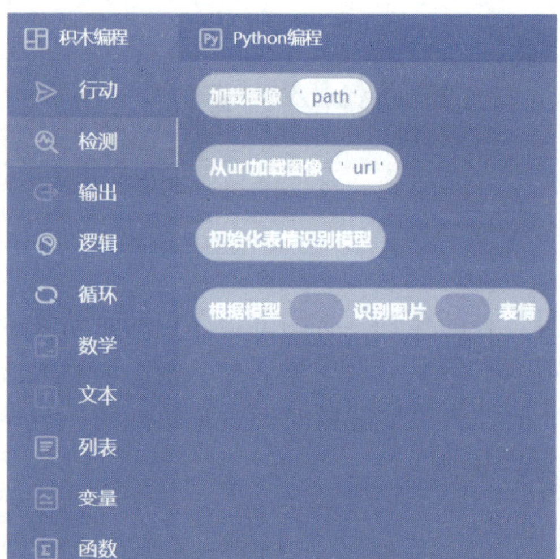

图 9-1-2　【检测】积木

Step 01　“加载图像 path”：修改其中的 path 值为图像名称，用于读取平台提供的内置图像，如图 9-1-3 所示。

图 9-1-3　加载图像

注：“加载图像 path”积木块，只能使用平台的内置图像。

Step02　“从 url 加载图像”：修改其中的 url 内容，用于读取平台上的图片地址，一般为用户上传的自定义图像，复制所需要的地址即可(可能很长，下图未能完整显示)，如图 9-1-4 所示。

图 9-1-4　从 url 加载图像

Step03　“初始化表情识别模型”：能够检测基本的表情类型，如图 9-1-5 所示。

图 9-1-5　初始化表情识别模型

Step04　“根据模型__识别图片__表情”：根据训练完成的模型识别图片中人物的表情，如图 9-1-6 所示。

图 9-1-6　根据模型__识别图片__表情

2. 【行动】积木

在选择栏中选择“显示图像”积木块，将“加载图像”嵌入“显示图像”中即可进行显示，如图 9-1-7 所示。

图 9-1-7　【行动】积木

加入“显示图像”积木块，单击“运行”按钮，在操作界面右侧“结果展示”窗口会显示相应的图像。

3. 【变量】积木

在选择栏中单击“创建变量”按钮，在弹出的对话框中指定变量名称（一般应为英文单词，多个单词之间用下划线分隔，可以加数字后缀，代表该变量的实际含义，不要包含特殊字符，不要使用纯数字和单字母）。

任务实施

微课：人脸表情识别

1. 实施步骤

Step 01　单击【变量】积木选择栏中的“创建变量”按钮，新建名称为image的变量，平台将自动创建3个积木块，如图 9-1-8 所示。把“将 image 设为 0”积木块拖入编程区。

图 9-1-8　步骤 1

Step02　将【检测】积木选择栏中的“加载图像 path”积木块拖入编程区，如图 9-1-9 所示。

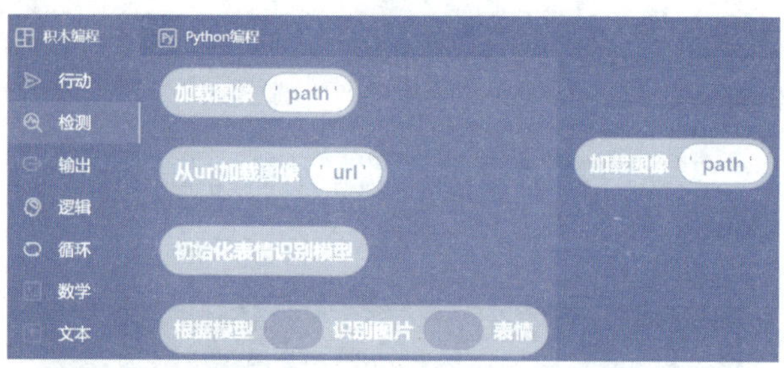

图 9-1-9　步骤 2

Step03　拖动“加载图像 path”积木块嵌入到“将 image 设为 0”积木块中 0 的位置，如图 9-1-10 所示。

图 9-1-10　步骤 3

Step04　修改“加载图像 path”中的 path 值为图像地址，如加载的图像名称为 4_0.jpg，则将 path 值改为 4_0.jpg，如图 9-1-11 所示。

图 9-1-11　步骤 4

Step05　拖动【行动】积木选择栏中的“显示图像”积木块和【变量】积木选择栏中的“image”积木块放入编程区，如图 9-1-12 所示。

图 9-1-12　步骤 5

将“image”积木块嵌入“显示图像”积木块，如图 9-1-13 所示。

图 9-1-13　嵌入积木块

Step06　创建变量 detector，方法如图 9-1-2 所示。将【检测】积木选择栏中的“初始化表情识别模型”积木块嵌入变量 detector 积木块中，如图 9-1-14 所示。

图 9-1-14　步骤 6

Step07　拖入已经创建的 detector 和 image 变量积木块。

拖入“根据图片__识别图片__表情”积木块；新建 res（result）变量并拖入“将 res 设为 0”积木块，按照箭头所示进行嵌套，如图 9-1-15 所示。

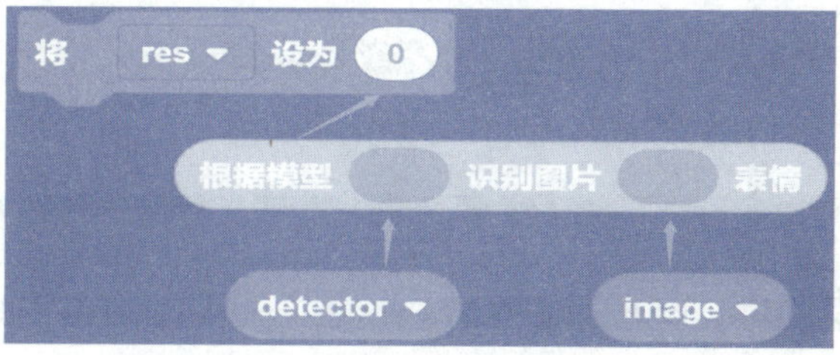

图 9-1-15　步骤 7

完成后的效果如图 9-1-16 所示。

图 9-1-16　步骤 7 完成后的效果

Step08　拖入【输出】积木选择栏中的“打印”积木块，并将 res 变量嵌入，如图 9-1-17 所示。

图 9-1-17　步骤 8

Step09 将图 9-1-11、图 9-1-13、图 9-1-14、图 9-1-16、图 9-1-17 中的积木块堆叠组合，单击“运行”按钮，等待若干秒之后即可在右侧看到图像和机器分析出的人物表情（本例中图像所示人物表情为 happy），如图 9-1-18 所示。

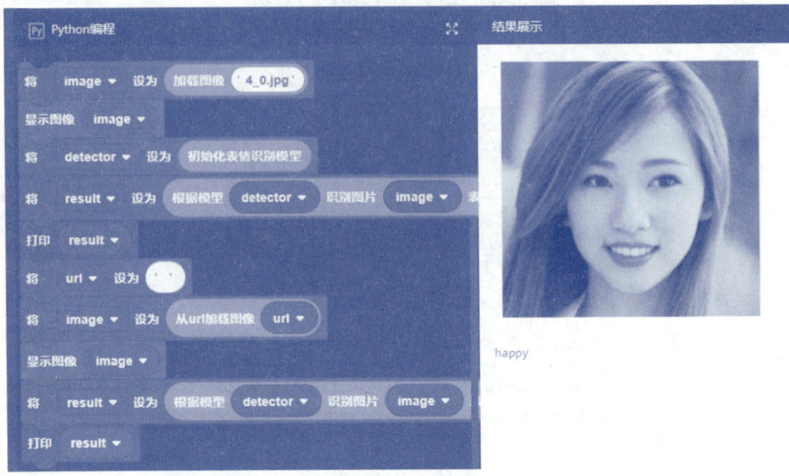

图 9-1-18　步骤 9

Step10 除了用“加载图像 path”积木块读取平台提供的内置图像外，用户还可以上传自己的图像到“我的文件夹”，并复制其地址，用“从 url 加载图像”积木块读取图像。

将【检测】积木选择栏中的“从 url 加载图像”积木块拖入编程区。创建变量 url 积木块，将【文本】积木选择栏中的  嵌入该变量中，把复制的图片地址粘贴到 url 变量 0 的位置，完成后的效果如图 9-1-19 所示。

图 9-1-19　步骤 10

Step11 拖入“将 image 设为 0”积木块，拖入 url 变量和“从 url 加载图像”积木块，按照图 9-1-20 箭头所示进行嵌套。

图 9-1-20　步骤 11

完成后的效果如图 9-1-21 所示。

图 9-1-21　完成后的效果

Step12　重复按照图 9-1-13、图 9-1-16、图 9-1-17，分别创建“显示图像 image”“将 res 设为”和“打印 res”积木块，如图 9-1-22 所示。

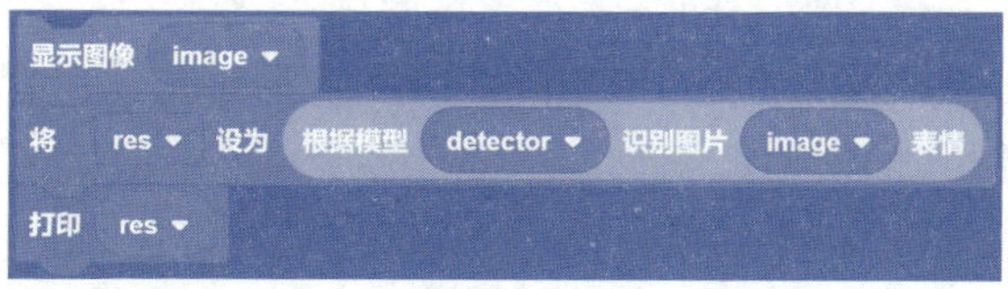

图 9-1-22　步骤 12

Step13　把图 9-1-18、图 9-1-19、图 9-1-21 中的积木块组堆叠，并贴附到图 9-1-22 之前，形成完整的积木组，如图 9-1-23 所示，单击“运行”按钮，即可依次看到两幅图像中人物的情绪。

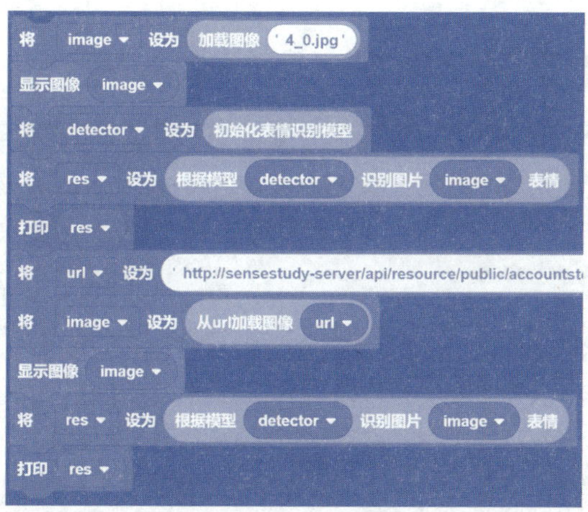

图 9-1-23　步骤 13

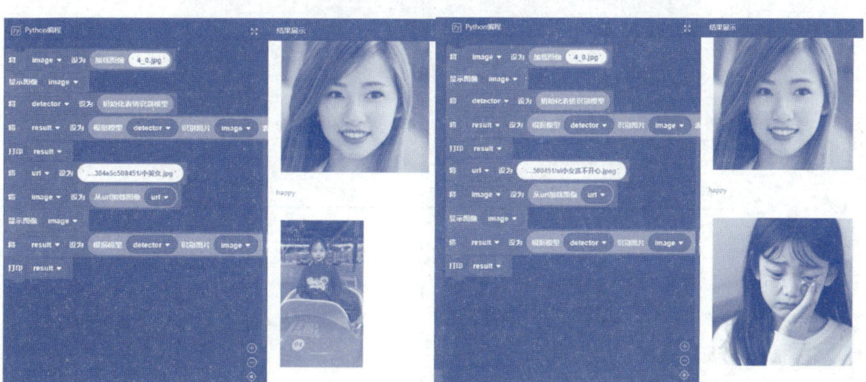

图 9-1-24　显示效果

2. 完整积木程序解释及总结

（1）将“加载图像”和“将 image 设为”积木块组合使用，可以把“4_0.jpg”图像放入 image 变量以备后用。

（2）创建名为 detector 的变量用作表情识别。

（3）使用“根据模型__识别图片__表情”积木块提取图像中的表情，并将结果放入变量 res 中，然后打印 res 结果。

（4）创建 url 变量存储图像的网络地址。

（5）用“从 url 加载图像”积木块读取图像并存入 image 变量，后面 image 变量可以如同平台内置的图像一样使用。

实战练习

（1）简述人脸表情识别的原理。

（2）简述系统对人脸表情识别的逻辑步骤。

学习成果自查表

要点		掌握程度		
		未掌握	基本掌握	熟练掌握
人脸表情识别基础知识	人脸表情识别的原理			
	SenseStudy 平台人脸表情识别图像处理积木功能			
	使用 SenseStudy 平台处理人脸表情识别图像处理的步骤			

任务二　智慧车站动态物体追踪

任务目标

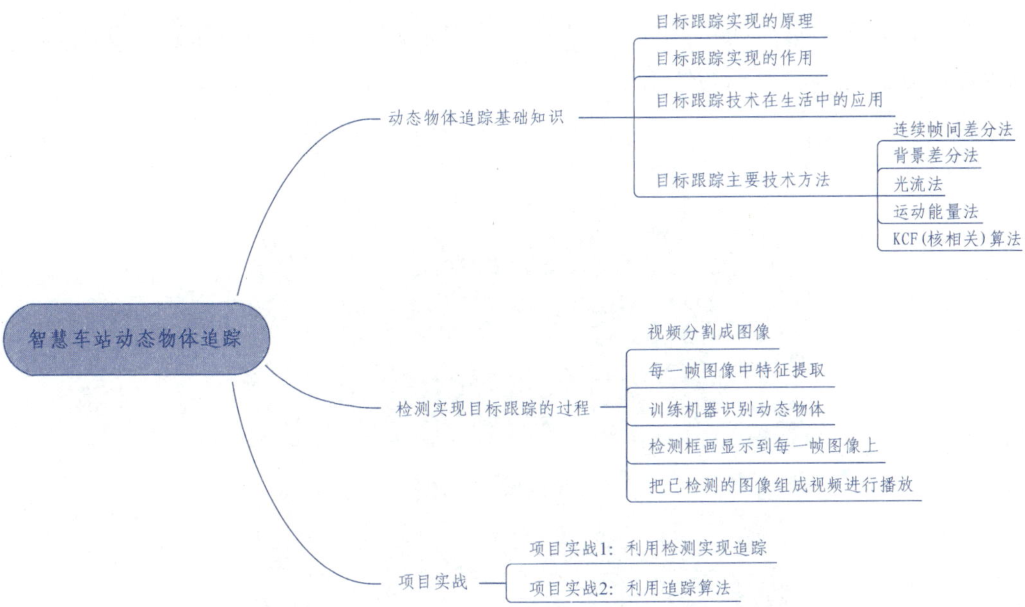

任务描述

广州地铁嘉禾望岗站日均客流量超过 10 万人次，庞大的人流对地铁站的安全保障及秩序维护带来了巨大的冲击。为了减轻地铁安检及工作人员的负担，建设智慧轨道车站，现需要利用动态物体追踪技术设计系统，对车站内的关键区域按时间进行客流（乘客在车站流动）统计，并对车站内乘客的行动轨迹进行跟踪检测。基于此分析区域客流的趋势，指导地铁车站的客流疏导工作。

小龙作为项目组的一员，需要利用车站监控实现对乘客的跟踪检测。系统需要对车站关键区域按时间进行客流（乘客在车站流动）统计，每隔 1 分钟采集一次某区域的乘客数。他应该如何做呢？

知识准备

视频：动态物体检测

智慧轨道车站是智慧地铁的重要组成部分。在车站侧，通过部署前端视频数据采集设备，将车站重点区域的视频数据进行实时采集。重点区域一般包括站点出入口、站点通道（包括换乘通道）、售检票机、安检区域、扶梯口出入口、车站站台等区域。要想学习本任务内容的智慧车站动态物体追踪，我们首先要了解前期相关基础知识，如什么是智慧车站、目标跟踪实现的原理、目标跟踪面临的挑战、目标物体追踪技术、目标跟踪技术在生活中的应用。

图 9-2-1　智慧轨道车站

一、智慧车站的概念

智慧车站是现代信息技术与交通运输领域相结合的产物，代表着车站管理与服务的未来发展趋势。它借助先进的信息技术、通信技术以及感知技术，将传统的车站运营管理模式升级为智能化、自动化和高效化的新模式。

首先，智慧车站通过信息化手段，实现了车站内部各个环节的数字化转型。这包括票务管理、安全监控、客流统计、设备维护等多个方面。通过集成各类信息系统，车站能够实时获取并处理各种数据，从而实现对车站运营的全面掌控和优化。

其次，智慧车站借助自动化技术，提高了车站的运营效率和服务质量。通过引入自动化设备和系统，如自动售票机、自动检票闸机、智能照明等，车站能够减少人力成本，提升服务效率，并为乘客提供更加便捷、舒适的出行体验。

此外，智慧车站还注重乘客的个性化需求和服务体验。通过大数据分析和人工智能技术，车站能够深入了解乘客的出行习惯、偏好和需求，从而为他们提供更加精准、个性化的服务。例如，根据乘客的出行历史和目的地预测，车站可以为他们推荐最佳的乘车方案和路线。

最后，智慧车站还强调车站的安全和秩序。通过引入先进的监控系统和预警机制，车站能够实时监测车站内部的安全状况，及时发现并处理各种安全隐患。同时，通过智能化管理，车站还能够优化人流、车流的组织和调度，确保车站的秩序和顺畅。

在智慧轨道车站系统主要采用目标检测跟踪技术和异常行为分析技术。其中目标检测跟踪技术构建智慧轨道车站真实场景，让计算机能够自动识别并分析复杂场景下人的行动和行为，实现目标检测对象的提取及动态自动跟踪；而异常行为分析技术是基于机器视觉识别技术，获取到智慧轨道车站目标人员的深度及目标高度信息，提升目标行为分析和多目标检测的准确率、目标位置信息，提升多目标检测位置远近的判断，实现越界、进入/离开区域、区域入侵、徘徊、人员聚焦、快速移动、非法停车、物品遗留/拿取等异常事件检测人体行为轨迹分析检测跟踪与报警。

智慧车站动态物体追踪的基本主要技术原理可概括为：运动物体检测是主流 技术是采用差分法实现，而运动物体追踪是利用基于时间序列预测模型实现。目标跟踪就是在连续的视频序列中，建立所要跟踪物体的位置关系，得到物体完整的运动轨迹。给定图像第一帧的目标坐标位置，计算在下一帧图像中目标的确切位置。

二、目标跟踪实现的定义

视觉目标跟踪 （Visual object tracking）是计算机视觉（Computer vision）领域的一个重要研究问题。通常来说，视觉目标跟踪是在一个视频的后续帧中找到在当前帧中定义的“感兴趣物体”（Object of interest）的过程，主要应用于一些需要目标空间位置以及外观（形状、颜色等）特性的视觉应用中。

在计算机视觉领域中并没有对视觉目标跟踪的唯一定义，通常来说，跟踪的目标是视频帧或图像中的某个区域或物体，通常被应用在一些特定场景中对已知类型物体进行跟踪，例如：图 9-2-2 是乘客经过深圳北站时进行人数统计，通过目标检测乘客越过绿线，将累加统计人数，在视频帧或图像中的学生是我们提到的“感兴趣物体”。

图 9-2-2　乘客进站人数统计

三、视觉目标跟踪的基本原理

视频：目标检测

目标跟踪就是在连续的视频序列中，建立所要跟踪物体的位置关系，得到物体完整的运动轨迹。给定图像第一帧的目标坐标位置，计算在下一帧图像中目标的确切位置。可以分为三步：“找到”“感兴趣区域或者物体”；获取“感兴趣区域或者物体”的位置；在后续帧中识别“感兴趣区域或者物体”。

集装箱智慧通关系统中对集装箱号码的跟踪识别是基于 BLSTM 网络及视频流关键帧识别技术涉及到，下面以此为例，对移动车辆目标检测实现原理进行具体说明。

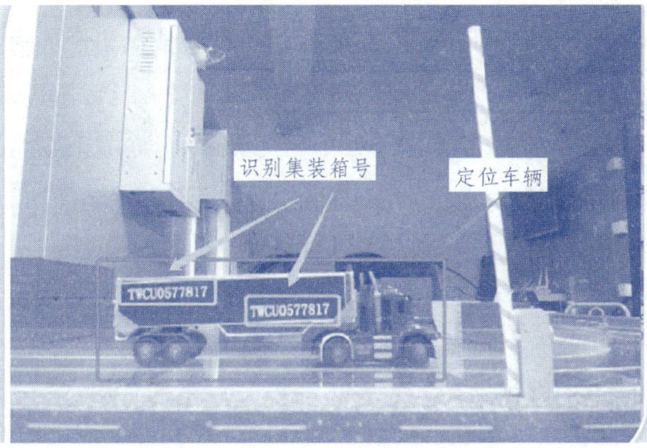

图 9-2-3　行驶过程中的集装箱车辆关键帧视频

1. “找到”：如何锁定行驶过程中集装箱车辆

假设在视频上一帧我们找到了行驶中的集装箱车辆所在的位置，我们要做的是在当前帧中继续找到集装箱车辆所在的位置。在同一段视频中，相同的物体在前后两帧中的尺寸和空间位置不会发生巨大的变化。在这里，我们可以利用这一点锁定目标。比如我们可以做出如下判断：行驶中集装箱车辆在当前帧中的空间位置大概率会在车道中，而几乎不可能在车道外边的草坪内。也就是说，如果我们想知道行驶中集装箱车辆在当前帧中的空间位置，我们只需要在车道中生成一些候选位置，然后在其中进行寻找即可，上述过程引出了集装箱跟踪中一个重要的子问题，即 candidate generation，通常被表述为候选框生成。

2. “感兴趣区域或者物体”：如何获取关键帧感兴趣区域（字符区域）

集装箱箱号关键帧自动识别技术对于集装箱运输行业的智能化管理起着十分重要的作用，是智慧港口和铁路智慧管理系统的重要组成部分。传统的集装箱箱号识别算法抗干扰能力较差、鲁棒性差，在光照不均、箱号区域被污损、箱号倾斜等复杂场景下不能准确地进行箱号定位，针对箱号区域特点，设计实现基于 YOLOv9 的箱号区域定位网络，主要是引入随机空间采样池化的方法对特征图进行下采样，最大概率保留特征图的空间信息，提高网络在复杂场景下的泛化能力。在计算机视觉领域中，我们通常将这些高度抽象的信息称之为特征。对于计算机而言，如果没有特征，集装箱和车道、草坪或者图像中其他对于人类有意义的物体没有任何区别。因此，想让计算机对行驶集装箱车辆进行跟踪，特征表达/提取　（feature representation/extraction）是非常重要的一环。

3. “后续帧”：在车流中如何辨别行驶中集装箱车辆的感兴趣区域

在这里，我们将“后续帧”关注的问题定义为如何利用前一帧中的信息在当前帧中鉴别目标，通俗地讲，视频中前一张图片中的信息与当前张图片中进行识别目标。我们不仅需要在“后续帧”中的每一帧都能完成对目标的跟踪，还强调连续帧之间的上下文关系对于跟踪的意义。直观理解，在当前帧中找到最像上一帧中的跟踪结果的物体即可。那么这样就引出了目标跟踪中比较重要的问题：决策。所谓的决策主要解决匹配问题，将当前帧中可能是目标的物体和上一帧的跟踪结果进行匹配，然后选择相似度最大的物体或者对象作为当前帧的跟踪结果。它是目标跟踪中比较重要的一个问题，也是我们绝大多数学者最为关心的问题。

四、目标跟踪面临的挑战

给您一张我的正脸照（没有经过美颜处理的），您该如何在人群中找到我呢？一种最直观的方案就是：“谁长得最像就是谁”。但是对于计算机来说，如何衡量“长得像”，并不是个简单的问题。

这就涉及一种基本的运算——目标跟踪算法。

作为计算机视觉领域的一个热点研究方向，目标跟踪一直都是一项具有挑战性的工作。目标跟踪技术在导弹制导、智能监控系统、视频检索、无人驾驶、人机交互和工业机器人等领域具有重要的作用。从 20 世纪 50 年代目标跟踪的起源到现今，尽管已有大量的研究成果，但是在复杂条件下实现实时准确的跟踪依旧难以实现。面临的主要挑战主要有：

（1）形态变化：运动目标发生姿态变化时，会导致它的特征以及外观模型发生改变，容易导致跟踪失败。

（2）尺度变化：当目标尺度缩小时，会将很多背景信息包含在内，导致目标模型的更新错误；当目标尺度增大时，由于跟踪范围不能将目标完全包括在内，跟踪框内目标信息不全，也会导致目标模型的更新错误。

（3）遮挡与消失：当这种情况发生时，容易将遮挡物以及背景信息包含在跟踪框内，会导致后续图片中的跟踪目标漂移到遮挡物上面。若目标被完全遮挡时，由于找不到目标的对应模型，会导致跟踪失败。

（4）图像模糊：光照强度变化，目标快速运动，低分辨率等情况会导致图像模糊，尤其是在运动目标与背景相似的情况下更为明显。

五、目标跟踪技术在生活中的应用

目前，目标跟踪技术主要应用于以下领域：

（1）智能视频监控：基于运动识别基于步法的人类识别、自动物体检测等，自动化监测（监视一个场景以检测可疑行为）；交通监视（实时收集交通数据用来指挥交通流动）。

（2）人机交互：传统人机交互是通过计算机键盘和鼠标进行的，为了使计算机具有识别和理解人的姿态、动作、手势等能力，其中跟踪技术是关键。

（3）机器人视觉导航：在智能机器人中，跟踪技术可用于计算拍摄物体的运动轨迹。

（4）虚拟现实：虚拟环境中 3D 交互和虚拟角色动作模拟直接得益于视频人体运动分析的研究成果，可给参与者更加丰富的交互形式，人体跟踪分析是其关键技术。

（5）医学诊断：跟踪技术在超声波和核磁序列图像的自动分析中有广泛应用。

六、目标跟踪主要技术方法

视频：目标跟踪算法的作用

目前，智慧车站动态物体追踪技术主要有以下几种方法：

1. 帧间差分法

帧间差分法是将视频流中相邻两帧或相隔几帧图像的两幅图像像素值相减，并对相减后的图像进行阈值化来提取图像中的运动区域。

帧间差分法的技术原理是：当视频中存在移动物体的时候，相邻帧（或相邻三帧）之间在灰度上会有差别，求取两帧图像灰度差的绝对值，则静止的物体在差值图像上表现出来全是 0，而移动的物体特别是移动物体的轮廓处由于存在灰度变化为非 0，当绝对值超过一定阈值时，即可判断为运动目标，从而实现目标的检测功能。

帧间差分法的优势是算法实现简单，对光线等场景变化不太敏感，能够适应各种动态环境，鲁棒性较好。唯一遗憾的是，它不能提取出对象的完整区域，只能提取出边界，边界轮廓比较粗，往往比实际物体要大。对于快速运动的物体，容易出现飘影的现象，甚至会被检测为两个不同的运动物体；对于慢速运动的物体，当物体在前后两帧中几乎完全重叠时，则检测不到物体。

2. 背景差分法

背景差分法是采用图像序列中的当前帧和背景参考模型比较来检测运动物体的一种方法，其性能依赖于所使用的背景建模技术。

在基于背景差分方法的运动目标检测中，背景图像的建模和模拟的准确程度，直接影响到检测的效果，如图 9-2-4 所示。不论任何运动目标检测算法，都要尽可能地满足任何图像场景的处理要求，但是由于场景的复杂性、不可预知性以及各种环境干扰和噪声的存在，如光照的突然变化、实际背景图像中有些物体的波动、摄像机的抖动、运动物体进出场景对原场景的影响等，使得背景的建模和模拟变得比较困难。

图 9-2-4　背景差分法

3. 目标跟踪算法

目标跟踪实现的功能不同于目标检测，首先目标跟踪要找到的并不是猫或狗这样一类动物，而是要持续找到动物个体，这个任务相对而言更加简单。另一方面，在视频中寻找小狗，第一次寻找需要在整个画面中找到小狗的位置。在下一帧图像中就不需要在整个画面中寻找小狗，而是在上一帧小狗出现的附近即可。计算机处理这类问题就遵循这个原理，所使用的算法称为目标跟踪算法。与检测算法相比，目标跟踪算法不需要每次对全图做检测，只需要在上一次的检测框周围进行扫描即可，这样算法效率更高。因此，目标跟踪算法不同于目标检测，正是利用了这些优势，不需要预先训练好检测模型，只需要在起始图像上标注出要跟踪的物体，即可在一个连续视频内进行实时目标跟踪。

本实验采用 KCF（Kernel Correlation Filter，核相关滤波）算法进行目标跟踪和检测，图 9-2-5 是检测轨道路边的灯（标黄色），一般化的跟踪问题可以分解成如下几步：

（1）在帧中，在当前位置附近采样，训练一个回归器。这个回归器能计算一个小窗口采样的响应。

（2）在帧中，在前一帧位置附近采样，用前述回归器判断每个采样的响应。

（3）响应最强的采样作为本帧位置。

图 9-2-5　目标跟踪算法

目标跟踪作为计算机视觉的一个重要研究方向，在生活中有着广泛的应用，比如无人驾驶、人脸跟踪、人机交互、交通监视、医学诊断等，能够实现自主导航、意外事件防范、老幼病残监护等多种功能。动态目标检测及跟踪一直是无人驾驶技术实现的关键，通过计算机视觉，可以检测到行驶途中的物体，比如行人、标志、红绿灯、车辆等。目标跟踪技术主要用于跟踪行人和车辆这两种运动物体的移动轨迹，对相对距离和速度进行计算，从而防止车辆与这些物体发生碰撞。

任务实施

项目实战 1　利用检测实现追踪

以对车站视频中的物体进行追踪检测为例，要对车站视频中的物体进行追踪检测，也就是识别视频中的目标物体，并用检测框进行标识，这一结果需要利用检测实现追踪。

视频：车站视频中物体追踪

Step 01　将检测框添加到视频

为指定视频中包含的多帧图片绘制检测框，并将绘制检测框的多帧图像存入变量 imgs。

Step02　播放图像

以每秒播放 30 张图片的帧频观看目标跟踪的结果。

使用物体检测函数，主要对物体进行实现实时检测函数，该函数参数是 img；detectionFunc 这个函数是进行目标跟踪，其实将视频的每帧都会用这个函数画一个框出来，所以函数的参数是 img，返回值是 rect 和 img，如图 9-2-6 所示。

```
def detectionFunc(img:dict(type='LooseType',help='图像')) -> 'L
    '''
    检测图像 %1 并添加检测框
    detect image %1 and plot rect
    '''
    rect = None
    detect = utils.detection()
    result, count = detect.predict(img)
    for c in range(count):   #这里我们循环对每一个检测框进行处理
        rect = result[c]    #每一个检测框的信息被读取到了rect上
        img = detect.add_rect(img,rect,'g')  #add_rect在图上画出
    return (rect, img)
```

图 9-2-6　物体检测函数

使用物体检测函数，如图 9-2-7 所示。

图 9-2-7　使用物体检测函数

不使用物体检测函数，如图 9-2-8 所示。

图 9-2-8　不使用物体检测函数

项目实战 2　利用追踪算法

利用检测实现追踪方法逐帧处理视频，结果容易出现误检、漏检以及检测框抖动的问题。由于物体形态的变化较小，上述问题可以一定程度上采用经典的跟踪算法解决，如利用 KCF 目标跟踪算法，该算法在追踪过程中训练一个目标检测器，使用目标检测器去检测下一帧预测位置是否是目标，然后再使用新检测结果去更新训练集进而更新目标检测器。这个算法的训练速度较快，且准确率较高。其算法原理与之前学到的图像分类有一定关系，但这里我们需要分类框中的物体以及周围的背景。

视频：利用追踪算法操作

本任务实验中配置了 7 种不同的目标追踪器类型：

['BOOSTING', 'MIL', 'KCF', 'TLD', 'MEDIANFLOW', 'GOTURN', 'MOSSE']

（1）'BOOSTING'：该跟踪器基于 ADaboost 的版本，ADaboost 是基于 HAAR 级联的人脸检测器内部使用的算法。这个分类器需要在运行时用对象的正负示例进行培训。以用户（或其他对象检测算法）提供的初始边界框为对象的正例，边界框外的许多图像部位作为背景。给定一个新的帧，分类器在前一个位置附近的每个像素上运行，并记录分类器的得分。对象的新位置是得分最大的位置。

缺点：速度较慢，并且表现不好，跟踪失败后，不能及时呈现错误报告。

（2）'MIL'：该跟踪器的概念与 BOOSTING 相似。它们之间区别是，它不只是将对象的当前位置视为一个正示例，还会在当前位置周围的一个小邻域中查找，以生成几个潜在的正示例。多实例学习（mil）来拯救的地方。在 mil 中，不指定正负示例，而是指定正负“bags”。正面的图像收集并非都是正面的例子。一个正面的 bag 包含了以对象当前位置为中心的区域，以及它周围的一个小邻域中的区域。即使被跟踪对象的当前位置不准确，当来自当前位置附近的样本放入正袋中时，很有可能该袋至少包含一个图像，并且该对象很好地居中。

优点：性能不错。它不会像助推跟踪器那样漂移，并且在部分遮挡下也能正常工作。缺点：失败率较高。

（3）'KCF'：代表 kernelized correlation filters。

优点：准确度和速度都比 MIL 跟踪器好，它跟踪故障比 BOOSTING 和 MIL 这两个追踪算法好。缺点：无法从完全遮挡中恢复。

（4）'TLD'：代表跟踪、学习和检测。这个跟踪器将长期跟踪任务分解为三个组件（短期）跟踪、学习和检测。

（5）'MEDIANFLOW'：这个跟踪器可以实时地跟踪物体的前后方向，并测量这两个轨迹之间的差异。最大限度地减少这种向前向后的误差，使他们能够可靠地检测跟踪故障，并在视频序列中选择可靠的轨迹。

（6）'GOTURN'：是一种基于深度学习的对象跟踪算法。

（7）'MOSSE'：最小平方误差输出和（mosse）使用自适应相关进行对象跟踪，当使用单帧进行初始化时，可产生稳定的相关滤波器。

优点：速度快。缺点：准确率不如 CSRT 和 KCF 高。

Step 01　加载视频

我们可以通过加载指定视频，赋值给变量 imgs，以每秒播放 30 张图片的帧频观看目标跟踪的结果，如图 9-2-9 所示。

图 9-2-9　加载视频

Step02　检测图片中要追踪的物体

取一系列图片中第 2 帧图片，赋值给变量 img（默认从 0 开始计算，例如第 0 项的值表示第一帧的图片），显示图像，如图 9-2-10 所示。

图 9-2-10　检测图片中要追踪的物体

Step03　标注物体位置

使用检测框标注物体位置，赋值给变量 res，如图 9-2-11 所示。

图 9-2-11　标注物体位置

Step04　检测物体总数

将图片中物体的总数赋值给变量 img，如图 9-2-12 所示。

图 9-2-12　检测物体总数

Step05　检测物体位置

将所有检测框的位置赋值给变量 rect，如图 9-2-13 所示。

图 9-2-13　检测物体位置

Step06　显示图像

显示图像，如图 9-2-14 所示。

图 9-2-14　显示图像

Step07　获取检测框边界的四个坐标值

分别获取检测框的顶部、底部、左侧和右侧的坐标值，赋值给变量 top、bottom、left、right，如图 9-2-15 所示。

图 9-2-15　获取检测框边界的四个坐标值

Step08　记录检测框数据

确定顶点并记录矩形的宽和长，赋值给变量 bbox，如图 9-2-16 所示。

图 9-2-16　记录检测框数据

Step09　持续追踪物体

目标追踪算法仅需在检测框的初始位置周围进行扫描和追踪（本任务实验中配置了 7 种不同的目标追踪器类型，配置 1 表示使用了“MIL”追踪器），如图 11-1-17 所示。

图 9-2-17　持续追踪物体

Step10　播放视频，观看目标跟踪结果

以每秒播放 30 张图片的帧频观看目标跟踪的结果，如图 9-2-18 所示。

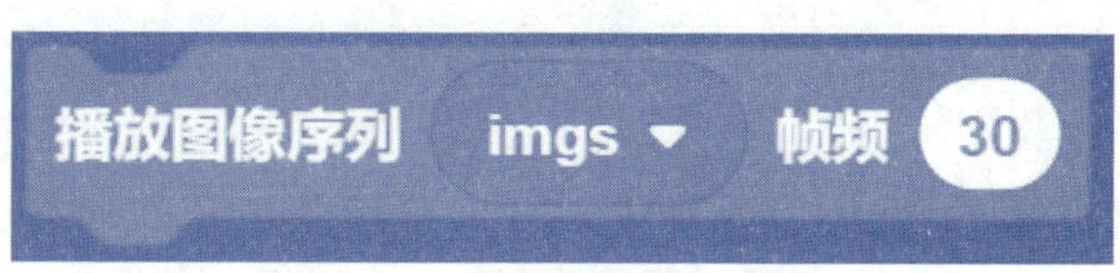

图 9-2-18　播放视频观看目标跟踪结果

1. 视觉目标检测算法应用场景

视觉目标检测算法应用场景可以简单分为两类：静止背景视频场景和单帧静止图像场景。

静止背景视频目标检测过程，如图 9-2-19 所示。

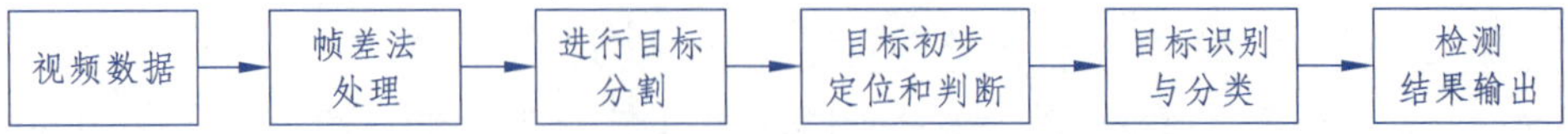

图 9-2-19　静止背景视频目标检测过程

单帧静止图像检测有整体模型检测法与部件模型检测法两种。

2. 视觉目标跟踪问题

视觉目标跟踪问题目标跟踪流程，如图 9-2-20 所示。

图 9-2-20　视觉目标跟踪问题目标跟踪流程

视觉目标跟踪问题可以分为三类：跟踪目标的特征表示、跟踪目标的匹配、跟踪目标的运动模型。

特征表示：颜色、边缘与梯度、光流、纹理等。

目标匹配：根据目标模板与匹配搜索算法，寻找与该模板最相似的区域的过程。如 mean-shift 算法等。

目前，跟踪目标主要研究难点：

（1）目标特征的表达方式。

（2）目标模式的差异性。

（3）目标的部分及完全遮挡。

（4）背景模式与光照亮度的影响。

实践探索

小毅是广东省某地铁营运公司的技术测试人员，现根据公司项目组需求，要求小毅在广州某地铁站进行摄像头拍摄一段旅客拿着一个独特的行李箱行走的视频，利用本平台对视频进行分析，对视频中的进行动态物体实时追踪。

讨论：为什么要做视觉目标跟踪？

在回答“视觉目标跟踪有哪些应用”的问题之前，我们应该先讨论　“为什么要做视觉目标跟踪”。

跟踪在计算机视觉的经典应用领域，包括车辆跟踪、车牌识别、人脸识别、步态识别、无人机追踪、机器人导航以及新兴的智慧生活（人机交互、VR/AR 等）、智慧城市（流量监测等）、以及远程医疗等。跟踪问题的主要应用可以总结为：对视频或连续有语义关联的图像中任意目标的空间位置、形状和尺寸的获知。

问题讨论：

目标跟踪在生活或工作方面还有哪些应用案例呢？

学习成果自查表

要点		掌握程度		
		未掌握	基本掌握	熟练掌握
智慧车站动态物体追踪技术主要方法	连续帧间差分法			
	背景差分法			
	光流法			
	运动能量法			
	KCF（核相关）算法			
	保留几位小数			
智慧车站动态物体追踪实战	项目实战 1：利用检测实现追踪			
	项目实战 2：利用追踪算法			
检测实现目标跟踪的过程步骤	分割成图像、特征提取、训练机器识别动态物体、检测框画显示到图像上，生成动态视频			

任务三　进站闸机与考勤系统

任务目标

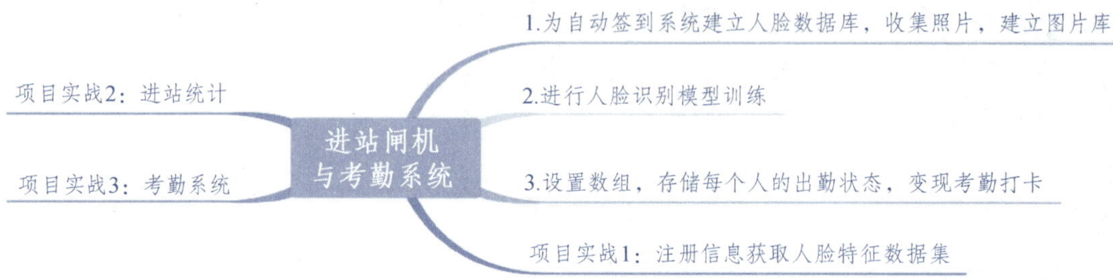

任务描述

广州地铁嘉禾望岗站日均客流量超过 10 万人次，庞大的人流对地铁站的安全保障及秩序维护带来了巨大的冲击。根据公司项目组规划和进度实施需要，为了减轻地铁安检及工作人员的负担，现需要设计实现进站闸机与考勤系统，对车站内的关键区域按时间进行客流（乘客在车站流动）统计。小龙作为公司项目组技术研发人员，需要实现人脸数据库，收集照片，建立图片库实现自动签到系统的功能，来实现模拟进站闸机与考勤系统的实现过程。经过分析，具体实现包括以下 3 步：

Step 01　为自动签到系统建立人脸数据库，收集照片，建立图片库。

为了让门禁系统具有人脸识别的功能，首先需要采集公司每一位员工的照片，建立一个图片库让门禁系统去学习。

视频：进站闸机人脸识别系统

Step02　进行人脸识别模型训练。

在获得照片数据之后，需要机器能够认识图片库中的公司每一位员工，这一步相当于完成用户注册。其关键是让系统学习如何去分辨 每一位公司员工，从而根据人脸识别出身份信息，以便根据每天的识别情况修改图片库中每个公司员工的出勤状态。

Step03　设置数组，存储每个人的出勤状态，实现考勤打卡。

实现广州地铁某站门禁系统的考勤打卡功能，首先为所有广州地铁某站工作人员设置一个数组，每一个元素对应广州地铁某站一位工作人员。数组的大小与广州地铁某站工作人员的数量一致，将每个广州地铁某站工作人员的编号录入照片数据库中。每天零点将这个数组中所有的元素值设置为 0。当有广州地铁某站工作人员经过系统的人脸采集摄像头时，判断这位工作人员是谁，获取该工作人员的编号，并将数组中对应的元素设置为 1。

知识准备

传统的铁路车站、客运站或汽车站检票流程就是采用人工的粗放式管理手段，流程不规范，容易造成人为的疏漏，安全隐患得不到有效根除。而通过人脸、身份证、车票实现“人证票”合一通过闸机，进站口实名制自助验证，刷身份证、电子客票、手机二维码验票进出站，实时采集地铁列车监控和视频数据，将数据分析和计算能力推送到智慧车站，利用机器视觉的手段来规范和提升车站对进站检票业务管理水平，为乘客提供全时空、场景化、个性化服务，是新时代的先进理念和职责要求。

一、数据结构

一种数据结构，可以包含多少个变量呢?显然，聪明的程序设计师肯定会设计这样一种结构，可以方便地使用很多的变量，它就是数组。数组中可以包含很多元素，每一个元素都相当于一个变量，这样使用数据就可以表示很多人的状态信息。

例如，广州南站—深圳北站的高铁 G6523 列车看作一种数据结构，每一节车厢可以看作数组，列车车厢可以乘坐很多乘客，车厢中每一位乘客相当于元素， 车厢中每一位乘客相当于一个变量，这样使用车厢座位（数据）信息就可以表示很多乘客的座位信息。数组是指多个元素组成的元素序列，数组里面的每一个元素拥有一个唯一的编号，通过数组名和编号能够找到数组中的元素。

相当于高铁 G6523 列车是指多个乘客组成的一节一节的车厢，车厢里面的每一位乘客拥有一个唯一的座号，通过车厢号和座位号能找到车厢中的乘客。

高铁 G6523 列车	一种数据结构
车厢	数组
乘客	元素（变量）
座位号	元素序列

二、人脸识别技术

人脸识别系统以人脸识别技术为核心，是一项新兴的生物识别技术，是当今国际科技领域攻关的高精尖技术。人脸识别技术成为当前模式识别和人工智能领域的一个研究热点，该技术包括采集、预处理、特征提取、特征比对等模块，处理流程如图 9-3-1 所示。

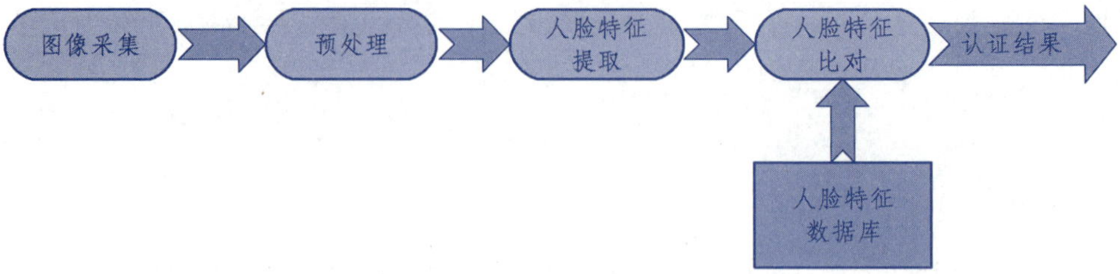

图 9-3-1　人脸识别流程

图 9-3-2 所示为人脸识别系统闸机，常应用于校门、地铁、火车站等出入站口。

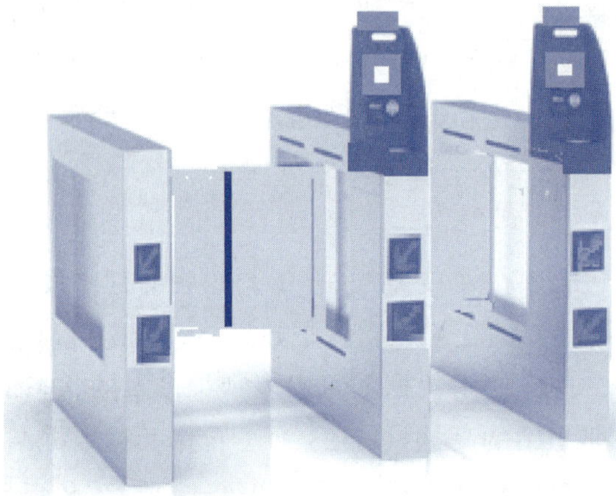

图 9-3-2　人脸识别系统闸机

1. 人脸采集

人脸采集主要是通过摄像头获取人脸信息。

2. 预处理

当摄像头采集到人们面部信息之后，要对人们的面部进行处理，针对低质量的图像一般可采用暗光增强、超分辨率、去噪、去除运动模糊等方式进行图像增强，图像预处理一般设置 ROI（感兴趣区域）、几何变换、阈值处理、噪声去除、颜色变换、图像分割等操作。

3. 特征提取

将一张人脸图像转化为一串固定长度数值（数字）的过程，通过一串固定长度数值（数字）来表征人脸信息，这些数值（数字）即是要提取的人脸特征。

在人类的视觉世界中，人脸具有极其重要的地位，因为人脸不仅能够反映人的年龄、身份等人的外部因素，同时还能反映人的个性心理等内在特征。如同指纹一样，人脸也具有唯一性，要进行人脸识别，首先一个最重要的步骤是将人脸的特征表示成可以令计算机理解的数值，这就要求我们将人脸的特征表示出来。人脸特征的描述一般分为两大类：几何特征和代数特征。

人脸几何特征是以人脸器官的形状和几何关系为基础的特征，人脸由眼睛、鼻子、嘴巴、下巴等器官组成，这些特征点的集合位置相对固定，其几何特征描述可以作为人脸的重要特征。

人脸的代数特征由图像本身的灰度分布决定，描述了图像的内部信息。

特征提取可以分为时域内的特征提取和频率内的特征提取。

（1）时域内：一般对图像进行仿射、映射、采用一些特殊矩阵、邻域内像素点间的关系等等方法，进行全局或局部的结构描述。

（2）频率内：将图像矩阵想象为信号，通过信号分析的方法对图像进行处理，例如：傅里叶变换、小波分析、小波包分解等进行处理。

人脸识别特征提取的方法有：HOG 提取人脸图像特征、Dlib 提取人脸图像特征、卷积神经网络（CNN）提取人脸图像特征。

4. 特征比对

将摄像头采集小毅的人脸信息，提取小毅的人脸特征后，与系统已录入的小毅的特征进行对比，使用某种算法，进行衡量两个人脸之间的特征相似度。

任务实施

铁路工作人员的考勤是一个复杂的工作，通过实验创建一个属于铁路员工的 AI 系统，可以提供打卡功能，并在打卡结束后统计出谁没有出席。本任务实施包括：项目实战 1：注册信息获取人脸特征数据集；项目实战 2：进站统计；项目实战 3：考勤系统。

项目实战 1　注册信息获取人脸特征数据集

Step 01　获取人脸特征数据集

首先将乘客的人脸信息注册到系统。通过两种方式采集四张人脸信息：

（1）使用摄像头拍摄；

（2）使用图片。

视频：拍照人脸检测位置

构建人脸特征数据集，赋值给变量 dataset，如图 9-3-3 所示。

图 9-3-3　获取人脸特征数据集

Step02　使用摄像头采集第一个 user_0 用户

采集第一个 user_0 用户：拍摄一张单人照后，点击保存并关闭小窗口。拍照采集人脸信息，显示图片并检测人脸位置，如图 9-3-4 所示。

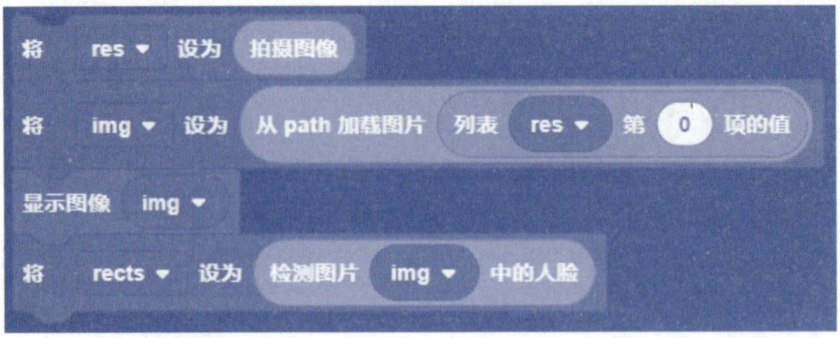

图 9-3-4　使用摄像头采集用户信息

如检测到人脸，绘制检测框、提取特征并录入数据库。

如果检测到人脸，即检测框的列表长度大于 0，则根据检测框的四个坐标值画出红色框，并显示在图片上，如图 9-3-5 所示。

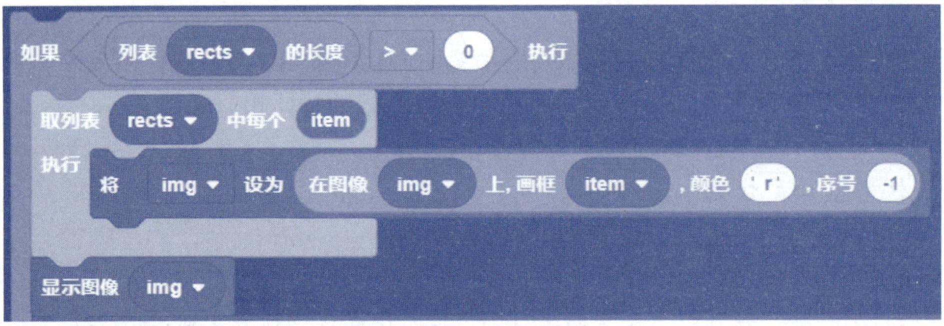

图 9-3-5　绘制检测框

提取检测框列表中的第一张人脸的特征，赋值给变量 feature，如图 11-2-6 所示。

图 9-3-6　提取特征

将特征以 user_0 的姓名一并录入数据库中，赋值给变量 dataset，如图 9-3-7 所示。

图 9-3-7　录入数据库

建立第一个用户的人脸特征列表，赋值给变量 user_0，如图 9-3-8 所示。

图 9-3-8　建立第一个用户的人脸特征列表

否则，特征为空，赋值给变量 user_0，如图 9-3-9 所示。

图 9-3-9　特征为空时

Step03　采集第二个 user_1 用户

如何复制多个积木?

(1) 先使用“函数”，将上一步骤的所有积木放入函数框中。

(2) 复制该函数后再删去函数框，实现快速复制多个积木。

复制积木前,用户搭建程序中的所有积木,将原用户名修改为红色框中的新用户名,如图 9-3-10 所示。

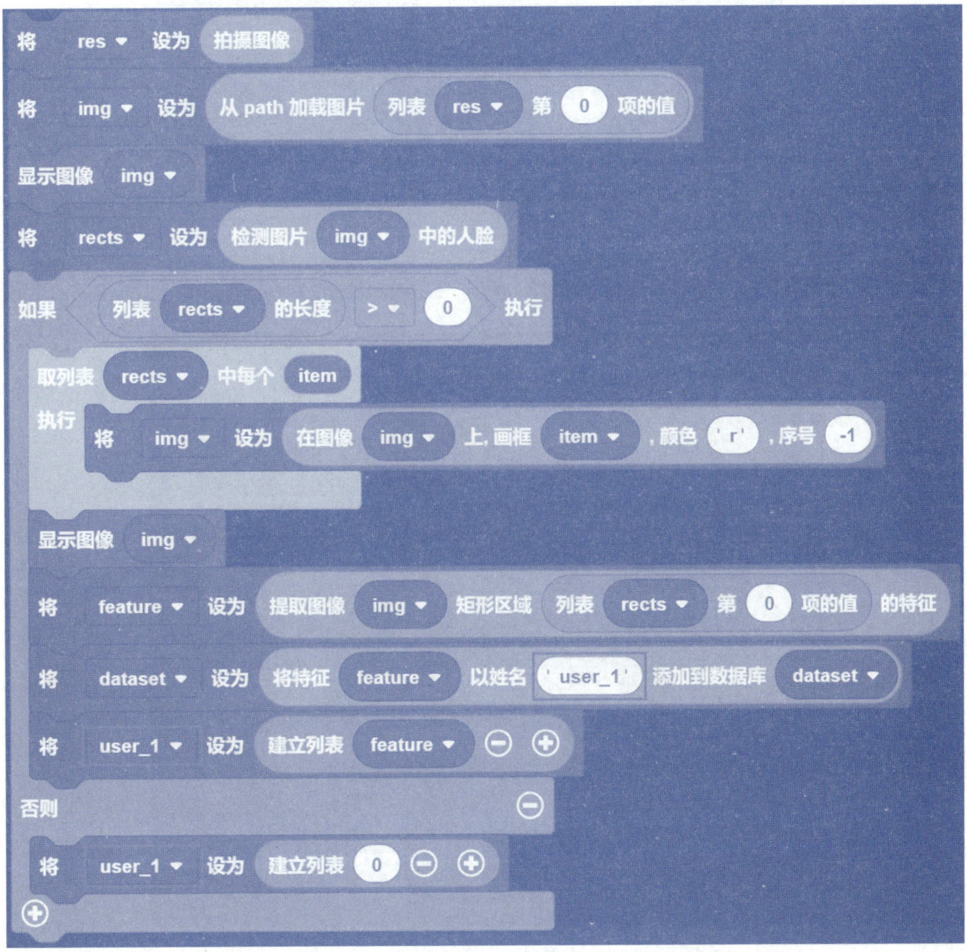

图 9-3-10　步骤 3

Step04 采集第三个 user_2 用户

复制前上一步骤所有积木块，修改为红色框中的图片名和用户名，如图 9-3-11 所示。

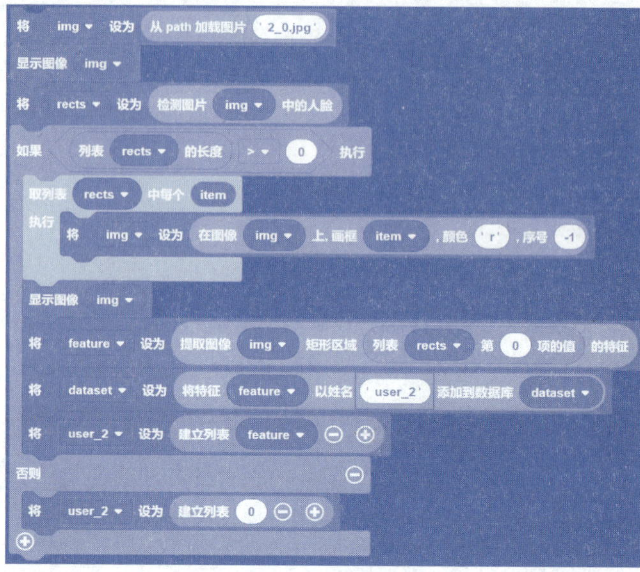

图 9-3-11 步骤 4

Step05 采集第四个 user_3 用户

复制上一步骤所有积木块，修改为红色框中的图片名和用户名，如图 9-3-12 所示。

图 9-3-12 步骤 5

项目实战 2　进站统计

假设当前所有已采集人脸的用户均未进站：目前所有用户未进站，赋值给变量 user_0_present、user_1_present……（以此类推），如图 9-3-13 所示。

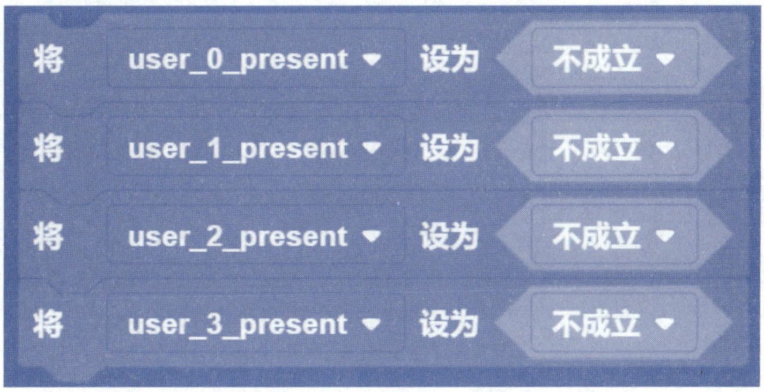

图 9-3-13　赋值给变量

Step 01　拍照打卡检测人脸位置

拍照打卡，检测人脸位置，如图 9-3-14 所示。

图 9-3-14

Step02　检测到人脸，绘制检测框并提取特征

如检测到人脸，绘制检测框并提取特征，否则重新拍摄，如图 9-3-15 所示。

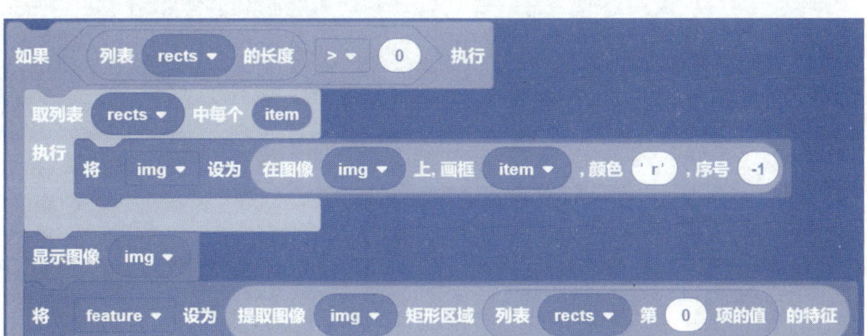

图 9-3-15

否则，特征为空，赋值给变量 feature，同时打印“未识别到人脸，请重新拍摄”，如图 9-3-16 所示。

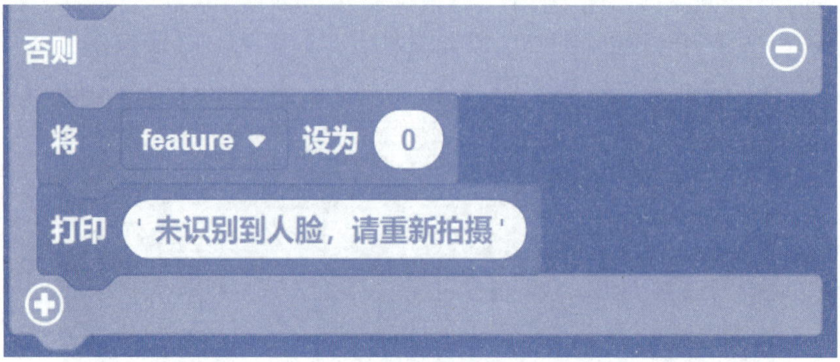

图 9-3-16　未识别到人脸，请重新拍摄

Step03　匹配人脸特征

在匹配人脸特征时，我们可以尝试调整阈值，同时观察效果。

（1）判断条件：注册时和进站时检测的人脸特征均不能为 0。

（2）条件的分步操作：满足上述条件，继续判断是否匹配度高。

如果进站时和已采集时检测到的特征匹配度不小于 0.95，那么是同一人，赋值给变量 user_0_present（以此类推），如图 9-3-17 所示。

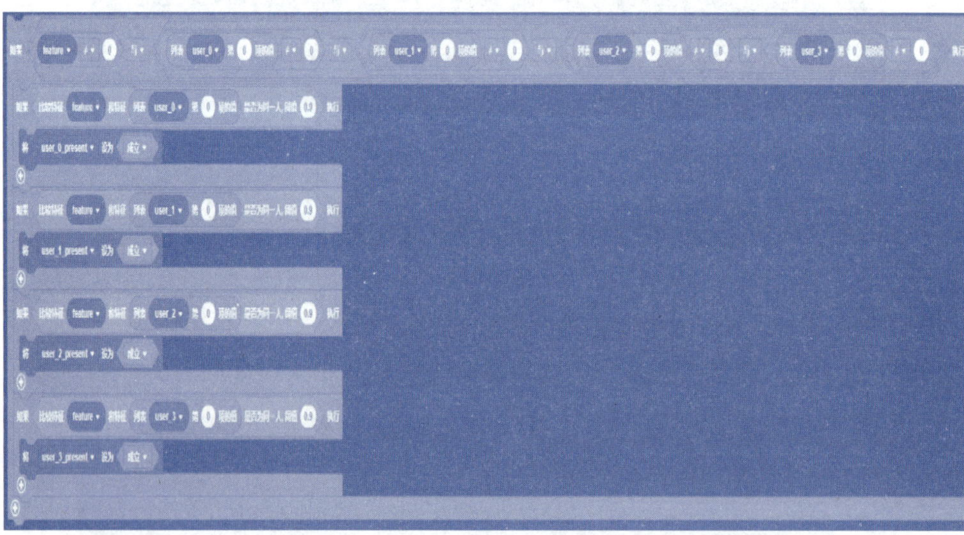

图 9-3-17

Step04　打印进站结果

如果第一位进站同学的人脸特征匹配成功，那么打印乘客进站，否则打印乘客未进站，如图 9-3-18 所示。

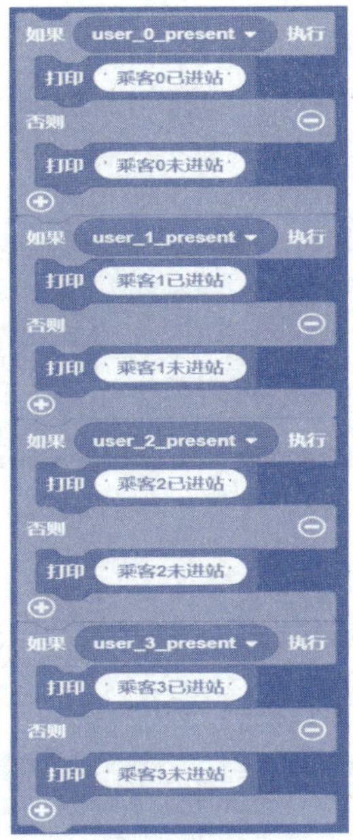

图 9-3-18

【知识拓展】

随着人工智能+赋能时代的到来，人脸识别产品早已被应用到生活的各个场景之中，人脸识别技术在机器学习、深度学习和大数据驱动下，展现巨大的发展潜力，其应用场景不断拓展，由安防、金融等公共领域向支付及验证的商业应用领域逐步落地。在这个“看脸”的时代，如何平衡人脸识别技术的应用与个人信息保护？人脸识别在给人们生活提供便捷的同时，也存在被攻击或恶意利用的严重安全隐患。因此，针对人脸识别技术应用和人脸数据库、人脸识别模型建设一定要严格控制。人脸识别是一把双刃剑，在技术革新持续演进、应用领域不断推广的同时，也带来了数据信息泄露、个人隐私遭受侵犯等信息安全问题。

项目实战 3　考勤系统

Step 01　构建签到数据集

构建学生签到数据集，赋值给变量 Student，如图 9-3-19 所示。

图 9-3-19　构建学生签到数据集

遍历人脸特征库中每位学生的姓名，假设目前所有已采集人脸的用户均未签到，赋值给变量 Student，如图 9-3-20 所示。

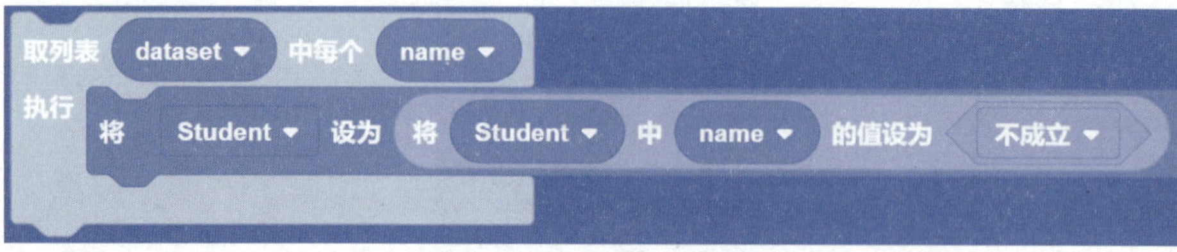

图 9-3-20　假设已采集人脸的用户均未签到

Step02　签到测试

让几位注册过的同学进行签到操作：

（1）拍照签到，检测人脸位置，如图 9-3-21 所示。

图 9-3-21　步骤 2

（2）如检测到人脸，绘制检测框并提取特征，否则重新拍摄，如图 9-3-22 所示。

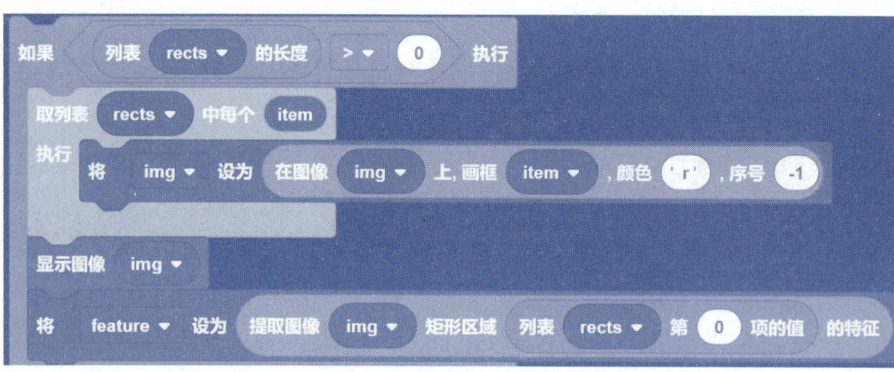

图 9-3-22　绘制检测并提取特征

否则，特征为空，赋值给变量 feature，同时打印“未识别到人脸，请重新拍摄”，如图 9-3-23 所示。

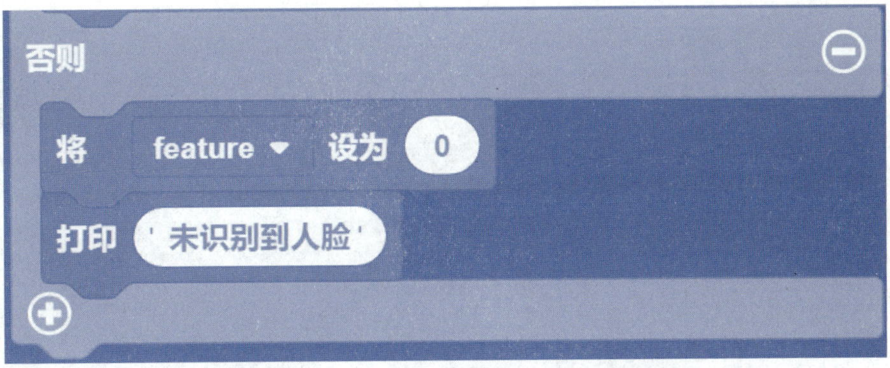

图 9-3-23　未识别到人脸，请重新拍摄

（3）根据人脸特征检索签到人姓名，如图 9-3-24 所示。

图 9-3-24　根据人脸特征检索签到人姓名

遍历特征库中每个人的姓名，直到库中所有姓名检索完毕后结束循环：

① 先获取签到人的特征，赋值给变量 feature_name；

② 比较签到时和之前采集时检测到的特征匹配度是否不小于 0.95。

如果满足上述条件，那么将签到人的姓名添加至签到结果列表，如图 9-3-25 所示。

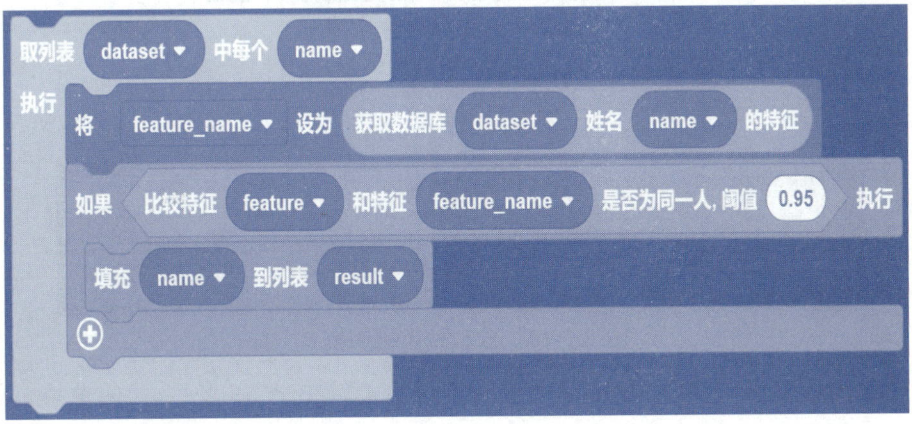

图 9-3-25　将签到人的姓名添加至签到结果列表

（4）根据签到人姓名获取检测框。

如果签到结果不是空，那么遍历签到结果中每个姓名对应的检测框，直至检索完所有人；签到数据集中每个姓名都有对应的检测框，赋值给变量 Student。最后输出签到后的结果，如图 9-3-26 所示。

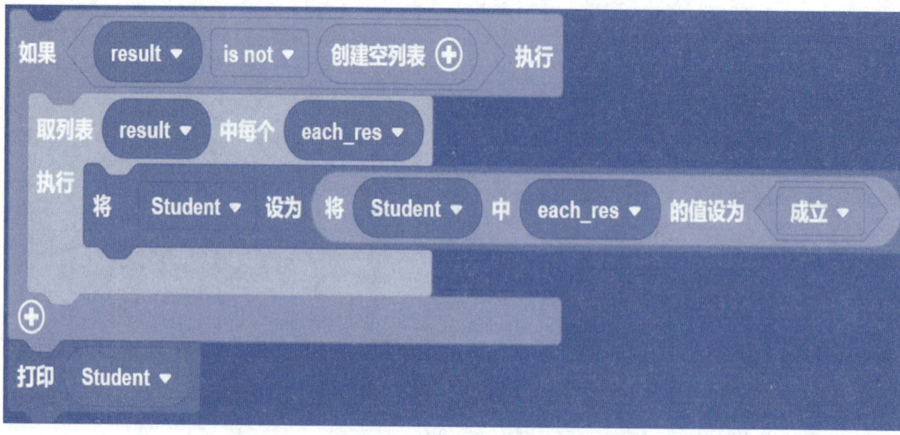

图 9-3-26　根据签到人姓名获取检测框

（5）输出签到名单。

遍历特征库中每个人的姓名，如果签到数据集中匹配特征成功的学生姓名是“真”，那么输出已签到同学的姓名，否则输出未签到同学的姓名，如图 9-3-27 所示。

图 9-3-27　输出签到名单

（6）签到成功后，是否自动关闭检测窗口（二选一）。

自动关闭检测窗口并展示打上卡的图片和姓名，如图 9-3-28 所示。

图 9-3-28　自动关闭检测窗口

手动关闭检测窗口并实时显示打上卡的姓名（需手动点击“×”关闭窗口），如图 9-3-29 所示。

图 9-3-29　手动关闭检测窗口

运行程序，查看实验结果。

实践探索

（1）请自行拍摄相关视频，利用本任务的实验方法构建签到数据集、检测到人脸，绘制检测框并提取特征进行签到测试进行模拟进站闸机实现。

（2）请自行拍摄相关视频，利用本任务的实验方法构建签到数据集、检测到人脸，绘制检测框并提取特征进行签到测试进行考勤系统实现，看实际演示效果如何？

视频：考勤系统

学习成果自查表

<table>
<tr><th colspan="2" rowspan="2">要点</th><th colspan="3">掌握程度</th></tr>
<tr><th>未掌握</th><th>基本掌握</th><th>熟练掌握</th></tr>
<tr><td rowspan="6">进站闸机与考勤系统</td><td>人脸识别技术处理流程</td><td></td><td></td><td></td></tr>
<tr><td>二维码验票进出站原理</td><td></td><td></td><td></td></tr>
<tr><td>获取人脸特征数据集</td><td></td><td></td><td></td></tr>
<tr><td>匹配人脸特征</td><td></td><td></td><td></td></tr>
<tr><td>构建签到数据集</td><td></td><td></td><td></td></tr>
<tr><td>考勤系统 签到测试</td><td></td><td></td><td></td></tr>
</table>

任务四　智能句子生成应用

任务目标

任务描述

辛哲在××地铁运营有限公司的调度中心实习，负责协助收集、录入某地铁线路每一天各站点的设备故障情况信息，如“某站点出站信号灯主丝烧坏”“某站点 5 号屏蔽门故障”“某站点 10 号应答器无信号”等。辛哲在用电脑录入上述信息的时候，希望能快速输入信息，减少手工输入的劳动强度和时间，比如输入“信号”时，电脑可以自动理解，并自动联想后续词语，如“灯”“主丝”等。在本任务中，我们将了解相关的计算机词语预测模型、句子预测模型，并将通过这些智能模型自动预测词语和句子。上述的智能语言预测模型是计算机工程师通过长期的对人类语言的研究而建立起来的，首先要设计完备的语言库，分析了各类词语的频率和用户的语言表达习惯，然后调整语言预测模型。通过本任务，我们可以正确理解计算机预测词语、句子的智能模型，并尝试使用它们，帮助我们在日常工作中提高效率。

知识准备

一、词语预测

词语预测是自然语言处理的一个重要领域，一般是基于词频统计与分析技术。词频（Term Frequency，TF）是指词语在人类语言、文本中出现的概率。对词频进行分析的成果，可以应用于文本检索、文本挖掘等领域，也可用于语言本文辅助输入、人机交互的语言处理等领域。词频一般可以反映某一个词在一个文件中或者一个语料库中重复程度和重要程度。词频的统计和分析，对于自然语言学术研究提供新的方法和技术。与词频相关的概念还有逆向文件频率（Inverse Document Frequency，IDF）是指一个词普遍重要性的度量，可以由总的文件数目除以包含该词语的文件数目，再将得到的商取对数得到。对词频进行分析一般基于 TFIDF 的算法，该算法基于的假设是：分类文档最有意义的词语应该是在文档或语料库中出现频率高，而在整个文档或语料库的集合的其他文档或语料库中出现频率少的词语。因此取 TF 词频作为测度，就可以体现同类文本的特点；另外 TFIDF 法认为一个单词出现的文本频数越小，它区别不同类别文本的能力就越大，所以要引入逆文本频度 IDF 的概念。

二、句子生成

句子的生成是指计算机基于经过训练的自然语言智能模型，根据用户提供有限的文本或语言输入，在特定的领域或环境下，自主地生成用词准确、符合人类自然语言语法和用户习惯句子。在用词准确方面，自然语言智能模型必须具备完整的语料库，并对每一个词语有精确的解释；而在符合人类自然语言语法方面，自然语言智能模型需要设计和训练不同语言、民族语言表达的神经网络；最后在符合用词习惯方面，则需要收集足够的用户数据用于训练成熟的用户语言习惯神经网络。另外，句子的生成也需依赖词语的预测技术，包括词频的分析技术等，这样才能在生成句子时，选择最为准确的词语将用户想要表达的意义用人类自然语言精确地陈述。

词语和句子都是自然语言中最为基本的单元，要让计算机学会像人类这样进行语言表达，就必须要研究人类自然语言中词语和句子的规律。

下面是本任务用到的主要编程积木：

（1）【检测】积木选择栏中的“加载模型”积木块，该积木块是平台预先训练好的模型，通过加载该积木块，可以从该积木块里判断给定单词后面可能出现的单词。

（2）【检测】积木选择栏中的“从模型__获取__的下一个词”积木块是从指定模型中获取给定单词的下一个单词的积木。

（3）【检测】积木选择栏中的“从模型__根据__生成句子”积木块是根据指定单词依据指定模型依次输出可能的单词，进而输出智能句子。

（4）【检测】积木选择栏中的“从模型__根据__罗列可能的下一个词”积木块是从加载的模型中，罗列出给定单词后面可能的下一个单词列表，如图 9-4-1 所示。

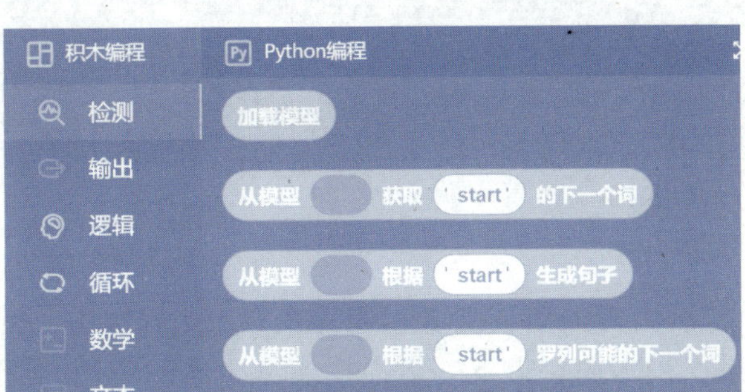

图 9-4-1　【检测】积木

视频：智能句子生成

任务实施

1. 实施步骤

（1）从判断下一个单词开始

Step 01　创建模型：创建变量 net 积木块，存储“加载模型”积木块，如图 9-4-2 所示。

图 9-4-2　创建模型

Step02　创建并输出下一个单词：创建变量 Start 积木块、next 积木块，首先给定一个单词或句子，并将单词或句子存储到变量 Start 中，使用“从模型__获取__的下一个词”积木块，生成下一个单词，存储到变量 next 中，最后通过“打印”积木块输出并查看生成的下一个单词是什么，如图 9-4-3 所示。

图 9-4-3　创建并输出下一个单词

Step03　创建并输出智能句子：创建变量 sentence 积木块，尝试用“从模型__根据__生成句子”积木块生成一个完整的句子，如图 9-4-4 所示。

图 9-4-4　创建并输出智能句子

（2）随机生成

Step 01　创建并输出下一个随机出现的单词列表：创建变量 list 积木块，使用“从模型__根据__罗列可能的下一个词”积木块获得下一个根据模型生成的单词，如图 9-4-5 所示。

图 9-4-5　创建并输出下一个随机出现的单词列表

Step02　输出下一个可能出现的单词列表：将图 9-4-6 所示的程序运行后给出的单词，添加到要生成的句子中，继续使用“从模型__根据__罗列可能的下一个词”积木块，再生成后面可能出现的单词。

图 9-4-6　输出下一个可能出现的单词列表

Step03　继续输出下一个可能出现的单词：将图 9-4-7 所示的程序运行后给出的单词，再添加到要生成的句子中，继续使用“从模型__根据__罗列可能的下一个词”积木块，再次生成后面可能出现的单词。

图 9-4-7　继续输出下一个可能出现的单词

Step04　按照图 9-4-5、图 9-4-6、图 9-4-7 所示的步骤，依次输出后面可能出现的单词，最终输出完整的句子。

（3）条件生成

我们在学习某语言时，老师经常会给定句子的前几个单词，让同学们造句。我们可尝试让计算机用某词作为开头进行造句。使用【检测】积木选择栏中的“从模型__根据__生成句子”积木块可以让计算机根据给定的开头完成智能造句，如图 9-4-8 所示。

图 9-4-8　智能造句

2. 完整积木程序

完整的积木程序如图 9-4-9 所示。

图 9-4-9　完整的积木程序

一个句子中单词的数量是有限的，因此“聪明”的计算机就将生成复杂句子的问题转换成了每次生成一个单词，从而把复杂问题简单化，把一个大问题分解成若干个小问题来解决。

（1）为了生成下一个单词，我们首先通过“加载模型”积木块加载已经训练的模型，模型包含了单词的下一个单词列表。

（2）使用 net 模型，通过“从模型__获取__的下一个词”积木块可以随机获取指定单词的下一个词。

（3）使用 net 模型，通过“从模型__根据__罗列可能的下一个词”积木块可以获取指定单词的下一个词列表。

（4）使用 net 模型，通过“从模型__根据__生成句子”积木块可以随机生成指定单词或单词组开头的智能句子。

3. 结果展示

结果如图 9-4-10 所示。

```
结果展示
moment

train boys told The man left him in French I drove a you of her tent and had done so successfully.

['hundred', 'moment', 'boys']

['you', 'get', 'planted']

['on', 'it', 'too']

train entered many get on get 'A of famous actors was in in the country.
```

图 9-4-10　结果展示

【知识拓展】

随着信息网络技术的普及，我们的生活和工作已全面进入了网络时代，信息网络的发展是一把双刃剑，既能带来极大的便利，也会带来相关的问题，譬如网络谣言、网络诈骗等侵犯人们权利的事件层出不穷，甚至利用网络危害国家安全的新闻也屡见不鲜。如何正确科学地利用信息网络保护人们的权益，实现网络安全，维护社会的稳定和国家的安全是我们这一代人必须面对的命题。

对网络上的文本信息进行词频分析，研究不同类别信息的词频特性，从而推理信息的真实性、权威性、合法性等等，是一种有效的网络安全的手段。当某一热点事件发生的时候，一些谣言便在网络传播，混淆舆论视听，甚至引发社会局部恐慌。有学者通过对大量的网络消息进行词频分析和本文解读，研究表明当时的网络谣言在使用的关键词有几大特征：第一，偏向使用时效性强的词语，如“今天”“现在”“刚刚”“目前”等，更容易获得人们的关注；第二，使用确切的词语，很少使用模糊、可能性的词语，在时间、地点、人物、原因和事件等要素使用确切表达；第三，多以第一人称视角向民众传播信息，如使用“我们单位”“我们同事”“我们这里”“大家”等，向受众拉近关系并传达消息真实性的信号。

随着网络通信技术的发展，人类社会的通信数据量呈几何级数增加，只有通过强大的人工智能技术，才能及时处理纷繁复杂的网络问题，维护风清气正的网络环境。

实践探索

辛哲在 × × 地铁运营有限公司信号运维中心实习，负责协助统计某地铁线路站内的不同类别的信号设备运行情况，因此经常需要录入不同的信号设备名称。请使用 AI 平台进行词语预测模型编程：先由 5 个与轨道交通相关的专有名词预测紧接的词语，再由 5 个常用词预测紧接的词语。

任务要求：

（1）使用计算机正确编程，预测 10 组词语。

（2）根据任务要求，正确设置编程积木的参数。

（3）比较两类不同词语预测的结果，哪个更符合人们习惯。

请在 AI 实践平台完成本任务，并邀请小组其他同学对任务输出结果进行评价，并讨论实际工作中词语预测（联想）能否较好地帮助人们进行文本录入。

小组评价具体要求及评价标准如下：

小组评价具体要求及评价标准

评价标准 / 评价项目	错误很多	有错误	一般	良好	优秀
1. 词语预测程序正确					
2. 参数设置是否正确					
3. 预测结果是否合理					

任务小结

计算机生成一个合理准确的句子需要考虑上下文的关系，因此一个完整的句子通常不是一次性生成的。计算机生成句子的过程是每次只生成一个单词，并把单词放入序列中，根据序列中现有的单词（记忆中的情况）在词库中搜索潜在的下一个单词，并继续把符合的单词放入序列中，根据序列（记忆中的情况）在词库中搜索下一个单词。这是一个重复判断、搜索和生成句子的循环过程。

学习成果自查表

<table>
<tr><th colspan="2" rowspan="2">要点</th><th colspan="3">掌握程度</th></tr>
<tr><th>未掌握</th><th>基本掌握</th><th>熟练掌握</th></tr>
<tr><td rowspan="2">认识词语预测</td><td>理解词语预测模型</td><td></td><td></td><td></td></tr>
<tr><td>正确选择词语预测参数</td><td></td><td></td><td></td></tr>
<tr><td rowspan="2">认识句子生成</td><td>理解句子生成模型</td><td></td><td></td><td></td></tr>
<tr><td>正确设置句子生成参数</td><td></td><td></td><td></td></tr>
</table>

学习总结

<table>
<tr><td>姓名</td><td></td><td>班级</td><td></td><td>学号</td><td></td></tr>
<tr><td colspan="2">模块名称</td><td colspan="4"></td></tr>
<tr><td colspan="2" rowspan="3">学习总结</td><td colspan="4">我学会了：（知识、技能成长）</td></tr>
<tr><td colspan="4">我收获了：（职业认识、协作能力、问题解决能力等发展）</td></tr>
<tr><td colspan="4">在本任务的学习中，我的不足有：（自我反思与评价）</td></tr>
</table>

参考文献

[1] 眭碧霞. 信息技术基础[M]. 2 版. 北京：高等教育出版社，2021.

[2] 邱绪桃. 计算机应用基础（Windows 7+Office 2010）[M]. 3 版. 北京：电子工业出版社，2019.

[3] 丁韵梅，谭予星，张桥珍，等. 信息技术应用基础教程[M]. 2 版. 北京：清华大学出版社，2019.

[4] 李会凯. 信息技术项目化教程[M]. 北京：电子工业出版社，2020.

[5] 于鸿弋. 信息技术应用基础[M]. 2 版. 北京：机械工业出版社，2021.

[6] 刘万辉，刘升贵. 信息技术基础案例教程（Windows 10+Office 2016）[M]. 2 版. 北京：高等教育出版社，2021.

[7] 高万萍，王德俊. 计算机应用基础教程[M]. 北京：清华大学出版社，2019.

[8] 李暾，毛晓光，刘万伟，等. 大学计算机基础[M]. 3 版. 北京：清华大学出版社，2018.

[9] 智洋. 计算机应用基础[M]. 北京：机械工业出版社，2021.

[10] 李华风，吴静. 计算机应用基础课程训练[M]. 北京：中国财政经济出版社，2021.

[11] 尼克. 人工智能简史[M]. 北京：人民邮电出版社，2017.

[12] 李德毅，于剑. 人工智能导论[M]. 北京：中国科学技术出版社，2018.

[13] 李开复，王咏刚. 人工智能[M]. 北京：文化发展出版社，2017.

[14] 桑圆圆，刁彬斌，彭昊，等. 人工智能从入门到进阶实战[M]. 北京：化学工业出版社，2020.

[15] 张晓明. 人工智能基础[M]. 北京：人民邮电出版社，2020.